简明自然科学向导丛书

开启化学之门

主　编　陈德展

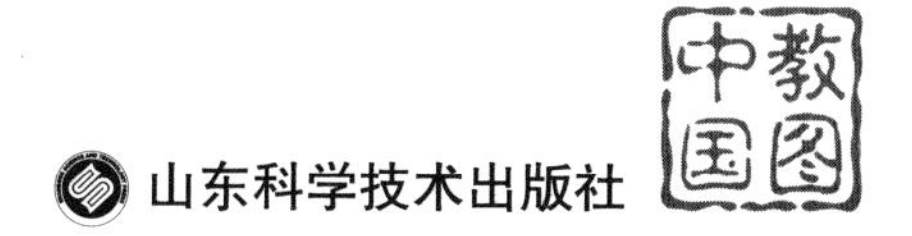

主　编　陈德展
副主编　梁芳珍　郭佃顺
编　者　张新燕　徐伟娜

前言

化学是一门研究物质的性质、组成、结构、变化及其应用的学科，也是一门历史悠久而又充满活力的学科。从18世纪末的元素学说到21世纪的理论化学，从古代炼丹术到现代合成化学，化学的发展经历了一个漫长的过程，积累了大量资料，尤其是最近100年来化学取得了辉煌成就。据统计，20世纪初从天然产物中分离出来的和人工合成的已知化合物只有55万种，到20世纪末已达2 340万种，在这100年中，化学家合成和分离了2 285万种新化合物，其中包括大量的新药物、新材料，满足了人类社会日益增长的物质需求，所以说化学对人类社会的发展做出了巨大贡献。

现代科学中的许多热门学科，如生命科学、材料科学，在微观层面上，也就是在原子、分子层面上，其本质都是化学的，即化学作为一门基础学科，对其他学科有很强的渗透性。所以有人说，在21世纪，化学将在与物理学、生命科学、材料科学、信息科学、能源科学、环境科学、海洋科学、空间科学的相互交叉、相互渗透、相互促进中共同发展。

本书的取材不沉溺于悠久的化学历史，而力求反映现代化学的最新成果，反映化学在现代社会中的重要作用。

全书共分8章。第一章着重介绍了化学的特征，以及20世纪化学所取得的辉煌成就；第二章主要介绍了现代化学的各个分支学科、主要研究领域和有关研究内容；第三章到第五章介绍了化学在当代最受关注的三大学科生命科学、材料科学、能源科学中的应用，从中可以看出，化学是这些学科发展的基础；第六章和第七章着重介绍了现代化学对人类衣、食、住、行的影响以及绿色化学与环境；在第八章中我们将专家们对未来化学发展趋势的展望介绍给大家。书后附录为历年诺贝尔化学奖获得者及获奖成果，读者从中可大体看出20世纪以来化学的发展脉络。

本书第三、六章由梁芳珍执笔，第一、二、四章由郭佃顺、张新燕执笔，其余部分由郭佃顺、徐伟娜执笔，其中第二章中“电化学”和“胶体与界面化学”两条由李怀祥和柴金岭提供素材，陈德展负责全书的规划和统稿工作。在本书编写过程中，山东大学孙思修教授、山东师范大学的领导和老师们给予了大力支持。在编写过程中，我们参阅了大量资料。借此机会，我们也向一切关心、帮助过我们的领导、专家、同事表示诚挚的谢意。

由于我们水平和学识所限，书中疏漏、错误之处在所难免，诚请读者批评指正。如果本书能够激发读者对化学的兴趣，我们会感到十分欣慰。

编　者

目录

简明自然科学向导丛书

CONTENTS 开启化学之门

一、化学概览

二、兴旺的化学大家族

三、健康与生命中的化学

四、功能材料化学

五、绿色能源化学

六、现代生活中的化学

七、绿色化学与环境

一、化学概览

化学是21世纪的中心学科

化学是研究物质的性质、组成、结构、变化及应用的科学。世界是由物质构成的，化学则是人类用以认识和改造物质世界的主要方法和技术之一，它是一门历史悠久而又富有活力的学科。它的成就是社会文明的重要标志。从开始用火的原始社会，到使用各种人造物质的现代社会，人类都在享用化学成果。人类的生活能够不断提高和改善，有赖于科学技术的进步，而化学的贡献在其中起了重要的作用。

化学是重要的基础科学之一，是21世纪的一门中心学科。化学在与物理学、医学、农学、生物学、材料科学、天文学、地质地理学等学科的相互渗透中，不仅自身得到了迅速的发展，同时也推动了其他学科和技术的发展。例如，核酸化学的研究成果使今天的生物学从细胞水平提升到分子水平，建立了分子生物学；通过对地球、月球和其他天体的化学成分的分析，得出了元素分布的规律，发现了星际空间简单化合物的存在，为天体演化和现代宇宙学提供了实验数据，创建了地球化学和宇宙化学。化学的重大成就，还丰富了自然辩证法的内容，推动了唯物主义哲学思想的发展。

目前，国际上最关心的几个重大问题——环境的保护、能源的开发利用、功能材料的研制、生命过程奥秘的探索等都与化学密切相关。

1.化学在人类社会发展中的重要作用

化学的诞生和发展给人类社会带来了巨大的革命性变化。化学以其独有的作用让世界变得越来越美好。

在几千年前，我们的祖先就能制造用于祭祀和生活的各种陶器，这是化学知识的最早应用。后来，人类又逐渐掌握了金属冶炼技术，有力推动了人类文明的进步。特别是中国古代四大发明中的造纸术和火药，更是化学的杰作，是中华民族对人类文明的巨大贡献。随后，化学制药的发展，使人类能够有效地与各种疾病作斗争，增强了人类的抵抗力，提高了人类的健康水平。如今，化学带给人类的贡献更是不胜枚举。硅酸盐水泥配合钢筋混凝土结构，建造了无数现代化的建筑，使人类住进了宽敞明亮的高楼大厦；各种美观实用的装饰及隔音、隔热、防潮、防腐等化学材料使人们的家居更加舒适和温馨。以化学为基础的冶金工业是现代工业的基础，有了以钢铁为主体的金属材料，才有了现代的机械制造业、汽车工业、造船工业和飞机制造业。电子计算机的诞生，使人们的生活日新月异，而构建它的每一种部件都是化学研究的结晶。特别是20世纪的合成氨、农药、化学制药、化学材料等为急剧增长的世界人口在衣、食、住、行等方面提供了非常有力的保障，使人们衣食无忧，安居乐业，健康生活。化学已经渗透到人类社会生活的每个方面。可以毫不夸张地说，没有现代化学的迅猛发展，就谈不上有现代化的人类社会。

2.化学是富有创造性的科学

化学的创造性不仅在于能够合成自然界中已存在的各种物质，而且能够根据人们的需要创造出自然界原本不存在的物质。

早期，人们曾认为生物体内的生物物质是不可能用人工方法制造的，但是，1928年尿素的合成打破了不能人工合成生物物质的思想禁锢，使合成化学获得了巨大的发展。最突出的成就是模拟天然高分子的合成高分子材料，如合成橡胶、合成纤维及合成塑料。合成化学的发展，不但为人类吃、穿、用提供了大量适用的材料，而且使化学家能够在认识聚合反应以及聚合物结构与性能关系的基础上进行蛋白质、核酸等生物大分子的合成，为研究其结构与功能的关系打下了基础。1965年，我国科学家成功合成了牛胰岛素，人工合成牛胰岛素在结构、生物活性、物理化学性质、结晶形态等方面，与天然牛胰岛素完全一样，标志着人类在探索生命奥秘的征途中有了突破性的进展。目前，组合化学技术的发展使这些生物大分子的合成已在一定程度上实现了“自动化”，组合化学成为制造生物大分子的核心技术之一。

在自然界中有些特殊的分子，只有人工合成出来以后才能进行研究，因为它们存在于太空，而不存于地球。在太空中存在某些不常见分子构成的巨大云团，人们根据其发出的光波对其进行检测，化学家们根据它们的光学性质推测太空物质的化学结构。为了证实这种推测，就要在实验室里合成并研究它们。

化学家先想象后合成的新型化学结构的例子也是很多的。有一类化合物的结构中有一个金属原子夹在两个五碳环之间，有点像夹肉的三明治，例如二茂铁（见下图），甚至还有像单片三明治那样的一个金属原子下面有一个五碳环的很特别的化合物。金属夹心化合物起先纯粹是出于科学家的好奇心而被合成的，后来发现这类化合物是合成高分子的有用的催化剂。这些化合物的合成大大扩展了我们的视野，由于它们在自然界中并不存在，这就促使我们去想象，化学世界里究竟还有多少尚未被发现的奥秘。

Fe

二茂铁

3.化学是实用性的科学

清晨，我们在用化学材料所建造的住宅和公寓中醒来，家具是部分地用化学工业生产的现代材料制作的，我们使用化学家们设计的香皂和牙膏，穿上由合成纤维和合成染料制成的衣服，即使天然纤维（如羊毛或棉花）衣料也经过化学处理来改进它们的性质。

农业上使用化肥、除草剂和农药使作物茁壮成长；人、畜用化学药物来防病、治病；维生素可以加至食品中或制成片剂服用；甚至我们所购买的天然食品，如牛奶，也必须经化学检验来保证质量；报纸和书籍是印刷在用化学方法生产的纸上，所用的油墨亦是由化学家们制造的，用于说明事物的照片显现在化学家们制造的相纸上；我们生活中用到的所有金属都是利用矿石经过基于化学的冶炼转化而来的。

化学保障了洁净的自来水供应，不洁净的水会携带危险的病菌。在世界上许多不发达的地区，常常由于未净化饮用水而引起流行病。化学家们开发出的使用氯或臭氧的水处理方法正如化学法制造的现代药品一样，为人类的健康做出了重要的贡献。

正是因为有了化学，人类才能更加合理地利用资源，才能够丰衣足食。其实，我们已经不知不觉地生活在现代化学化工的海洋中了。化学化工的发展，推动了整个社会的发展，也使我们的世界变得越来越美丽，使我们的生活越来越美好。

奇妙的元素周期律

自从道尔顿提出原子和相对原子质量概念之后，测定各种元素相对原子质量的工作进展迅速，到19世纪30年代，已知的元素已达60多种。俄国化学家门捷列夫研究了这些元素的性质，在1869年提出了元素周期律：元素的性质随着元素相对原子质量的增加而呈周期性的变化。元素周期表就是根据周期律将化学元素按周期和族排列而成的。

门捷列夫提出的元素周期律经过后人的不断完善和发展，在人们认识自然、改造自然、征服自然的过程中，发挥着越来越大的作用。目前，已知的元素共112种，其中94种存在于自然界，18种是人造的。代表化学元素的符号大都是拉丁文名称的缩写。中文名称有些是中国自古以来就使用的，如金、铝、铜、铁、锡、硫、砷、磷等；有些是由外文音译的，如钠、锰、铀、氦等；也有按意思新创的，如氢（轻的气体）、溴（臭的水）、铂（白色的金，同时也是外文名字的译音）等。

化学元素周期律是自然界的一条客观规律，它揭示了物质世界的一个秘密。作为描述元素及其性质的基本理论，元素周期律有力地促进了现代化学和物理学的发展。根据周期律，门捷列夫预言了当时尚未发现的元素的存在及其性质。周期律还指导了对元素及其化合物性质的系统研究，成为现代物质结构理论发展的基础。通常所说的无机化学就是指按周期分类对元素及其化合物的性质、结构及有关反应进行叙述和讨论的学科。

门捷列夫（见下图）出生于1834年，他出生不久，父亲就因双目失明出外就医，失去了赖以维持家人生计的教员职位。门捷列夫14岁那年，父亲逝世，接着火灾又吞噬了他家中的所有财产。1850年，家境困顿的门捷列夫藉着微薄的助学金开始了他的大学生活，后来成为彼得堡大学的教授。1865年，英国化学家纽兰兹关于元素排列的“八音律”在英国化学家会议上受到了嘲弄，但门捷列夫意识到了这一研究的价值，他以惊人的洞察力进行了艰苦的探索。直到1869年，他将当时已知的60多种元素的主要性质和相对原子质量写在一张张小卡片上，进行反复排列比较，最终发现了元素周期律，并依此制定了元素周期表。他的出色之处是敢于对当时公认的相对原子质量提出质疑，并大胆地给未发现的元素预留空位，还准确地预言了这些元素的性质。对此，他自己曾评价到："定律的确证只能借助于由定律引申出来的推论。这种推论，如果没有这一定律便不能得到和不能想到，其次才是用实验来检验这些推论。因此，我在发现了周期律之后，就多方面引出如此合乎逻辑的推论，这些推论能证明这一定律是否正确，其中包括未知元素的特征和修改许多元素的相对原子质量。没有这种方法就不能确证自然界的定律。不论被法国人推崇为周期律发现人的尚古多也好，英国人所推崇的纽兰兹也好，以及被另一些人认为是周期律创始人的迈耶尔也好，都没有像我从最初（1869年）起就做的那样，敢于预测未知元素的特性，改变公认的相对原子质量，或一般说来，把周期律看作是一个自然界中结构严密的新定律，它能把散乱的材料归纳起来。"

门捷列夫

结构与性能的关系

在物质的化学结构中，原子的联结方式强烈地影响物质的性质，特别是以共价键联结时更为突出。当形成共价键时，两个原子靠它们之间共用的一对电子相互联结在一起。例如，纤维素中联结碳原子、氧原子和氢原子的化学键都是共价键。大多数共价键是不容易断裂的，这就是把纤维素变成活性炭需要强热的原因。化学键的精细排列决定着化学性质。例如，乙醇（酒精饮料中的"兴奋物"）的化学分子式为C_2H_6O，即在乙醇分子中含有2个碳原子、6个氢原子和1个氧原子。然而，另有一种被誉为绿色燃料的二甲醚与乙醇具有相同的化学分子式，但二者化学结构中原子的联结方式是不相同的。因此，这两种化学物质具有完全不同的性质。化学家把这类化学分子式相同而原子排列不同的化合物称为同分异构体。化学分子式为C_2H_6O的两种同分异构体的结构如下：

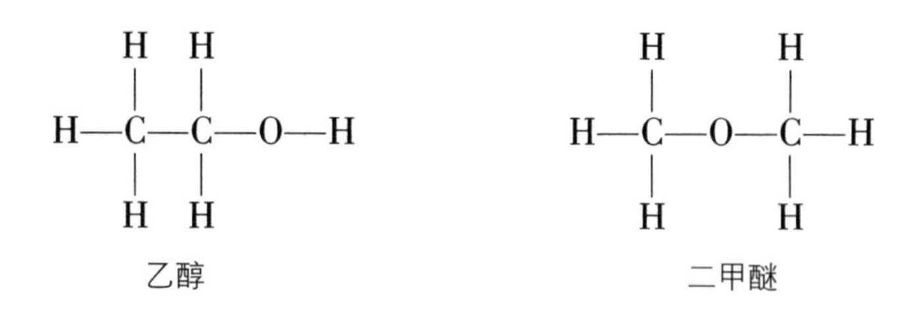

乙醇　　二甲醚

对于化学结构中原子在空间的三维排列，还要考虑更为精细的差别。两种化学物质，即使包含完全相同的化学键，只要空间排列不同，这两种化学物质就可以区分开来。空间排列的差异可以有许多方面，但是，最有趣的是手对称性，化学家称之为手性。当一个碳原子连接了4个不同的化学基团时，有两种排列方式，这两种排列之间的差别跟左手和右手非常相似，即它们彼此互成镜像，但无法重合。手性物质的镜像物质称为它的对映体。物质有手性意味着左手性的分子与右手性的分子的作用是不同的，就像右脚的鞋子只适合右脚而不适合左脚一样。一般化学方法合成的手性药物往往是它与其对映体的混合物，称之为消旋体。手性药物的对映体在人体内的药理活性、代谢过程及毒性，与手性药物相比存在着差异，其中的一种药效较好，而另一种甚至可能是有害的。20世纪50年代中期，反应停（沙利度胺）作为镇静剂在欧洲以消旋体形式批准上市，用于孕妇早期反应的治疗，不久便发现服用此药的孕妇生出的婴儿出现畸形，1961年该药被从市场上撤销。后来研究发现，消旋体中（R）–反应停具有镇静作用，而它的对映体（S）–反应停则是致畸的罪魁祸首。现代化学家常遇到的挑战之一，就是利用不对称合成技术制造有预期手性的新分子、新药物。

化学家的神圣使命

爱因斯坦曾经说过：关心自己和自己命运的人总是对为技术献身感兴趣——我们的思维创造将造福于人类而不是祸害人类。

简单地说，化学家的神圣使命就是：

· 研究和认识自然界中的各种物质；

· 探索化学变化的各种新途径；

·创造自然界中不曾存在的各种新物质。

事实上，化学家在做两种不同类型的工作：一些化学家在精心研究自然界并试图完全了解它，而另一些化学家则在努力创造自然界中不曾存在的新物质和探索完成各种化学变化的新途径。

化学家探索自然界，就是要了解自然界中的物质及其变化。化学家希望发现化学世界的构成——从原子、分子到有组织的超分子体系，例如，材料、器件、活体细胞和整个生物体等等。化学家关注物质的物理性能，如物质的状态（是固态、液态还是气态），以及所含能量的多少；化学家要鉴定物质的化学组成，研究物质性能与分子结构之间的关系，这有助于化学家设计具有预期性能的新型分子；化学家同样关注物质的化学性质：是否可通过加热或光照转变成其他物质?能否与其他物质相互作用而生成新的物质?当然，化学家并不仅限于研究业已存在的化学世界，更研究那些可能存在的未知化学世界，因此，就有了合成化学这一学科，它创造新的分子和物质，超出了对自然界的发现本身。化学家制造新分子的目的之一是因为它们可能有多种多样的用途，譬如，药物化学家创造新物质作为潜在的治愈疾病的药物；另一目的是扩大我们对化学科学的认识，化学是认识物质的性质及其变化的科学，化学家感兴趣的是一切受自然定律制约的可能性，而不仅仅是世界上已有的化学现象。每年，化学家创造的新化合物都超过100万种。

在发展新型的转变方式来制造新分子方面，仍有大量工作要做。合成化学家正在尝试设计可行的方法来合成某些重要的稀有的化学物质。例如，从紫杉树中提取的一种药物具有很好的抗癌活性，但它极其稀少，因此，化学家很想合成它。然而，它的化学结构对现有的合成方法是一个挑战，虽然在实验室里化学家已经合成了它，但无法投入实际生产，因为还没有找到一种用简单易得的原料来合成它的技术。开发新的、具有普遍意义的、可以广泛用于合成各种不同目标分子的合成方法同样是化学家非常感兴趣的，特别是只生成一种产物而不生成需要处置的副产物的合成方法。例如，人们常常发现左手性的化合物是有用的药物，而右手性的对映体却没有人们所期望的药效，而大多数化学反应得到的产物是左手性分子和右手性分子的等量混合物，需要加以分离，只生成一种对映体的新合成方法仍在开发之中。为了避免溶剂对环境可能造成的危害，化学家积极探索在水中实现化学反应。为了实现高效合成，反应步骤应该尽可能地少，每一步都力求产率高、副产物少，而且要求耗能少、节省原材料。化学家对仿生合成方法也非常感兴趣。自然界高效地制造着大量的复杂化合物，化学家正在研制具有酶的加速能力和选择能力的新型催化剂，使用这些催化剂能高效地进行化学合成和化学制造，从而降低成本、节省能耗、减少环境污染，这是未来化学中最令人兴奋的研究领域之一，这方面的研究将使我们进一步了解生物化学，进一步了解化学。

20世纪的化学辉煌

20世纪人类对物质需求的日益增长以及科学技术的迅猛发展，极大地推动了化学学科的发展。化学不仅形成了完整的理论体系，而且在理论的指导下，化学实践为人类创造了丰富的物质。19世纪的经典化学到20世纪的现代化学的飞跃，从本质上说是从19世纪在原子层次上认识和研究化学（如道尔顿原子论、门捷列夫元素周期律等），进步到20世纪在分子层次上认识和研究化学，如对构成分子的化学键的本质、分子催化、分子的结构与功能关系的认识，以及2 000多万种化合物的发现与合成。对生物分子的结构与功能关系的研究促进了生命科学的发展。同时，化学工业给关系国计民生的各个领域（如粮食、能源、材料、医药、交通、国防等）带来的巨大变化是有目共睹的。过去的100年间化学学科的重大突破性成果可从历届诺贝尔化学奖获得者的重大贡献中获悉。

1.放射性和铀裂变的发现

在20世纪的能源利用方面，一个重大突破是核能的释放和可控利用，仅此领域就产生了6项诺贝尔奖。首先是居里夫妇从19世纪末到20世纪初先后发现了放射性比铀强400倍的钋，以及放射性比铀强200多万倍的镭，这项艰巨的化学研究打开了20世纪原子物理学的大门，居里夫妇因此而获得了1903年诺贝尔物理学奖。1906年居里不幸遇车祸身亡，居里夫人（见下图）继续潜心于镭的研究与应用，测定了镭的相对原子质量，建立了镭的放射性标准，同时制备了20克镭存放于巴黎国际度量衡中心作为标准，并积极提倡把镭用于医疗，使放射治疗得到了广泛应用，为此居里夫人1911年又被授予诺贝尔化学奖。20世纪初，卢瑟福从事关于元素衰变和放射性物质的研究，提出了原子的有核结构模型和放射性元素的衰变理论，研究了人工核反应，因此而获得了1908年的诺贝尔化学奖。居里夫人的女儿和女婿约里奥·居里夫妇用钋的α-射线轰击硼、铝、镁时发现产生了带有放射性的原子核，这是第一次用人工方法创造出放射性元素，为此，约里奥·居里夫妇获得了1935年的诺贝尔化学奖。在约里奥·居里夫妇研究的基础上，费米（见下图）用慢中子轰击各种元素，获得了60种新的放射性元素，并发现中子轰击原子核后就被原子核捕获而产生一个新原子核，这个新原子核不稳定，核中的一个中子将发生一次β-衰变，生成原子序数增加1的元素，这一原理和方法的发现使物理学介入化学、用物理方法在元素周期表上增加新元素成为可能，费米的这一成就使他获得了1938年的诺贝尔物理学奖。1939年哈恩发现了核裂变现象，震撼了当时的科学界，这一发现成为原子能利用的基础，为此，哈恩获得了1944年诺贝尔化学奖。

1939年费里施在裂变现象中观察到伴随着碎片有巨大的能量放出，同时约里奥·居里夫妇和费米都发现铀裂变时还放出中子，这使链式反应成为可能。至此，释放原子能的前期基础研究已经完成。于是，1942年在费米领导下成功地建造了第一座原子反应堆，1945年美国在日本投下了原子弹。核裂变的发现和原子能的利用是20世纪初至中叶化学和物理学领域具有里程碑意义的重大突破。

居里夫人

费米

2.化学键和现代量子化学理论

在分子结构和化学键理论方面，鲍林的贡献最大。他长期从事X-射线晶体结构研究，寻求分子内部的结构信息，把量子力学应用于分子结构，把原子价理论扩展到金属和金属间化合物，提出了电负性概念和计算方法，创立了价键学说和杂化轨道理论。1954年，由于他在化学键本质研究和用化学键理论阐明物质结构方面的重大贡献而获得了诺贝尔化学奖。此后，米利肯运用量子力学方法，创立了原子轨道线性组合分子轨道理论，阐明了分子的共价键本质和电子结构，因此而获得1966年诺贝尔化学奖。另外，1952年日本化学家福井谦一提出了前线轨道理论，用于研究分子动态化学反应；1965年R.B.伍德沃德和R.霍夫曼提出了分子轨道对称守恒原理，用于解释和预测一系列反应的难易程度和产物的立体构型，这些理论被认为是认识化学反应历史上的一个里程碑，为此，福井谦一和R.霍夫曼共同获得1981年诺贝尔化学奖。W.科恩因发展了电子密度泛函理论，J.A.波普尔因发展了量子化学计算方法，而共同获得1998年诺贝尔化学奖。

化学键和量子化学理论的发展足足花了半个世纪的时间，化学家由浅入深逐渐认识了分子的本质及其相互作用的基本原理，从而使化学进入了分子的理性设计阶段，化学家可以设计创造新的功能分子，如进行药物设计、新材料设计等，这是20世纪化学的又一个重大突破。

3.合成化学的迅猛发展

创造新物质是合成化学家的首要任务。100年来合成化学发展迅速，许多新技术被用于无机和有机化合物的合成，例如超低温合成、高温合成、高压合成、电解合成、光合成、声合成、微波合成、等离子体合成、固相合成、仿生合成等等，发现和创造的新反应、新合成方法数不胜数。现在，几乎所有的已知天然化合物以及化学家感兴趣的具有特定功能的非天然化合物都能够通过化学合成的方法来获得。在人类已拥有的2 000多万种化合物中，绝大多数是化学家合成的，可以说几乎又创造出了一个新的自然界。合成化学为满足人类对物质的需求做出了极为重要的贡献。纵观20世纪，合成化学领域共产生了10项诺贝尔化学奖。

1912年V.格林尼亚因发明格氏试剂，开创了有机金属在各种官能团转化反应中的应用新领域而获得了诺贝尔化学奖。1928年O.P.H.狄尔斯和K.阿尔德发现了双烯合成反应而获得1950年诺贝尔化学奖。1953年德国化学家K.齐格勒和意大利化学家G.纳塔发现了有机金属催化的烯烃定向聚合反应，实现了乙烯的常压聚合而荣获1963年诺贝尔化学奖。人工合成生物分子一直是有机合成化学的研究重点。从最早的甾体（A.温道斯，1928年诺贝尔化学奖）、抗坏血酸（W.N.哈沃思，1937年诺贝尔化学奖）、生物碱（R.鲁宾逊，1947年诺贝尔化学奖）到多肽（V.维格诺德，1955年诺贝尔化学奖）逐渐深入。有机合成大师R.B.伍德沃德凭借其有机合成的独创思维和高超技艺，先后合成了奎宁、胆固醇、可的松、叶绿素和利血平等一系列复杂有机化合物而荣获1965年诺贝尔化学奖，获奖后他又与R.霍夫曼共同提出了分子轨道对称守恒原理，并合成了维生素B_{12}（结构式见下图）等。

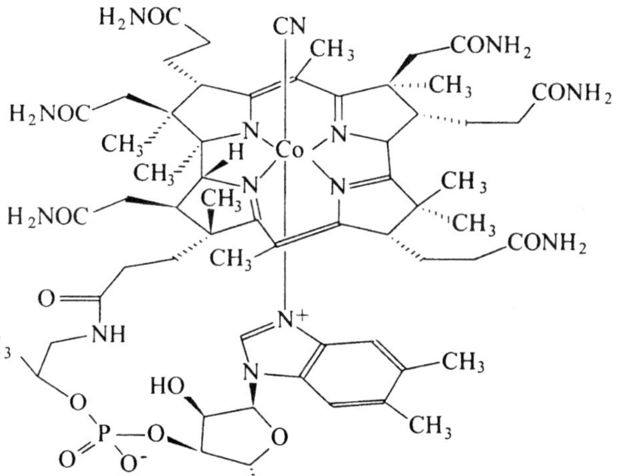

维生素B_{12}

此外，G.威尔金森和E.O.费舍尔合成了过渡金属二茂夹心式化合物，确定了这种特殊结构，对金属有机化学和配位化学的发展起了重要的推动作用，他们因此而荣获1973年诺贝尔化学奖。H.C.布朗和G.维蒂希因分别发展了有机硼反应和维蒂希反应而共同获得1979年诺贝尔化学奖。R.B.梅里菲尔德因发明了固相多肽合成技术，对有机合成方法学和生命化学起了巨大推动作用而获得1984年诺贝尔化学奖。E.J.科里在大量天然产物的全合成工作中总结出了“逆合成分析法”，极大地促进了有机合成化学的发展，因此获得了1990年诺贝尔化学奖。

现代合成化学经历了近百年的努力研究、探索和积累，发展到今天已可以合成像海葵毒素这样复杂的分子（分子式为$C_{129}H_{223}N_3O_{54}$，相对分子质量为2 689，有64个不对称碳原子和7个骨架内双键，结构式见下图，其异构体数目多达271个）。

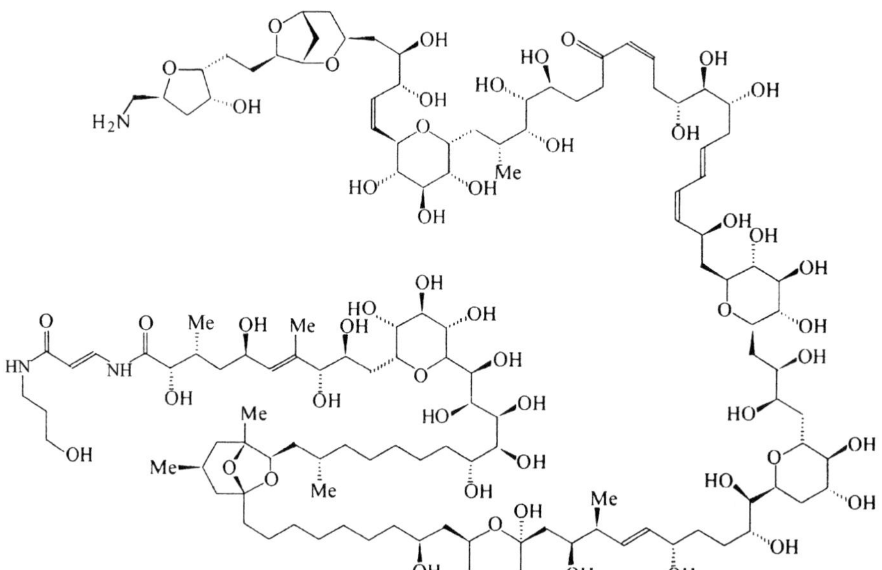

海葵毒素

4.高分子科学和材料

20世纪人类文明的标志之一是合成材料的出现，合成橡胶、合成塑料及合成纤维这三大合成高分子材料是化学中具有突破性的成就，也是化学工业的骄傲，在此领域产生了3项诺贝尔化学奖。1920年H.施陶丁格提出了高分子这个概念，创立了高分子链型学说，以后又建立了高分子黏度与相对分子质量之间的定量关系，为此获得了1953年的诺贝尔化学奖。1953年K.齐格勒成功地在常温下用（C_2H_5）$_3$A1$TiCl_4$作催化剂将乙烯聚合成聚乙烯，从而发现了配位聚合反应；1955年G.纳塔将齐格勒催化剂改进为α-$TiCl_3$和烷基铝体系，实现了丙烯的定向聚合，得到了高产率、高结晶度的全同构型的聚丙烯，使合成方法—聚合物结构—性能三者联系起来，成为高分子化学发展史中一座里程碑，为此，K.齐格勒和G.纳塔共同获得了1963年诺贝尔化学奖。1974年P.J.弗洛里因在缩聚反应速度方面的研究也获得了诺贝尔化学奖。

在高分子科学领域还有不少有成就的科学家，如美国杜邦公司的W.H.Carothers曾在1931年合成了氯丁橡胶，1935年研制成功尼龙-66。

5.化学动力学与分子反应动态学

研究化学反应是如何进行的，揭示化学反应的历程和研究物质的结构与其反应性能之间的关系，是控制化学反应过程的需要。在这一领域相继颁发过3次诺贝尔化学奖。1956年前苏联化学家N.N.谢苗诺夫和英国化学家C.N.欣谢尔伍德因在化学反应机理、反应速度和链式反应方面的开创性研究获得了诺贝尔化学奖。另外，M.艾根提出了研究发生在千分之一秒内的快速化学反应的方法和技术，C.波特和R.G.W.诺里什提出和发展了闪光光解技术用于研究发生在十亿分之一秒内的快速化学反应，对快速反应动力学研究做出了重大贡献，他们3人共同获得了1967年诺贝尔化学奖。

分子反应动态学，亦称态—态化学，是从微观层次出发，深入到原子、分子的结构和内部运动以及分子间的相互作用和碰撞过程来研究化学反应的速率和机理的一门新学科。李远哲和D.R.赫希巴奇首先发明了获得各种态信息的交叉分子束技术，对化学反应的基本原理研究做出了重要贡献，该成果被称为分子反应动力学发展中的里程碑，为此，李远哲、D.R.赫希巴奇和J.C.波拉尼共同获得了1986年诺贝尔化学奖。1999年A.泽维尔因利用飞秒光谱技术研究过渡态的成就而获诺贝尔化学奖。

6.石油化工

石油化工是世界经济中占重要地位的工业领域。世界化工总产值为1万亿美元左右，其中80%以上的产品均与石油化工有关。世界石油探明储量为1.4万亿吨左右，石油炼制和加工已成为国民经济的支柱产业。

石油化工从炼油到相对分子质量较小的碳氢化合物（如乙烯、丙烯等）的生产均离不开催化剂，催化剂的生产和使用已成为石油化工的核心技术。通过对催化技术的研究和开发形成了新的工艺过程，如：选择重整，重油催化裂化，二甲苯异构化，苯与乙烯烷基化，甲醇制汽油或乙烯、丙烯，烃类选择性氧化，丙烯腈甲酰化，一氧化碳直接羰化等。由石油化工得到的基本有机化学品的深加工是化学工业发展的源泉之一。石油化工产品已有3 000多种，涉及国计民生的各个部门，如轻工、纺织、医药、农药、机械、电子等领域。世界乙烯年生产能力已达5 000万吨。20世纪是石油化工大发展的一百年。

7.三大合成材料——塑料、纤维和橡胶

20世纪初由于高分子化学的发展而形成了三大合成材料工业——塑料、纤维和橡胶，以酚醛塑料、尼龙-66和氯丁橡胶为开端的三大合成材料开始蓬勃发展。人们衣、住、行及日常生活用的各种物品均离不开合成材料。世界合成橡胶年生产能力已达1 200万吨，合成纤维达1 500万吨，塑料已超过6000万吨。以塑料为主体的三大合成材料，其体积总产量已超过全部金属，所以20世纪被称为聚合物时代。

8.化学制药

20世纪人类寿命显著延长。例如，1900年在美国出生的一名男子的期望寿命只有47岁，但是今天出生在这个国家的一名男子的期望寿命大约是75岁。这一令人难以置信的进步主要要归功于药物化学家的贡献，其中最重要的成就当数抗菌药物的发现。

19世纪20年代，细菌感染常导致死亡。后来，化学家开始合成许多用来染布的染料，其中包括某些带有氨基、磺酰基官能团的化合物。德国科学家G.Domagk对多种新合成的化合物进行了试验，观察其中是否有可以杀死细菌的化合物。1932年，他找到了一种叫Prontosil的红棕色染料，用它有效地治愈了受到细菌致命感染的老鼠。于是，他用此药对一位因患细菌性血中毒已处于无望状态的孩子进行了治疗，使她得以康复。G.Domagk因此获得了1939年诺贝尔医学与生理学奖。

在此启发下，化学家制备了许多含有氨基、磺酰基的新型药物，即磺胺药物。磺胺药物曾经广为使用，现在有时仍用于临床。某些药物可以杀死细菌而不伤害人畜的发现，开辟了一个重要的新研究领域，于是，许许多多性能更好的抗菌化合物不断地被发现或创造出来。

提高人类和动物的健康水平是医药工业的主要任务，世界上有很多化学家在从事新药的研制工作。除此之外，还有许多的化学工作也是为人类和动物的健康服务的。例如，化学家制造的杀虫剂能减少疟疾和其他虫源性疾病，这对于热带国家具有重要的意义。用于防止皮肤癌和日晒灼伤的防晒霜也是化学家发明的，人造甜味剂对于不能吃糖的人们也是重要的。化学在疾病的诊断中起着核心的作用，X-射线照片是照相工业的一种特殊产品，化学家为此设计了新的胶片和新的照相过程；磁共振成像技术是核磁共振光谱应用于化学研究的发展；血液和尿的检查是体检项目中的常规项目，检查方法都是由医药化学家所发明的。

9.合成氨工业

20世纪人口大幅度增长，粮食需求迅速增加，解决困难的关键是如何利用大气中的氮大规模合成氮肥。1909年德国化学家F.哈伯用锇作催化剂在300~500大气压和500~600℃下成功地建立了每小时生产80克氨的实验装置，并取得了专利权，这是20世纪化学工业发展中的一个重大突破，F.哈伯因此荣获1918年诺贝尔化学奖。之后德国巴登苯胺纯碱制造公司（BASF）购买了哈伯法合成氨的专利权，并由化工专家C.博施担任领导实施工业化。C.博施用2 500多种不同的催化剂配方经过6 500多次试验，终于找到了廉价的铁催化剂以代替昂贵的锇；并采用熟铁作反应塔衬里的双层反应塔，解决了氢气通过钢板渗透的问题。1913年第一个合成氨工厂在BASF建成投产，日产量30吨。合成氨的工业生产促进了农业发展，C.博施也因改进了哈伯法而荣获1931年诺贝尔化学奖。此后，化学家不断对合成氨工艺进行改进并引入现代化工技术，现代合成氨生产是以空气、水煤气或石油、天然气等为原料，制成1∶3的氮氢混合气体，在150～300大气压和400~500℃下通过装有铁催化剂的合成塔合成氨。目前，合成氨厂的装置逐渐大型化。由于液氨存在贮存、运输和农作物吸收等问题，所以大型合成氨厂均联产尿素。

二、兴旺的化学大家族

化学大家族的分支

化学科学在其发展的过程中，根据所研究的任务、目的及方法的不同，派生出不同层次的许多分支。在20世纪20年代以前，化学传统地分为无机化学、有机化学、物理化学和分析化学4个分支。20世纪20年代以后，随着科学技术的快速发展，化学键的电子理论和量子力学诞生，电子技术和计算机技术兴起，化学研究在理论上和实验上都获得了新的技术手段，导致化学家族从20世纪30年代以来不断发展壮大，呈现出崭新的面貌。

根据当今化学学科的发展以及它与天文学、物理学、数学、生物学、医学、地学等学科相互渗透的情况，化学大体上可作如下图所示的分类。

（1）无机化学：包括元素化学、无机合成化学、无机固体化学、配位化学、生物无机化学等。

（2）有机化学：包括天然有机化学、基础有机化学、有机合成化学、金属和非金属有机化学、物理有机化学、生物有机化学、有机分析化学等。

（3）物理化学：包括化学热力学、化学动力学、电化学、胶体与界面化学、结构化学、分子物理化学等。

（4）分析化学：包括光分析化学、电分析化学和色谱分析化学等。

（5）高分子化学：包括天然高分子化学、高分子合成化学、高分子物理化学、高聚物应用、高分子物理等。

（6）核化学与放射化学：分为放射性元素化学、放射分析化学、辐射化学、同位素化学、核化学等。

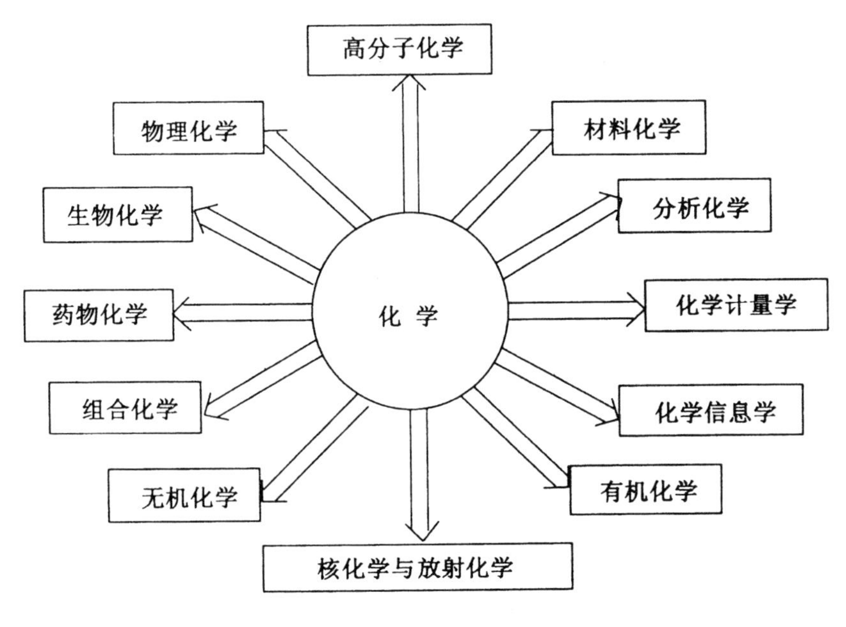

化学的大体分类

（7）生物化学：包括普通生物化学、酶化学、微生物化学、植物化学、免疫化学、发酵和生物工程、食品化学等。

（8）超分子化学。

（9）组合化学。

（10）材料化学。

（11）其他与化学有关的边缘学科还有：地球化学、海洋化学、大气化学、环境化学、宇宙化学、星际化学等。

无机化学

无机化学是研究无机化合物的组成、性质、结构和反应的科学，它是化学家族中最古老的分支学科。无机化合物包括所有化学元素和它们的化合物，不过大部分的碳化合物除外，因为除二氧化碳、一氧化碳、二硫化碳、碳酸盐等简单的碳化合物属无机物外，其余均属于有机化合物。无机化学的大体分类如下图所示。

历史上人们曾认为无机物即无生命的物质，如岩石、土壤、矿物、水

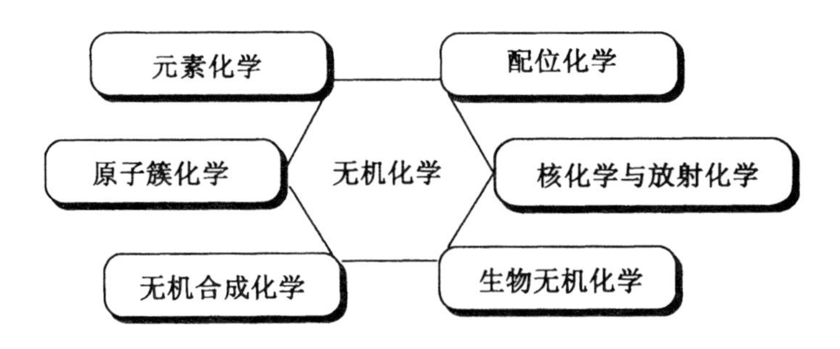

无机化学的大体分类

等；而有机物则是由有生命的动物和植物产生的，如蛋白质、油脂、淀粉、纤维素、尿素等。1828年，德国化学家维勒从无机物氰酸铵制得尿素，从而破除了有机物只能由生命力产生的迷信，明确了这两类物质都是由化学力结合而成的。现在，无机物和有机物是按组分的不同而划分的。

由于最初化学所研究的多为无机物，所以近代无机化学的建立就标志着近代化学的创始。对创立近代化学贡献最大的人当属英国的玻意耳（见下图）、法国的拉瓦锡（见下图）和英国的道尔顿。

玻意耳（1627~1691）

拉瓦锡（1743~1794）

玻意耳做过很多化学实验，如磷、氢的制备，金属在酸中的溶解以及硫、氢等物质的燃烧。他根据实验结果阐述了元素和化合物的区别，提出元素是一种不能分出其他物质的物质。他的这些新概念和新观点，把化学这门科学的研究引上了正确的道路，对建立近代化学做出了卓越的贡献。

拉瓦锡采用天平作为研究物质变化的重要工具，进行了硫、磷的燃烧，锡、汞等金属在空气中加热的定量实验，确立了物质的燃烧是氧化作用的正确概念，推翻了盛行百年之久的燃素说。拉瓦锡在大量定量实验的基础上，于1774年提出了质量守恒定律，即在化学变化中物质的质量不变。1789年，在他所著的《化学概要》中，提出了第一个化学元素分类表和新的化学命名法，并运用正确的定量观点叙述当时的化学知识，从而奠定了近代化学的基础。由于拉瓦锡的倡导，天平开始普遍应用于化合物组成和变化的研究。结合质量守恒定律，1803年道尔顿提出原子学说后，化学才真正成为一门科学。

无机化学的研究内容非常广泛，周期表中的100多种元素以及除烃和烃衍生物以外的所有化合物都是无机化学的研究对象。因此，无机化学是一门丰富多彩、具有无限发展前途的学科。由于各学科的深入发展和学科间的相互渗透，形成了许多跨学科的新研究领域。当前，无机化学的发展有两个明显趋势：一是研究广度逐渐拓宽，尤其是与材料科学和生命科学的融合与交叉，形成了一些新兴交叉学科，如固体材料化学、生物无机化学、金属有机化学、物理无机化学等；二是研究向纵深发展，表现为结构测定和谱学方法及理论分析得到广泛应用，分子设计思想在指导合成方面日显重要，出现了众多新的合成方法。

现代无机合成化学

随着某些特殊合成技术的引入和各前沿学科的相互渗透，无机合成化学获得了快速的发展。无机合成化学中未经开拓的领域还很多，新型无机物的合成具有广阔的前途。发现一种新的合成方法或一种新型结构，将导致一系列新的无机化合物出现，如夹心式化合物以及笼状、簇状、穴状化合物等；而且很多无机化合物都具有特殊的功能，如激光发射、发光、高密度信息存储、永磁性、超导性、传感等，具有广泛的应用前景。

现代无机合成化学首先要创造新型结构，寻求分子多样性，同时应注意发展新合成反应、新合成路线和方法、新制备技术以及研究与其相关的反应机理。要注重复杂和特殊结构无机物的高难度合成，如团簇、层状化合物及其特定的多型体，以及具有层间嵌插结构及多维结构的无机物。另外，在极端条件（如超高压、超高温、超高真空、超低温、强磁场、强电场、激光、等离子体等）下，可能得到各种各样在一般条件下无法得到的新型化合物、新物相和新物态。总之，现代无机合成化学在21世纪将会有更大的突破。

配位化学

配位化学是研究金属的原子或离子与无机、有机的离子或分子相互反应形成配合物的规律，以及配合物的成键、结构、反应、分类和制备的科学。最早记载的配合物是18世纪初用作颜料的普鲁士蓝。1798年又发现$CoCl_3 \cdot 6NH_3$是$CoCl_3$与NH_3形成的稳定化合物，对其组成和性质的研究开创了配位化学领域。1893年，瑞士化学家A.Werner创立的配位学说是化学发展历史的重要里程碑，他打破了共价理论与价饱和观念的局限性，建立了分子间新型的相互作用模式，很快配位化学就成为无机化学中一个主要研究方向，成为无机化学与物理化学、有机化学、生物化学、固体物理和环境科学相互渗透、交叉的新兴学科。

配合物的数量及类型的增加非常迅速，从最初的简单配合物和螯合物发展到多核配合物、聚合配合物、大环配合物（例如含Sm的金属有机化合物），从单一配体配合物到混合配体配合物，从单个配合物分子到由多个配合物分子构成的配合物聚集体。在20世纪中叶，Irving、Williams和Perrin创立了溶液配位化学，在此基础上Sillen和Stumn又发展出水化学、环境配位化学，直至Perrin和Williams建立起多金属多配体计算模型。另外，对配位结构的微观研究产生了配位场理论，丰富了量子化学理论，扩大了结构化学领域。

配位化学与有机、分析等化学领域以及生物化学、药物化学、化学工业等有着密切的关系，应用十分广泛。

（1）金属的提取和分离：从矿石中分离金属以及进一步提纯，如溶剂萃取、离子交换等都与金属配合物的形成有关。

（2）配位催化作用：过渡金属化合物能与烯烃、炔烃和一氧化碳等各种不饱和分子形成配合物，使这些分子活化，这些过渡金属化合物就是反应的催化剂。

（3）化学分析：配位反应在重量分析、容量分析、分光光度分析中都有广泛应用，主要用作显色剂、指示剂、沉淀剂、滴定剂、萃取剂、掩蔽剂，可以增加分析的灵敏度和减少分离步骤。

（4）生物化学：生物体中许多金属元素都以配合物的形式存在，例如，血红素是铁的配合物，叶绿素是镁的配合物，维生素B_{12}是钴的配合物。

（5）医学：如可用乙二胺四乙酸二钠盐与汞形成配合物，将人体中有害的汞元素排出体外。

配位化学的另一个具有发展前景的领域是对具有光、电、磁、超导、信息存储等特殊功能配合物的研究。

原子簇化学

原子簇是由几个乃至几百个原子以化学键结合在一起的聚集体，是一种特殊的物质状态。原子簇研究是当今化学与物理学界最富活力的前沿领域之一。原子簇化学的发展大致从20世纪50年代开始，X-射线衍射技术的发展加速了原子簇化合物的合成、结构及性质的研究。由于原子簇化合物具有优良的催化性能、生物活性、光电性能和超导性质等，具有很好的应用前景，因而备受关注。例如，固氮酶的活性中心铁钼辅因子就是一种Mo-Fe-S原子簇，而参与传递储存电子的则是Fe_4S_4原子簇。

有机原子簇化合物包括硼烷和碳硼烷、富勒烯和碳纳米管等。金属原子簇化合物的发现开拓了又一个化学新领域，现已成为一门新兴的化学分支学科——金属原子簇化学。20世纪70年代后由于化学模拟生物固氮、金属原子簇化合物的催化功能、生物金属原子簇、超导及新型光学晶体材料等方面的研究需要，促使金属原子簇化学快速发展，不仅建立了一些合成方法，而且用结构化学和谱学等实验手段研究了一些金属原子簇化合物结构与性能的关系。金属原子簇化合物具有特殊的性质，如特殊的氧化还原性能、电子传递性能，以及中心金属簇骼的多变价态及其相应的电子结构。为探索成簇机理，需从理论上研究其成键能力和结构规律，目前已有多种学说，如W.N.利普斯科姆的硼烷三中心键模型，Sidgwick等的有效原子数规则，K.Wade的多面体骨架成键电子对理论，Cotton的金属—金属多重键理论，Lauher的金属原子簇的簇价轨道理论，Mingos的多面体簇骼电子对理论，张文卿的金属原子簇拓扑电子计算理论，唐敖庆的成键与非键轨道数规则，卢嘉锡的类立方烷结构规则，徐光宪的nxcπ结构和成键规则，以及张乾二的多面体分子轨道理论等，这些理论从不同角度论述了金属原子簇的内在结构规律，但这些理论均存在一定的局限性，尚没有一个较为完善的理论来概括和解释金属原子簇化合物的实验结果。在这一领域内，仅1976年W.N.利普斯科姆因有机硼化合物结构的研究而获诺贝尔化学奖，因此，在这一领域内挑战和机遇并存，有待于化学家们继续去努力研究。

核化学和放射化学

放射化学是研究放射性物质，以及与原子核转变过程相关的化学问题的化学分支学科。放射化学主要研究放射性核素的制备、分离、纯化、鉴定和它们在极低浓度时的化学状态、核转变产物的性质和行为，以及放射性核素在各学科领域中的应用等。

放射化学的研究对象是放射性物质，需要充分利用探测放射性物质的现代技术，因此，具有一般化学所没有的许多特点。首先，放射性物质探测的灵敏度极高；其次，放射性物质与其他物质容易鉴别；另外，可以利用放射性物质与其稳定同位素的化学性质极为相似的特点，通过跟踪放射性物质的动向来察知其稳定同位素的动向，从而对化学过程的有关环节进行研究。

核化学是用化学方法或化学与物理相结合的方法研究原子核及核反应的学科，它起源于居里夫妇对钋和镭的分离和鉴定。核化学主要研究核性质、核结构、核转变的规律以及核转变的化学效应等，同时还包括有关研究成果在各个领域的应用。核化学、放射化学和核物理，在内容上既有区别而又紧密地联系和交织在一起。核化学研究的成果已广泛应用于各个领域，例如，用中子活化分析法可较准确地测定样品中50种以上元素的含量，并且灵敏度一般很高，已广泛应用于材料科学、环境科学、生物学、医学、地学、宇宙化学、考古学和法医学等领域。

现代核医学的重要支柱是放射性药物，主要用于多种疾病的体外诊断和体内治疗，还可在分子水平上研究体内的生理功能和代谢过程。21世纪将在单光子断层扫描仪（SPECT）所用的药物方面有新的突破；将会用放射性标记的单克隆抗体作为“生物导弹”，定向杀死癌细胞；而中枢神经系统显像将推动脑化学和脑科学的发展。放射性示踪技术和核分析技术因其灵敏度高等优点将在各个领域得到更广泛的应用。

生物无机化学

生物无机化学是由无机化学、生物化学、医学等学科交叉、综合发展起来的崭新学科，它是研究金属离子及某些无机分子在生命过程中所起的作用以及对正常生理过程产生影响的分子机理的科学。生物无机化学酝酿于20世纪50年代，诞生于20世纪60年代，在短短的半个世纪中有了很大发展。当M.F.佩鲁茨因其对肌红蛋白和血红蛋白结构和作用机理的研究而获得诺贝尔化学奖时，生物无机化学就开始萌芽，于是，生物化学与结构化学开始结合，产生了一个以测定生物功能分子结构和阐明其作用机理为内容的新领域。与此同时，在生物化学深入到涉及金属离子的生物过程时，必然要与当时正在迅速发展的配位化学相结合，原来主要研究一般溶液配位化学的学者纷纷转而研究生物配体与金属离子的溶液化学，形成了生物无机化学的又一个分支。后来人们发现，晶体结构与生物介质中的结构未必相同，应该研究溶液中的结构和构象，恰在此时，核磁共振技术大发展，为研究生物大分子的溶液结构创造了条件，于是开拓了结构化学和溶液化学结合、探索含金属的生物大分子结构与功能关系的新领域。生物无机化学的另外一个分支则是通过合成模型化合物或结构修饰来研究结构—机理关系，它是合成化学介入生物无机化学的结果。这些研究都是以认识含无机元素的生物功能分子的结构和功能关系为目的，大都采取分离出单一生物分子，然后测定其结构，研究有关反应机理以及结构与功能关系的研究模式。虽然这样的研究取得了许多重要成果，使人们对必需元素和含它们的生物分子的认识更加深入，但近年来，这种传统的生物无机化学研究模式受到一系列实际问题的挑战，这些实际问题大都涉及无机物的生物效应，或者说涉及生物体对无机物的应答问题，例如，无机药物的作用机理、无机物中毒机理、环境物质损伤生物体的机理等。在这类问题的研究中，共同的核心问题是从分子、细胞到整体3个层次上研究形成药理、毒理作用的基本化学反应和这些反应引起的生物事件。这类研究促使人们把生物无机化学提高到细胞层次，去研究细胞与无机物作用时细胞内外发生的化学变化，这些化学变化是生物效应的基础。

不可忽视生物无机化学半个世纪的发展对无机化学的推动作用，例如，混合配体配合物化学、多金属多配体体系的化学、金属的异常价态、金属—硫簇化学、分子内和分子间电子传递、自由基化学等研究领域相继出现。显然，生物无机化学在未来既可以推动生物学的发展，也可以促进化学向新的层次拓展。

无机金属与药物

古代药物虽然多数取材于自然界的植物和动物，但某些矿物也被用作药物。曾被用作药物的砷、汞、锑等无机化合物由于毒性较大而逐渐被合成有机药物所替代。随着科学技术的发展，现在人们对以金属为基础的药物有了新的认识。1965年美国的Rosenberg在研究电场对大肠杆菌生长速度的影响时，发现所用的铂电极与营养液中的成分反应生成的六氯合铂及一些顺式的含铂配合物能够抑制大肠杆菌的细胞分裂，但对细菌生长的影响却很小。这一偶然发现引起了广泛的关注，美国癌症研究所立即组织人员对这些配合物进行了深入研究和临床试验，结果发现，含铂配合物对抑制癌细胞的分裂具有显著效果。现已证实多种顺铂及其类似物对子宫癌、肺癌、睾丸癌有明显疗效。

在复方中药中有时使用金属金，但一直不知其作用机理，最近发现含金化合物的代谢产物$[Au(CN)_2]^-$具有抗病毒作用，而且金化合物还可以抑制NADPH氧化酶，从而阻断自由基链的传递，有助于终止炎症反应。另外，在复方中药中有时还使用砒霜和雄黄，最近发现三氧化二砷能促进细胞凋亡，这使现代医学接受了砷化物用作药物的可能性。目前，用钒化合物治疗糖尿病、用锌化合物预防治疗流感都已成功在临床试用。这些金属化合物被发现具有治疗作用，说明人们对无机金属及其化合物的药理作用的认识在不断深化。这一领域在21世纪将会成为医药研究的一个重要发展方向。

另一个有趣的故事是锂盐用于精神病的治疗。澳大利亚的精神病学家卡特长期研究精神病。他把精神病人的尿注射到猪的腹腔中，发现猪果然中毒了。他猜测这种毒物的成分是尿酸，于是就用尿酸代替病人的尿液继续研究。由于尿酸的溶解性较差，他改用尿酸锂代替尿酸。当卡特把尿酸锂注入猪的腹腔时，猪的中毒现象不仅没有加剧，反而大大缓解了。卡特干脆用更容易溶解的碳酸锂代替尿酸锂注入猪腹腔内，结果原来呆板的猪竟然变得活泼了。

为什么锂盐注入猪的腹腔内，猪的精神症状会缓解呢?原来，是因为锂离子减弱了体内尿酸的毒性。从此，一种治疗人类精神病的药物——碳酸锂便问世了。这是一个伟大的发现，因为它产生了巨大的社会效益，自从1949年发现这种药物以来，每年有大量的精神病患者从病魔中解脱出来。卡特的意外发现，创造了精神病治疗史上的奇迹。

神奇的稀土元素

稀土元素是我国的富有元素，世界稀土元素资源的80%在我国。稀土包括原子序数57~71的15种元素，再加上元素周期表中同属第Ⅲ副族的钪和钇，共计17种元素。稀土元素的外层电子结构基本相同，内层的4f电子能级相近。20世纪经过大量的研究，发现稀土元素在光、电、磁、催化等方面具有独特的功能。例如，含稀土元素的分子筛在石油催化裂解中可大大提高汽油产率；硫氧钇铕在电子轰击下产生鲜艳的红色荧光，可使彩电的亮度提高1倍；稀土永磁材料用于电机制造，可缩小体积，做到微型化和高效化；在高温超导材料中更是少不了稀土元素。稀土元素在农业生产中有增产粮食的作用，例如，含几万分之一甚至几百万分之一稀土添加剂的肥料，可使小麦等粮食作物平均增产7%以上；添加了稀土营养的西瓜，不仅个个又大又圆，而且瓜香诱人；橡胶树、棉花施用了稀土微肥也可增产。还有，使用增加了稀土营养成分的饲料，牛可以多长出9.4%的鲜牛肉，猪、羊更肥壮，马儿更强健。稀土材料还有许多重要的用途，如含有少量稀土催化剂的汽车尾气净化剂，活性高，效果好，可使汽车尾气中的氧化氮（NO、NO_2等）、一氧化碳（CO）消失得无影无踪；稀土光学玻璃可使照相机的镜头更透明、更均匀，照片中的人物花草更加清晰、生动和逼真。另外，钢铁工业中要用稀土元素作为必需的添加剂；玻璃与陶瓷用稀土元素染色后更加美观诱人；材料工业中，发光材料、永磁材料、磁光材料、储氢材料、磁制冷材料、磁致伸缩材料都要以稀土元素为主角，激光材料、超导材料、光导纤维、燃料电池等也都离不开稀土元素。稀土元素因其所具有的各种特异功能，被誉为现代工业生产的维生素。因此，研究稀土元素的性质和功能在21世纪将具有重大的科学意义。

由于稀土元素外层电子结构基本相同，因此，分离单一稀土元素相当困难。目前，虽有离子交换法、络合萃取法等分离技术，但生产单一稀土元素的成本仍是很高的。因此，稀土化学还需要深入研究，以开发出单一稀土元素的快速简易的分离方法。同时，稀土元素作为材料的研究，在激光、发光、信息、永磁、超导、能源、催化、传感、生物等领域将会成为主攻方向。

有机化学

有机化学是化学家族中最大的分支，是研究有机化合物的来源、制备、结构、性质、应用以及有关理论的科学，又称碳化合物的化学。

碳原子，一般是通过与其他元素的原子共用外层电子而达到稳定的电子构型，这种共价键结合方式决定了有机化合物的特性。大多数有机化合物由碳、氢、氮、氧几种元素构成，少数还含有卤素和硫、磷等元素。因此，大多数有机化合物具有熔点较低、可以燃烧、易溶于有机溶剂等性质，这与无机化合物的性质有很大不同，但有机化合物和无机化合物之间并没有绝对的界限。

在含多个碳原子的有机化合物分子中，碳原子互相结合形成分子的骨架，其他元素的原子就连接在该骨架上。在元素周期表中，没有一种别的元素能像碳这样以多种方式彼此牢固地结合。由碳原子形成的分子骨架有多种形式，如直链、支链、环状等。

在有机化学发展的初期，有机化学工业的主要原料是动、植物体，有机化学主要研究从动、植物体中分离出的有机化合物。

19世纪中叶到20世纪初，有机化学工业逐渐变为以煤焦油为主要原料。合成染料的发现，使染料、制药工业蓬勃发展，推动了对芳香族化合物和杂环化合物的研究。20世纪30年代以后，以乙炔为原料的有机合成兴起。20世纪40年代前后，有机化学工业的原料又逐渐转变为以石油和天然气为主，发展了合成橡胶、合成塑料和合成纤维工业。由于石油资源日趋枯竭，以煤为原料的有机化学工业必将重新繁荣发展。当然，天然的动、植物和微生物体仍是重要的研究对象。

20世纪的有机化学，从实验方法到基础理论都有了巨大的进展，显示出蓬勃发展的强劲势头。世界上每年合成的近百万个新化合物中约70%以上是有机化合物，其中有些因其所具有的特殊功能而用于材料、能源、医药、生命科学、农业、营养、石油化工、交通、环境科学等与人类生活密切相关的各行各业中，直接或间接地为人类提供大量的必需品。

随着科学和技术的发展，有机化学与各个学科互相渗透，形成了许多边缘学科，比如生物有机化学、物理有机化学、量子有机化学、海洋有机化学等。

未来有机化学首先是研究能源和资源的开发利用问题；其次是研究和开发新型有机催化剂，以模拟酶催化下的高速高效和温和的反应方式。

有机合成化学

有机合成化学是有机化学中最重要的基础学科之一，它是创造新有机分子的主要技术。发现新反应、新试剂、新方法和新理论都是有机合成化学的职责所在。1828年，德国化学家维勒用无机物氰酸铵热分解的方法，成功地制备了有机物尿素，揭开了有机合成的帷幕。100多年来，有机合成化学的发展非常迅速，成就斐然。

有机合成发展的基础是各类基本合成反应。不论多么复杂的化合物，其全合成均可用逆合成分析法（retrosynthesis analysis）分解为若干基本反应，如加成反应、重排反应等，每个基本反应均有它特殊的反应功能。合成时可以设计和选择不同的起始原料，用不同的基本合成反应，获得同一个复杂的目标有机分子，这在现代有机合成中称为“合成艺术”。在化学文献中经常可以看到某一有机化合物的全合成同时有多个研究组的报道，其合成路线和方法是不相同的。那么如何去评价这些不同的全合成路线呢?对一个全合成路线的评价包括：起始原料是否易得，路线步骤是否简短易行，总收率高低以及合成的选择性高低等。

1.天然复杂有机分子的全合成

人类对自然界的研究和认识是永无止境的，会不断发现新的天然产物及其特殊功能。例如，20世纪90年代，因发现紫杉醇（其结构如下图所示）的抗癌作用而推动了它的全合成研究。为了将其开发为药物，发展了各种不同的合成方法和路线。21世纪在复杂天然产物的全合成研究方面，还会有更大的发展。

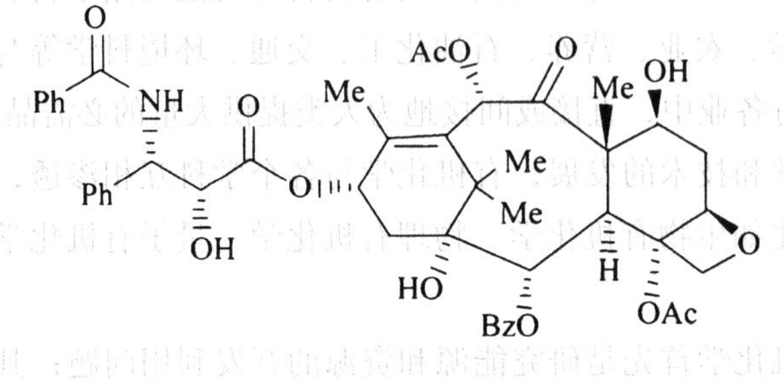

紫杉醇的结构

2.不对称合成

不对称合成，就是反应物分子中的一个非手性单元被试剂转变成一个手性单元，形成不等量的立体异构体产物。手性是自然界的普遍特征，构成自然界物质的一些手性活性分子虽然从原子组成来看是一模一样的，但其空间结构完全不同，它们构成了实物和镜像的关系，也可以比作左、右手的关系，所以叫手性分子。不对称合成包括手性源出发的不对称合成、反应底物中手性诱导的不对称合成、化学计量手性试剂的不对称合成、手性催化剂和生物催化的不对称反应。以下反应是简单的不对称合成反应（式中*C为手性碳原子）：

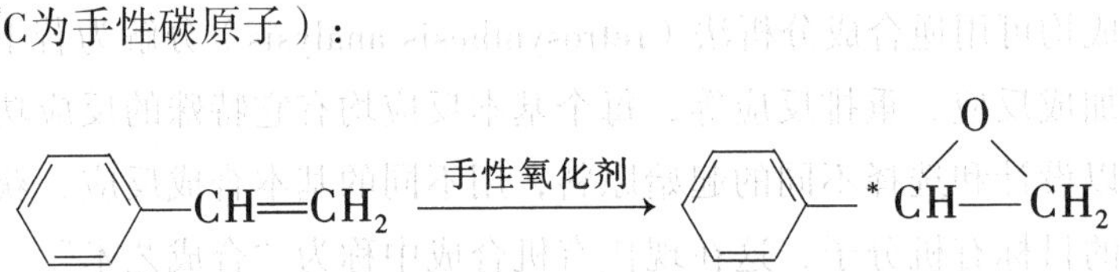

$$C_6H_5-CH=CH_2 \xrightarrow{\text{手性氧化剂}} C_6H_5-{}^{*}CH(O)CH_2$$

目前，比较成功的手性催化剂是有机过渡金属配合物催化剂，它们不仅反应活性高，而且立体选择性好。在许多情况下，只要使用五千分之一的催化剂，在室温和常压下就能得到100%的产率和99%的立体选择性。例如，烯烃的不对称催化氢化中使用二茂铁手性衍生物作催化剂，能够得到99%的手性产物（反应式见下图）。

由于手性药物发展的需要，1992年美国食品和药品管理局（FDA）

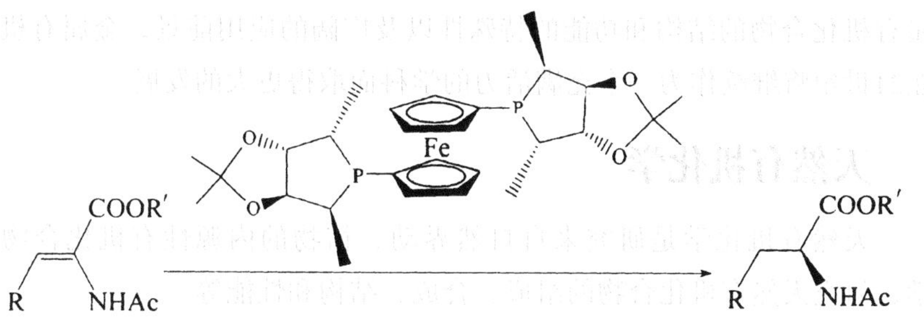

发布了手性药物的指导性原则，直接生产单一对映体药物的趋势明显，1994~1997年世界手性药物的销售额从452亿美元激增到879亿美元，几乎以每年30%的速度增长，这是推动不对称合成发展的动力。预计21世纪这一领域还会有更快的发展。

金属有机化学

金属有机化合物，简单地说，就是碳原子和金属原子直接相连的化合物，如格氏试剂。而像叔丁醇钾之类的化合物，由于金属与氧原子相连，不属于金属有机化合物的范畴。广义的金属有机化合物概念，将硫、硒、碲、磷、砷、硅、硼等带有金属特性的非金属也算成金属，实际上已经超出了经典金属有机化合物的范畴。

金属有机化学，就是研究金属有机化合物的科学。它是无机化学、晶体学、材料学等与有机化学形成的交叉学科，是不对称有机合成的基础，也是当今有机化学的热点之一。金属有机化学研究金属有机化合物在有机合成中的应用，尽管也合成金属有机化合物，甚至设计合成配体，但目的在于研究金属有机化合物在有机合成中的作用，主要是其催化性能。有时，金属有机化合物也参与反应。

金属有机化学是20世纪有机化学中最活跃的研究领域之一，其中特别引人注目的是与有机催化有关的研究。均相催化使有机化学、高分子化学、生命科学及现代化学工业发展到一个新的水平。著名的格氏试剂、齐格勒—纳塔催化剂、威尔金森—费舍尔茂金属催化剂、维蒂希试剂等开创了金属有机化学的新领域；同时，还发现许多金属有机化合物（如维生素B_{12}）在生物体系中具有重要的生理功能，引起了生物学界的关注。鉴于金属有机化合物的结构和功能的特殊性以及广阔的应用前景，金属有机化学在21世纪将继续作为一个充满活力的学科而取得更大的发展。

天然有机化学

天然有机化学是研究来自自然界动、植物的内源性有机化合物的化学，研究天然有机化合物的组成、合成、结构和性能等。

大自然创造的各种有机化合物使生物能生存在陆地、高山、海洋、冰雪之中。探索和认识自然界的这一丰富资源是人类发展和生存的需要，是有机化学的主要研究任务之一。从事天然产物化学研究的目的是希望发现有生理活性的有效成分，直接用作临床药物或用于农业作为增产剂和农药；也可用发现的有效成分作为先导化合物，进一步研究其各种衍生物，从而发展出新的临床药物、新农药和植物生长调节剂等。对于自然界的天然产物，有机化学家和药物化学家长期以来一直具有广泛的兴趣，世界各国都投入了相当规模的研究力量，已从中获得了许多新药和先导化合物。我国地域辽阔，自然条件优越，生物资源十分丰富，中草药已有几千年的临床应用经验，民间防病治病的药方也甚多。发掘祖国医药宝库，在我国加速开展天然有机化学研究，具有现实意义和传统优势。

中医药现代化的关键在于探明中药药效的物质基础、药理作用的机理以及有效成分与药理作用的关联。中医理论具有朴素的系统论思想，强调复方的综合药理作用，但复方中药的成分是十分复杂的。中药现代化研究将通过引入化学计量学等新概念，改进有效成分的分离与结构测定方法，以阐明其结构—药效关系，解决中药复方中复杂多成分的化学组成与生物活性的关系问题，从而使中成药成为结构可测的复方药物，与复方西药一样在国际上通用。这在21世纪将会把中药变为国际市场上的流通商品，把几千年积累、传承下来的中药秘方逐渐变成国际通用的复方制剂，为大家所接受。要实现这一目标，需要进行大量的化学研究以及相应的药理作用研究。

物理有机化学

物理有机化学研究有机分子结构与性能的关系，研究有机化学反应的机理，以及用理论计算化学的方法来理解、预见和发现新的有机化学现象。20世纪20～30年代，通过反应机理的研究，建立了有机化学的新体系；50年代开始用构象分析和哈米特方程半定量估算反应性与结构的关系；60年代出现了分子轨道对称守恒原理和前线轨道理论。化学的两大支柱是实验和理论。实验化学在过去的100年中是强项，而理论化学尚处于不断发展和完善的阶段。“知其然而不知其所以然”是科学研究的初级阶段，从感性认识的实验阶段到理性认识的“知其所以然”阶段是人类认识上的一种飞跃。对有机分子结构与性能的关系以及对有机化学反应机理的研究，就是希望从实验数据中找到内在的规律，在理论的高度上来理解和认识化学现象。

1.分子结构测定

目前，有机化合物结构测定所用的波谱（紫外、红外、核磁共振、质谱等）和X-射线单晶结构分析等已经能测定大多数有机分子的结构，但对于结构很复杂的生物大分子或存在量极微的有机化合物的测定尚有待于分析仪器设备的不断发展，如目前已有800兆核磁共振仪，更高级的已在研制之中。某些新型的显微镜也正在发展之中，例如可以直接观察单个分子及其结构的显微技术。这一领域的发展可能导致一系列生物大分子的发现，并测定它们的一级结构以及二、三级结构，了解分子在空间的排列，以及分子—分子体系是如何组合的。这是物理有机化学研究的基础工作，只有了解清楚分子结构，才有可能联系其性能，研究结构与性质的关系。

2.反应机理研究

目前，已知的有机化学反应机理有自由基反应、离子型反应、周环反应、电子转移反应、金属有机配位反应、叶立德反应、卡宾反应等类型。随着对反应过渡态及反应活性中间体的研究和确证，发现一个有机化学反应往往不仅仅涉及一种反应机理，而且涉及多类有机反应历程，如自由基反应亦会涉及电子转移反应。现有的研究进展表明，中性有机分子、碳正或碳负离子、自由基等在不同反应条件下可相互转变，形成多种反应途径竞争的局面。

3.分子间的弱相互作用研究

分子间的弱相互作用与化学键相比弱得多，但分子间的弱相互作用决定参与反应的分子间的识别，因而决定反应的选择性；它还决定分子间的聚集方式。分子间的弱相互作用是一类非常重要的作用，一直是化学中的一个十分活跃的研究领域。早在20世纪初，人们就发现许多化学及物理化学中的现象与分子间的弱相互作用有关，而氢键是这一领域中被研究得最早的一种相互作用。1935年X–射线晶体结构分析证明了氢键的存在；到1939年，L.G.鲍林编著了《化学键的本质》一书，使氢键的概念被广泛接受。研究发现，分子间的相互作用相当复杂并且有多种形式，除氢键外还有σ…π相互作用（即X–H…π体系的作用方式，X为电负性较大的重原子，如O、N、F等，π体系包括不饱和键和芳香体系），以及阳离子–π相互作用等。

分子间相互作用问题的研究是一个多学科交叉课题，不仅具有极高的学术价值，而且具有广泛的应用前景，它的研究已引起科学界的广泛关注并逐渐成为化学研究领域中最为活跃的前沿热点之一。随着计算机硬件和软件技术的发展，我们期望着有更多更好的理论方法来对分子间的相互作用进行更深入的研究。

生物有机化学

生物有机化学作为有机化学向生命科学渗透过程中形成的一个新的学科分支，近20年来取得了令人瞩目的发展。生物有机化学的研究几乎涉及生命科学的所有前沿领域，已经成为现代生命科学研究的重要组成部分。同时，生物有机化学的研究成果，又极大地丰富和发展了传统的有机化学。

生物有机化学是应用有机化学的理论和方法在分子水平上研究生命现象的化学本质的一门新学科，是目前有机化学中最为活跃的前沿领域之一。生物有机化学的主要研究对象是核酸、蛋白质和多糖3种主要生物大分子及参与生命过程的其他有机分子，它们是维持生命运转的最重要的基础物质。

核酸是信息分子，具有储存、传递及表达遗传信息的功能。近10年来对核糖核酸的研究发现，除上述功能外，它还显示出独特的催化活性，即有着酶一样的作用，这大大加深了对核酸和蛋白质这两类重要生命基础物质的性质和相互关系的认识。核酸研究的深入发展，深刻揭示了DNA复制、转录、RNA前体加工、蛋白质合成过程中的相互关系，从而了解了许多疾病的病因与核酸的相关性，为核酸在医学上的应用开拓了广阔的前景。

生物有机化学近期发展的动向有以下8个方面：

（1）生物大分子的序列分析方法的研究，特别是微量、快速的多糖（寡糖）序列分析方法的研究。

（2）多种构象分析方法的研究，如NMR多维谱、X-射线衍射激光拉曼光谱及荧光圆二色散等手段在构象分析中的应用。

（3）从构象分析和分子力学计算入手的结构与功能关系研究以及设计合成类似物的研究。

（4）生物大分子的合成及应用研究，包括合成方法，模拟和改造天然活性肽，创造具有新功能的蛋白质分子，合成具有特殊生物功能的寡糖，合成反义寡核苷酸及其多肽与共轭物，并开发这些合成物质在医学和农业上的应用。

（5）生物膜化学和信息传递的分子基础的化学研究。

（6）生物催化体系及其模拟研究，包括催化性抗体和催化性核酸的研究。

（7）生物体中含量很低而活性很强的多肽、蛋白质、核酸、多糖的研究，包括分离、结构、功能和合成等。

（8）光合作用中的化学问题。

药物化学

药物化学是有机化学的一个重要分支，与生命科学密切相关。药物化学是一门发展的学科，随着时代的变化、科学的发展以及与其他不同学科的交叉，药物化学所研究的内容也在不断变化。简而言之，药物化学就是研究药物的化学，包含两部分内容：作为回顾性学科，药物化学研究现有药物的结构与活性的关系；作为前瞻性学科，药物化学设计、合成能保护人类和动物、治疗人类和动物疾病的药物。化学合成以及结构与活性关系的研究始终是药物化学的主要研究内容。

从1889年Bayer公司推出第一个合成抗炎镇痛药阿司匹林开始，药物化学已有100多年的历史。在这100多年中，药物化学的发展始终与药物研究的需求和研究模式紧密相连。20世纪30年代，Mietzsch等发明了磺胺类抗菌药物，大大降低了感染性疾病的死亡率，标志着药物研究一个新时代的开始；20世纪40年代是抗生素时代，抗生素的发展超过了磺胺药物，典型代表有青霉素、四环素、链霉素，这些药物结束了肺结核危害人类的历史。20世纪50~60年代，开始在分离组织和细胞水平上筛选药物，这一时期精神系统药物发展较快，如镇静剂氯丙嗪、安定药利眠宁、抗抑郁药单胺氧化酶抑制剂和丙咪嗪。20世纪60年代末~70年代初开始在细胞水平上用生物化学的方法测试药物的活性，这一时期是心血管药物的黄金时代，β-受体阻滞剂、钙拮抗剂、抗高血压药物相继问世。进入20世纪80年代，受体结合测试方法被应用于药物筛选，进一步提高了化合物的筛选速度。20世纪90年代，蛋白重组技术的发展，使药物筛选可以在蛋白酶水平上直接进行。最近，K.B.Sharpless等发展的对接化学成为药物化学的新进展，对接化学即用最简单的合成方法、最短的反应步骤和最高的产率，获得活性最高的化合物。形象地说，对接化学就是受体自己为自己设计并合成配体。对接化学在新药先导化合物的发现与优化过程中具有较好的应用前景，特别是与计算机辅助药物分子设计结合，将在新药研究中发挥重要作用。值得一提的是，经过一定阶段的发展，并与组合化学结合，对接化学非常有希望发展成为化合物设计、合成和筛选一体化的方法，这意味着将大大提高发现新药的速度和成功率。

物理化学

物理化学是以物理的原理和实验技术为基础，研究化学体系的性质和行为，发现并建立化学体系中特殊规律的学科。随着科学的迅速发展和各门学科之间的相互渗透，物理化学与物理学、无机化学、有机化学在内容上越来越难以准确划分界限，不断产生新的分支学科，例如，物理有机化学、生物物理化学、化学物理等。物理化学还与许多非化学的学科有着密切的联系，例如，冶金学中的物理冶金学实际上就是金属物理化学。

物理化学从化学变化与物理变化的联系入手，研究化学反应的方向和限度、化学反应的速率和机理以及物质的微观结构与宏观性质之间的关系等问题，它是化学学科的理论核心。

物理化学的研究内容大体可以分为以下3个方面：

1.化学体系的宏观平衡性质

研究宏观化学体系在气态、液态、固态、溶解态以及高分散状态的平衡物理化学性质及其规律。该领域的物理化学分支学科有化学热力学、溶液化学、胶体化学和表面化学。

2.化学体系的微观结构和性质

研究原子和分子的结构，物质的体相中原子和分子的空间结构、表面相的结构，以及结构与物性的关系。该领域的物理化学分支学科有结构化学和量子化学。

3.化学体系的动态性质

研究由于化学或物理因素的扰动而使体系中发生的化学变化过程的速率和变化机理。该领域的物理化学分支学科有化学动力学、催化、光化学和电化学。

物理化学在20世纪取得了许多重大成果，20世纪诺贝尔化学奖获得者中，约60%是从事物理化学领域研究的科学家；在中国科学院化学学部的院士中，近1／3是研究物理化学或者物理化学某一个领域的科学家。作为极富生命力的化学基础学科，物理化学又是新的交叉学科形成和发展的重要基础。现在的物理化学已形成了庞大的理论体系，化学热力学、化学动力学、结构化学和量子化学并列构成了物理化学的基础理论体系；它们又与物理学和化学的其他领域相结合，形成了物理化学的其他分支，如光化学、电化学、表面化学、胶体化学等。

化学热力学

化学热力学是物理化学和热力学的一个交叉学科，它主要研究物质系统在各种条件下的物理和化学变化所伴随的能量变化，从而对化学反应的方向和进行的程度做出判断。

热力学所依据的基本规律是热力学第一定律、第二定律和第三定律，从这些定律出发，用数学方法加以演绎推论，就可得到描述物质体系平衡状态的热力学函数及函数间的相互关系，再结合必要的热化学数据，就可以解决化学变化、物理变化的方向和限度问题，这就是化学热力学的基本内容和方法。

热力学理论已经解决了物质体系的平衡性质问题，但是关于非平衡现象，现有的理论还是初步的，有待进一步研究。

1968年L.翁萨格因研究不可逆过程热力学理论而获得诺贝尔化学奖，1977年I.普里戈金因创立非平衡热力学、提出耗散结构理论而获得诺贝尔化学奖，标志着非平衡态热力学研究取得了突破性进展。热力学第一、二、三定律虽是现代物理化学的基础，但它们只能描述静止状态，在化学上只适用于可逆平衡体系，而自然界所发生的大部分化学过程是不可逆过程。因此，对于大自然中发生的大多数化学现象，应从非平衡态和不可逆过程的角度来研究。21世纪化学热力学的热点研究领域有生物热力学和生物热化学研究，如细胞生长过程的热化学研究、蛋白质定点切割反应的热力学研究、生物膜分子的热力学研究等；另外，非线性和非平衡态的化学热力学与化学统计学研究，分子—分子体系的热化学研究（包括分子力场、分子与分子的相互作用）等也是重要内容。

化学动力学

化学动力学是研究化学反应过程的速率和反应机理的物理化学分支学科，它的研究对象是物质性质随时间变化的、非平衡的动态体系。时间是化学动力学的一个重要变量。

化学动力学的研究方法主要有两种。一种是唯象动力学研究方法，也称经典化学动力学研究方法，它是从化学动力学的原始实验数据——浓度与时间的关系出发，经过分析获得某些反应动力学参数；另一种是分子反应动力学的研究方法，这是现代化学动力学的一个前沿。

20世纪化学动力学有两大突破：一是N.N.谢苗诺夫的化学链式反应理论，获1956年诺贝尔化学奖；二是D.R.赫希巴奇和李远哲的微观反应动力学研究，他们发展了交叉分子束方法，并应用于化学反应研究，获1986年诺贝尔化学奖。另外，A.泽维尔用飞秒激光技术研究超快过程和过渡态，获1999年诺贝尔化学奖。化学动力学作为化学的基础研究学科在21世纪将会有新的发展，如利用分子束技术与激光相结合研究态—态反应动力学，用立体化学动力学研究反应物分子的大小、形状和空间取向对反应活性以及速率的影响，以及用飞秒激光研究化学反应和控制化学反应过程等。

电化学

电化学是研究化学能与电能之间相互转化的一门学科，属于物理化学的一个重要分支，在与无机化学、有机化学、分析化学、化学工程等学科的相互渗透中逐渐形成了自己完备的理论和应用体系。电化学的研究内容包括两个方面：一是电解质的研究，即电解质学（或离子学），包括电解质的导电性质、离子的传输特性、参与反应的离子的平衡性质等，其中电解质溶液的物理化学研究常称电解质溶液理论；二是电极的研究，即电极学，包括电极界面（指电子导体/离子导体界面）的平衡性质和非平衡性质。现代电化学主要研究电子导体/离子导体的界面结构和化学过程以及相关的现象。

电化学起源于1791年。19世纪电极过程热力学的研究和20世纪30年代溶液电化学的研究取得了重大的进展，形成电化学发展史上的两个辉煌时期。20世纪40年代末～50年代初，电化学瞬态研究方法的建立和发展促进了电化学界面和电极过程宏观动力学研究的迅速发展。1958年美国“阿波罗”号宇宙飞船成功地使用燃料电池作为辅助电源，刺激了电化学的迅猛发展。

当代电化学的发展有以下3个特点：

1.研究的具体体系大为扩展

从局限于汞、固体金属和碳电极，扩展到许多新材料（例如氧化物、有机聚合物导体、半导体、固相嵌入型材料、酶、膜、仿生膜等）电极，并以各种分子、离子、基团对电极表面进行修饰，对其内部进行嵌入或掺杂；从水溶液介质，扩大到非水介质（有机溶剂、熔岩、固体电解质等）；从常温常压扩展到高温高压及超临界状态等极端条件。

2.研究方法和理论模型开始深入到分子水平

20世纪70年代以来，尤其是近20多年，检测分子水平信息的原位谱学电化学技术的建立以及非原位表面物理技术的应用，使结构和界面上电化学行为的原子、分子水平信息大量涌现，电化学研究由宏观进入到分子水平、由经验及唯象进入到非唯象，电化学的面貌为之一新。

3.实验技术迅速发展

以电信号为激励和检测手段的传统电化学研究方法持续向提高检测灵敏度，适应各种极端条件及各种新的数学处理方式的方向发展。与此同时，多种在分子水平上研究电化学体系的原位谱学电化学技术迅速创立和发展，非原位表面物理技术也得以充分应用。计算机数字模拟技术和微机实时控制技术在电化学中的应用也在迅速、广泛地开展。

胶体与界面化学

界（表）面广泛存在于自然界中，大地、海洋与大气之间存在界面，一切有形的实体都为界面所包裹。我国胶体与界面化学的主要奠基人傅鹰教授曾风趣地说："谁见过没有皮的馒头?"以此来形容界面现象的普遍存在。人们在认识世界时总是首先触及以各种形态存在的物质的界面，可以毫不夸张地说，我们眼睛所见的绝大部分都是界面。不过，这还只是自然界中界面的一部分——宏观界面，自然界中还存在着大量的微观界面。生物体内存在多种多样的肉眼看不到的界面，例如细胞膜及生物膜，许许多多生命现象的重要过程就是在这些界面上进行的。

界面分子因与本相或异相内部分子相互作用而表现出许多特殊的性质，产生丰富和有趣的界面现象。例如，表面上分子的能量要比内部分子的大，为了减少能量，表面就有自动收缩的能力，这种表面自动收缩的能力就是表面张力，正因为有了表面张力，才使小水珠总缩成小球状。科学巨匠泡利曾感叹说："上帝创造了物体，魔鬼制造了界面。"

界面现象在人类文明发展的初期就已经引起人们的注意，古人曾用油在水面上形成的不溶膜的颜色来预卜命运，后来又用油来平浪。

研究界面现象的化学称为界面化学或界面科学。最早认识到界面化学重要性的是胶体化学家。所谓胶体化学，就是研究胶体分散体系的一门科学。胶体是分散相尺寸在1～1 000纳米的多相分散体系，拥有极大的界面。例如，一个1厘米^{3}的固体的表面积还没有手掌大，而如果把它分割为立方状的胶体粒子，则表面积在60米^{2}以上。界面积的增加导致界面能的大幅度上升，这将对体系的稳定性产生巨大影响。界面性质对于胶体的制备和性质有至关重要的影响，故界面化学是研究胶体化学的理论基础。为了突出界面化学的作用，历史上称为胶体化学的学科现在经常称为胶体与界面化学。为了强调它的边缘学科特点，还经常称为胶体与界面科学，以说明它同物理学、生物学、工程学等一样，已发展成为一门完整的学科。

胶体化学是一门应用极为广泛的边缘学科，有人把胶体化学比作厨师的胡椒面，任何一道菜都需要撒上一些，然而这种比喻仅能说明胶体化学应用的广度，它的重要性决非胡椒面所能比拟。在不少工业领域如油田开发、农业、生物学与医学、环境科学和材料科学中，胶体化学课题往往是技术难题中的关键。

长期以来，界面化学与胶体化学结下了不解之缘，然而，界面化学的应用和意义并不只限于胶体体系，凡是有界面的地方皆是它活动的舞台。随着工业生产的发展，与界面有关的场合越来越多。科学技术的发展也为界面化学家提供了更多的改变表面性质以适应各种要求的手段。特别是表面活性剂已成为最重要的工业助剂，其应用已渗透到几乎所有的工业领域，被誉为“工业味精”，因此而形成了界面化学的一个具有重要理论和实际意义的学科分支——表面活性剂物理化学。表面活性剂通过定向吸附和有序缔合改变界面的性质，产生润湿、乳化、分散、发（消）泡和增溶等独特性能，成为洗涤剂、化妆品、食品、医药、能源、采矿、纺织、印染、农业、环境保护、水利、建筑、微电子和生物等许多领域的重要原料。近年来，表面活性剂两亲分子有序组合体在超分子化学、药物载体、纳米材料、分子器件及生物和基因工程等新兴技术领域得到重要应用。

结构化学

结构化学是在原子、分子水平上研究物质分子构型与组成的相互关系，以及结构和各种运动的相互影响的化学分支学科，是阐述物质的微观结构与其宏观性能的相互关系的基础学科。

结构化学是一门直接应用多种近代实验手段测定分子静态、动态结构和静态、动态性能的实验科学。它要从各种已知化学物质的分子构型和运动特征中，归纳出物质结构的规律；还要说明某种元素的原子或某种基团在不同的微观化学环境中的价态、电子组态、配位特点等结构特征。

结构化学一般从宏观到微观、从静态到动态、从定性到定量按各种不同层次来认识客观的化学物质。演绎和归纳仍是结构化学研究的基本思维方法。

近代测定物质微观结构的实验物理方法的建立，对于结构化学的发展起了决定性的推动作用。与X-射线衍射方法在原理上相当类似的中子衍射、电子衍射等方法的建立与发展，极大地丰富了人们对物质分子中原子空间排布的认识，并提供了数以十万计的晶体和分子结构的可靠数据。此外，通过晶体衍射的研究，人们能够从分子和晶体结构的角度说明这些物质在晶态下的物理性质。

量子化学是近代结构化学的主要理论基础。量子化学中的价键理论、分子轨道理论以及配位场理论等，不但能用来阐明物质分子构成和原子的空间排布等特征，而且还用来阐明微观结构和宏观性能之间的联系。由于量子化学计算方法的发展，加上高速电子计算机的应用，有关分子及其不同聚集状态的量子化学方法已有可能用于特殊材料的“分子设计”和制备方法的探索，把结构化学理论的应用推向了新的高度。

当今结构化学主要研究新构型化合物的结构，尤其是原子簇和金属有机化合物的结构。这一类研究涉及“化学模拟生物固氮”等在理论研究上极其重要的课题，以及寻找新型高效的工业催化剂等与工农业生产息息相关的应用研究课题。

稀土元素的结构化学与中国丰富的稀土元素资源的综合利用的关系非常密切，有关的研究对于中国稀土工业的发展具有重要的意义。

表面结构和表面化学反应的研究与工业生产上的非均相催化反应关系极为密切，有关的研究对于工业催化剂，尤其是合成氨等工业生产用的新型催化剂的研制具有理论指导作用。

激光光谱学和激光化学的研究，对于快速动态结构和快速化学反应动态过程等的研究方法的建立有着深远的影响，并且可能导致新的结构化学研究手段的建立。激光作用下的化学反应过程更具有独特之处。

结构化学信息工程的研究能充分利用电子计算机高速、高效率的特点，充分发挥结构化学数据库的作用，对于新的半经验理论和新的结构化学理论的提出将有重大的影响。有关方法的建立将对“分子设计”的实现起到重要的作用。

目前，结构化学不仅与其他化学学科联系密切，而且与生命科学、地质科学、材料科学等各学科的研究相互关联、相互配合、相互促进。由于许多与物质结构有关的化学数据库的建立，结构化学也越来越被农学家和化工工程师所重视。

量子化学

量子化学是理论化学的一个分支学科，是应用量子力学的基本原理和方法研究化学问题的一门基础科学。量子化学的研究范围包括：稳定和不稳定分子的结构、性能，以及结构与性能之间的关系；分子与分子之间的相互作用；分子与分子之间的相互碰撞和相互反应等问题。

量子化学研究可分为基础研究和应用研究两大类，基础研究主要是寻求量子化学自身的规律，建立量子化学的多体方法和计算方法等；应用研究是利用量子化学方法处理化学问题，用量子化学的结果解释化学现象。

量子化学的研究成果在其他化学分支学科的直接应用，导致了量子化学对这些学科的渗透，并建立了一些边缘学科，主要有量子有机化学、量子无机化学、量子生物和药物化学、表面吸附和催化中的量子理论、分子间相互作用的量子化学理论和分子反应动力学的量子理论等。

今后，量子化学在其他化学分支学科的研究中将发挥更大的作用，这些化学分支学科包括催化与表面化学、原子簇化学、分子动态学、生物与药物大分子化学等领域。

分析化学

分析化学是化学的一个重要分支，它主要研究物质中有哪些元素或基团（定性分析），每种成分的数量或物质纯度如何（定量分析），原子如何联结成分子以及在空间如何排列等等。

分析化学以化学基本理论和实验技术为基础，并吸收了物理、生物、统计、电子计算机、自动化等方面的知识以充实自身的内容。分析化学所用的方法可分为化学分析法和仪器分析法，二者各有优缺点，相辅相成。

分析化学有极高的实用价值，对人类的物质文明做出了重要贡献，广泛应用于地质普查、矿产勘探、冶金、化学工业、能源、农业、医药、临床化验、环境保护、商品检验等领域。

分析化学的发展，经历了3次巨大的变革。第一次是在20世纪初，物理化学基本概念的发展（如溶液理论）为分析方法提供了理论基础，使分析化学从一种技术变成一门科学。第二次是二次世界大战之后，由于物理学和电子学的发展，仪器分析（光谱、质谱、核磁共振等）改变了以经典化学分析为主的局面，使分析化学有了一个飞跃。目前，分析化学正在进行第三次变革，生命科学、信息科学和计算机技术的发展，使分析化学进入了一个崭新的阶段，它不只限于测定物质的组成和含量，还要对物质的状态（氧化还原态、各种结合态、结晶态）、结构（一维、二维、三维空间分布）以及微区、薄层和表面的组成、结构、化学行为和生物活性等做出瞬时追踪，要能进行无损和在线监测分析，甚至要求直接观察到原子和分子的形态与排列。

随着电子技术的发展，出现了借助于光学性质和电学性质的光度分析法以及测定物质内部结构的X-射线衍射、红外光谱、紫外光谱、核磁共振等近代仪器分析方法，这些方法可以快速灵敏地进行检测。如对运动员的兴奋剂检测，尿样中某些药物浓度即使低至10^{-13}克／毫升，也难逃过分析化学家敏锐的眼睛。

光谱分析

光谱分析是分析化学的一个重要分支，已有较长的发展历史。现有可见与紫外光谱、红外光谱、荧光光谱、原子吸收光谱、发射光谱、原子荧光光谱、X-射线原子荧光光谱、质子荧光光谱、共振电离光谱等。目前，该领域有两个发展动向：一是发展多种方法的联用，以提高灵敏度和减少干扰，如色谱、质谱和计算机联用为有机化合物结构的确定提供了快速、准确的分析方法；另一个倾向是强激光源和同步加速器辐射源的使用，使光学光谱的灵敏度增加了几个数量级。高强度、短脉冲、可调谐光源的利用是分析仪器研究的前沿领域，为新仪器的设计和创制提供了一条新途径。

光谱分析作为分析化学的一个重要的分支学科，在分析化学的发展进程中，对发现和研究新元素以及发现和合成新的化合物起到了不可或缺的作用。随着生命科学与材料科学的发展，光谱分析的重要性进一步提高，同时激光技术、光导纤维技术、等离子体技术和纳米技术的发展，也为光谱分析注入了新的活力。近年来，光谱分析与各种分离和分析技术的联用，产生了很多新的研究领域和新的交叉点，在超高灵敏度分析、实时与动态检测、表面与微区分析以及高通量与非破坏性测定方面，光谱分析方法发挥了越来越重要的作用。

光谱探针

生物大分子本身的化学结构常常限制了其给出具有足够灵敏度或能够反映其结构特征的光谱或电化学信息，因此，需要引入探针技术以达到高灵敏度探测的目的。放射免疫分析中所使用的放射性同位素探针是一类较早采用的生物大分子探针，发明者因此获得了诺贝尔奖。由于这类探针存在放射性污染，近年来非放射性探针的研究取得了很大进展，特别是利用光谱探针与生物大分子相互作用所引起的体系光谱信号的变化，能够提供单个生物大分子在构象和微环境方面的信息。根据光谱探针的种类，可把生物大分子的光谱探针大致分为吸收型探针、荧光型探针和光散射型探针3种。

荧光型探针使用可被紫外线或蓝紫光激发而发射荧光的荧光色素，荧光色素最初来源于染料，尽管20世纪初就有很多荧光型探针可用，但真正用于体内的很少。直到荧光显微镜研制出20多年后，荧光型探针才用于固定细胞和组织的荧光显微术。1930年，科学家用微循环的体内活体显微术观察了活体皮肤、肝脏、肾脏、结膜和肾上腺。生物学研究要求活体荧光探针必须在等渗、无毒和无淬灭剂的条件下使用。随着性能优异的新型荧光探针的开发，人类将能够对一些生物过程运用多种方法进行实时观测和动态研究，这将极大地推动基因组学及相关学科的发展。

电化学分析

目前，最常用的酸度测定法是用pH计，它是一种电势测量装置。玻璃电极的出现使pH计轻型化，现已发展成为一种通用、方便的测定仪器。J.海洛夫斯基发现不同物质与电极接触的溶液中，如含有还原性离子或基团，电流就会按等级地增加，他据此发展出极谱分析法，这是分析化学的一个重大进展，J.海洛夫斯基因此而获得了1959年诺贝尔化学奖。极谱分析法现已成为电化学分析中最重要的一种分析方法，而且由极谱分析衍生出的电化学分析法仍在不断涌现。目前，正在发展电化学分析和其他技术的联用，计算机的使用又提高了电化学分析的灵敏度，如利用脉冲伏安技术可使灵敏度提高到10^{-12}摩尔数量级；再加上电极微型化（如电极面积可小到几个微米^2），可使电化学分析用在活细胞中做连续分析，这将在生命科学的研究中发挥特有的作用。此外，修饰电极、化学传感器和生物传感器都将会提高电分析的应用水平。

超分子电化学分析

利用电化学对超分子作用进行研究，可揭示许多生物和药理作用的机理。当受体选择性识别底物时，表现出受体的电化学性质的改变，通过这一变化，可以检测受体和底物分子的作用常数或进行定量分析。据此，发展了一系列生物电化学传感器件。超分子电化学分析是近年来电分析化学发展的重要方向，在离子选择性电极、电化学生物传感器、分子自组装化学修饰电极以及分子器件等方面已取得了重要进展。

利用超分子的识别功能可将受体修饰在电极界面上，制成功能修饰电极。例如，利用冠醚类化合物的特性制成的离子选择性电极一般可不经过化学分离，设备简单，适合于连续和自动分析，已广泛应用于化学研究、生物制药和工业生产监控领域。尽管超分子在电分析化学中的应用日趋广泛，但对超分子电化学的基础研究及应用研究还仅处于起步阶段，因此，在这一领域有很大的研究空间和潜在的应用前景。

现代分离与检测技术

1.色谱分析

色谱分析既是分析方法，又是很好的分离技术，其原理是不同物质在两相（流动相和固定相）中具有不同的分配系数。两相的多次分配造成不同物质的分离，再加上检测系统就构成了一种分析方法。物质在两相的分配涉及很多基本化学问题，与物质的溶解度、吸附和解吸能力、挥发度、立体化学和离子交换等性质有关，只要两种不同物质在上述性质上有微小的差异，通过多次两相间的分配（一根15厘米长的柱子，其柱效超过10 000个理论塔板数现在已很寻常），就能达到分离的目的。20世纪已发展了许多色谱分析方法和仪器，如气相色谱、毛细管色谱、高效液相色谱、离子色谱、薄层扫描色谱、手性色谱、超临界流体色谱、电色谱、毛细管电泳和双向电泳等。

色谱分析发展的趋势：一是色谱与其他分析方法的联用，以提高灵敏度、准确度和多组分分析能力，如气相色谱—质谱联用、液相色谱—质谱联用、气相色谱—傅立叶变换红外联用等，还可发展与核磁共振联用、与电化学分析联用等。二是发展大分子的分离和分析方法。直径大到0.01 ~ 1微米这样尺度的大分子和胶体粒子，传统的色谱法难以使用。近年来，开展了场流分级分离方法的研究，即利用不同物质的质量、尺寸大小、扩散系数、密度、电荷和热扩散速率等性质的不同，在一个特定的螺纹流动通道中进行扩散，加上热、电场、磁场等外场作用，使不同粒子产生移动速度的差异而达到分离的目的。使用这样的方法可使相对分子质量$10^3 \sim 10^{18}$的大分子或直径为100微米的粒子得到分离。场流分级分离方法将成为涉及大分子（合成高分子和生物大分子）的生物、医药、高分子材料、环境科学等领域的有用分离、分析手段。

2.质谱分析

质谱分析法是通过对被测样品离子的质荷比的测定来进行分析的一种分析方法。被分析的样品首先要离子化，然后利用不同离子在电场或磁场中运动行为的不同，把离子按质荷比分开而得到质谱，通过样品的质谱和相关信息，可以得到样品的定性定量结果。从J.J.Thomson制成第一台质谱仪到现在已有近百年了，早期的质谱仪主要用来进行同位素测定和无机元素分析，20世纪40年代以后开始用于有机物分析，60年代出现了气相色谱—质谱联用仪，使质谱仪的应用领域大大扩展，开始成为有机物分析的重要仪器。计算机的应用又使质谱分析法发生了飞跃变化，使其技术更加成熟，使用更加方便。20世纪80年代以后又出现了一些新的质谱技术，如快原子轰击电离源、基质辅助激光解析电离源、电喷雾电离源、大气压化学电离源，以及随之而来的比较成熟的液相色谱—质谱联用仪、感应耦合等离子体质谱仪、傅立叶变换质谱仪等。这些新的电离技术和新的质谱仪使质谱分析又取得了长足发展。目前，质谱分析因其高灵敏度、高特异性和高速度等特性而广泛应用在核工业、半导体、冶金、石油、化学和药物制造等工业中。质谱本质上是一种物理方法，但与化学分析方法和计算机相结合，就可解决大量的分析化学问题。

质谱分析法的特点与应用范围是：

（1）主要用于确定相对分子质量。广泛用于有机物的分析，也可用于结构分析，因此是很好的定性分析工具。

（2）灵敏度高。目前，用于有机物分析的质谱仪的灵敏度可达到100皮克数量级。

（3）操作简单，分析时间短，准确度高。

（4）与色谱仪联用，对混合物试样可以同时进行分离和鉴定，从而可快速获取有关信息。

3.核磁共振分析

20世纪后半叶，核磁共振（NMR）分析技术和仪器发展十分迅速，从永磁到超导、从60兆赫到800兆赫的NMR谱仪，磁体的磁场强度差不多每5年提高1.5倍。现在在有机化学研究中NMR已经成为不可缺少的结构分析常规测试手段；同时，在医疗上NMRI（核磁共振成像仪）亦用来诊断许多疾病。NMR在21世纪的发展动向有以下几个方面。

（1）提高磁体的磁场强度：预计21世纪将会出现大于1 000兆赫的NMR谱仪，这将使生物大分子的结构研究有重大突破。

（2）发展三维核磁共振技术（3D-NMR）：随着NMR谱在生物大分子结构分析中的应用，NMR技术所提供的结构信息的数量和复杂性呈几何级数增加。对三维空间的构象和大分子与小分子（或小分子与小分子）之间的相互作用等，二维核磁共振（2D-NMR）已显得无能为力了,因此，要发展分子建模技术，利用分子中质子间的距离信息来计算三维空间结构。

（3）固体NMR和NMR成像技术：这在生命科学、生物医学和材料科学中将是至关重要的，将会在分子结构特征和动态特征研究方面有所突破。把核磁共振谱仪上的超导磁体口径扩大1米，人躺入其中，就可获得人体任意断面的清晰图像，医生可用肉眼看清病变组织。

4.放射化学分析

核技术的高灵敏度是其他分析方法望尘莫及的；另一个特点是放射性核素均发出特定能量的放射线，易于识别，分析样品不需纯化即可测定混合物中的某一待测元素。因此，在20世纪发现人工放射性后，放射化学分析就很快发展起来。目前，已有同位素稀释分析法、中子活化分析法、同位素衍生物分析法、同位素用于测定年代等方法。

当今分析化学发展的趋势是从痕量到超痕量，从测定总浓度到分别测定各物种的浓度，从整体到微区，从单相到多相界面，从实验室到远距离在线分析等。如对各种物理和化学物种（物种包括分子、离子、胶体和细颗粒等）浓度的测定，对研究各种化学和生物体系是很重要的。中子活化分析与物种分析结合起来已形成一个新的方向——分子活化分析（molecular activation analysis），这是今后放射化学分析的一个发展方向。

化学传感器

化学传感器是对各种化学物质敏感并将其浓度转换为电信号进行检测的仪器。对比于人的感觉器官，化学传感器大体对应于人的嗅觉和味觉器官。简单而言，化学传感器是模仿人类感觉器官的人造仪器，但并不是人的感觉器官的简单模拟，它还能感受人的器官不能感受的某些物质，如H_2、CO等。例如，半导体气味传感器对人鼻嗅之无味的一氧化碳，其检测灵敏度可低至百万分之几，这一数值远低于空气中允许存在的一氧化碳浓度，安装这样的传感器可有效地防止一氧化碳中毒。传感器与人的感觉器官的对比如下图所示。

化学传感器必须具有对待测化学物质的性状或分子结构选择性俘获的功能（接收器功能）和将俘获的化学量有效转换为电信号的功能（转换器功能）。传感器是控制系统的耳目，而敏感材料又是传感器的基础。敏感材料的灵敏程度、稳定性等决定着控制的精度与质量，所以敏感材料的研究与开发不容忽视。敏感材料多种多样，声、光、电、热、磁、力和各种气氛的变化都可能使材料发生变化。从材料化学角度讲，敏感材料目前很

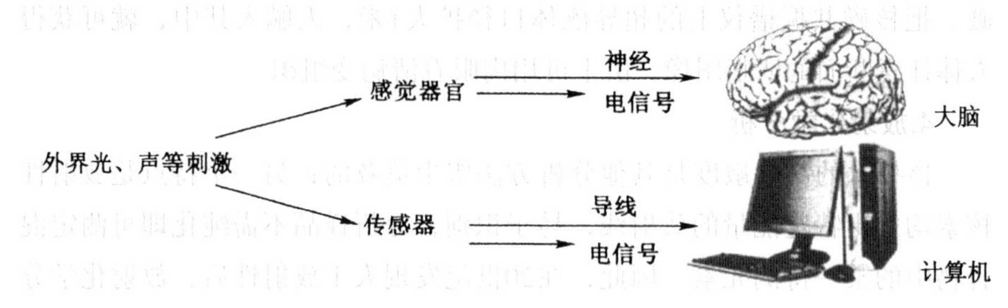

传感器与人的感觉器官的对比

多是陶瓷材料，如热敏元件。当然，金属、有机材料、半导体材料都可能是敏感材料。目前发展的趋势是多功能化，即一个传感器具有多种功能，如温度—气体传感器和温度—湿度传感器。

化学传感器在矿产资源探测、气象观测和遥测、工业自动化、医学远距离诊断和实时监测、农业生鲜保存和鱼群探测、防盗、安全报警和节能等各方面都有重要的应用。

生物传感器

生物敏感元件是指以生物活性物质制作的元器件，由生物敏感元件为敏感单元构成的传感器简称生物传感器。20世纪60年代中期美国首先开发了葡萄糖传感器。20世纪80年代，生物传感器得到迅速发展，它的出现打破了传感器领域中一直是将物理量转变成电信号的状态，开创了物理敏、化学敏、生物敏、物理化学敏传感器竞相发展的局面。生物传感器的优点是选择性好、灵敏度高、操作简便、测定速度快、成本低，广泛用于医学检验、环境监测、工业过程在线监测、食品检验、人工脏器、血液浓度分析等方面。近年来，随着近代电子技术和生物工程的快速发展，生物电化学传感器应运而生。生物电化学传感器一般由两部分组成：其一是分子识别元件或称感受器，由具有分子识别能力的生物活性物质（如酶、微生物、抗原或抗体）构成；其二是信号转换器（如电流或电位测量电极、热敏电阻、压电晶体等），它是一个电化学检测元件。当分子识别元件与待测物特异结合后，所产生的复合物通过信号转换器转变为可以输出的电信号或光信号，从而达到检测目的。目前，生物电化学传感器在生物学、医学、环境监测、食品工业中获得广泛应用。特别是将酶固定在电极上而制作的酶电化学传感器，是在医学上有巨大应用价值的高新技术产品。

生物传感器技术是未来食品工业的重要技术。生物传感器可感应到特定的物质并将该物质的化学或物理变化转化为可测量的信号，这就为食品加工业提供了质量控制的可能性。生物传感器的应用范围很广，如鱼新鲜程度的检测和啤酒的酿造等。生物传感器应用到食品的包装线上，可显示出食品在包装前是否有沙门氏菌，而现有的检验方法是将食品送到实验室中进行检验。

光纤传感器

光纤传感器的基础研究及有关产品的开发在美国、日本和欧洲发展很快，无论是在军事上的应用还是在工业、医学方面的应用，都取得了重大的进展。光纤传感器按其工作原理可分为干涉型光纤传感器和调幅型光纤传感器。前者灵敏度高，但技术难度大，成本也高，主要用于军事，其产值在整个光纤传感器中占有较大的比例。其中声光纤传感器是一种由对声敏感的光纤构成的干涉光纤传感器，这种技术能获得极高的灵敏度，在实际应用中可以从几百千米以外的水底声响中分辨出人为的声响和天然的海洋噪声，因此各国海军都极其重视在反潜艇计划中发展声光纤传感器。调幅光纤传感器由于具有防爆、不受电磁干扰和安装容易等优点，很适合在许多过程中使用。预计不久将出现直径小于100微米的温度光纤传感器和血液化学传感器，可放在人身上，在放疗和其他治疗中做连续监测，既方便又安全。由于调幅光纤传感器的价格比干涉光纤传感器低得多，在技术上也容易实现，因而在测试领域、过程控制领域、医学上得到广泛应用。

化学信息学

化学信息学或称信息化学是化学科学一个新的分支，它是随着计算机化学和化学信息网络化的不断发展而逐渐形成的，“化学信息学”一词首次出现于1987年诺贝尔化学奖获得者J.M.莱恩教授的获奖报告中。

化学信息学包括以下6个方面：

（1）化学、化工文献学：传统方式的以及电子与网络时代的文献信息检索与个人资料管理。

（2）化学知识体系的计算机表示、管理与网络传输：化学结构、化学反应的计算机表示，化学数据库技术及化学信息的网际通讯语言。

（3）化学图形学：化学信息可视化和虚拟技术，化工制图。

（4）化学信息的解析与处理：化学实验设计，实验数据处理，图谱的分辨与解析，生物分子的信息解析及多元分析与数据挖掘技术。

（5）化学知识的计算机推演：结构—性质关系，分子及其聚集体系的计算与模拟，分子与材料设计，化学反应的分析与设计，化工过程计算与仿真及专家系统。

（6）化学教育与教学的现代技术与远程信息资源。

化学计量学

化学计量学是数学和统计学、化学及计算机科学三者相互交叉而形成的一门边缘学科，是化学中很具魅力并具有十分广泛应用前景的新兴分支学科。按照国际化学计量学学会（International Chemometrics Society，简称ICS）的定义，化学计量学是化学的一门分支学科，它应用数学和统计学方法，设计或选择最优测量程序和实验方法，并通过解析化学测量数据而获取最大限度的信息。

化学计量学的研究范围极为广泛，内容非常丰富。化学试验设计与优化、定量校正理论、分析信号处理、化学模式识别、模型与参数估计、数据解析、过程模拟、人工智能、情报检索、实验室自动化等等都是化学计量学的研究范围。化学计量学作为化学测量的基础理论与方法学，其应用非常广泛。可以说，凡是进行化学测量的领域，如工业过程采样、过程分析化学、过程控制、食品工业、海洋化学、地球化学、环境化学、造纸工业、石油勘探、临床诊断、制药工业、染料工业、有机合成化学、生物工程、材料工程等等都可以应用化学计量学。

可用化学计量学研究环境化学中的污染源识别问题，为可持续发展做出贡献；化学计量学为材料科学提供了预测手段，例如，用人工神经网络进行模式分类与构效关系研究，对发光材料设计有重要意义；在生命科学中，运用化学计量学方法分析有关生化指标可进行胃癌的诊断；用化学计量学进行商品防伪辨识及各种商品的质量检测，是提高产品质量、提升国家经济水平的重要手段。随着化学信息的迅速增长和互联网的飞速发展，化学计量学的地位越来越重要。

高分子化学

高分子化学是研究高分子化合物的合成、化学反应、物理化学性质、加工成型、应用等的一门综合性学科。高分子化学可分为高分子合成、高分子化学反应和高分子物理化学。

合成高分子的化学反应可以随机地开始和停止，因此合成的高分子是长短、大小不同的高分子的混合物。与分子形状、大小完全一样的小分子化合物不同，高分子的相对分子质量只是平均值，称为平均相对分子质量。决定高分子性能的，不仅是平均相对分子质量，还有相对分子质量的分布，即各种相对分子质量的分子的分布情况。

高分子与小分子不同，具有强度、模量、疲劳、松弛等力学性能，还具有透光、保温、隔音、电阻等光学、热学、声学、电学等物理性能。

20世纪中叶以来，高分子材料尤其是塑料、纤维、橡胶三大合成材料的发展速度惊人。高分子生产的迅速发展，表明社会对它的需求量迅速增加。高分子材料首先被用作绝缘材料，至今用量还很大，特别是新型高绝缘材料的用量很大。例如，涤纶薄膜的绝缘性能远比云母片优越；硅漆等用作电线绝缘漆，远非纱包绝缘线可比。正是由于各种新型、性能优异的高分子介电材料的出现，电子工业以及计算机、遥感等新技术才能建立和发展起来。

高分子作为材料使用，主要是塑料、纤维和橡胶等，都需要加工成一定的形状方可使用。此外，用作分离、分析材料的离子交换树脂，在聚合过程中就可制成球形颗粒；用作油漆、涂料的高聚物，只需溶在适当溶剂中就可使用，无需加工成型。

高分子作为结构材料，在代替木材、金属、陶瓷、玻璃等方面的应用日新月异。在农业、工业和日常用途上，高分子材料的优点很多，如质轻、不腐、不蚀、色彩绚丽等，用于机械零件、车船构件、工业管道容器、农用薄膜、包装物品以及作为建筑板材、管材、棒材等等，不但价廉物美，而且拼装方便。高分子材料还可用于医疗器械、家用器具以及文化、体育、娱乐用品和儿童玩具等，大大丰富和美化了人们的生活。

合成纤维的优点，如轻柔、不皱、强韧、挺括、不霉等，也为天然纤维棉、毛、丝、麻等所不及。尤其重要的是合成纤维不与粮食争地，一个工厂生产的合成纤维可以相当于数万公顷农田所生产的天然纤维。天然橡胶的生产受地域的限制，产量也不能满足日益增长的要求，但合成橡胶没有这些限制，而且其各个品种均有比天然橡胶优良之处。

一般认为高分子材料强度不高、耐热性不好，这是从常见的塑料得到的印象。现在最强韧的材料，不是钢，不是钍，不是铍，而是一种用碳纤维和环氧树脂复合而成的增强塑料。耐热高分子已经可以长期在300℃下使用。

特别需要提及的是，在航天技术中，宇宙飞船或人造卫星从外部空间回到大气层时，速度很快，与大气剧烈摩擦，表面温度可达5 000 ~ 10 000℃，没有一种天然材料或金属材料能经受这种高温，但增强塑料却可以胜任，因为它遇热燃烧分解，放出大量挥发气体，吸收大量热能，使温度不致过高；同时，塑料不传热，仍可保持壳体内部的人员和仪器正常生活和工作所需要的温度。好的烧蚀材料，外层只损坏了3~4厘米，即可保全内部，完成回地任务。

高分子化学的发展前途不可限量，新世纪将会开发新技术所需要的特种功能材料和智能材料。所谓智能材料，就是它的作用和功能可随外界条件的变化而自动调节。智能材料及其结构在新世纪将会用于飞机、航天飞行器中，以使飞行器具有自检测、自控制、自修复、自校正、自适应等功能，从而具有较高的抗损伤性。高分子化学可通过分子的纳米合成实现材料的纳米化，高分子纳米材料包括高分子薄膜、纤维和晶体等。此外，高分子仿生合成和生物合成等也将成为高分子化学发展的热点。

高分子合成化学

高分子合成是探索新高分子物质的基础。21世纪高分子合成的发展方向是：探索新聚合反应和新聚合方法，探索和提高对高分子链结构的有序合成及实现特定聚集态结构的合成技术，在分子设计的基础上采用共聚合的方法用普通单体合成高性能的新聚合物。

回顾20世纪的高分子化学，由于自由基聚合和缩聚反应的发展，才出现了高压聚乙烯、尼龙和酚醛树脂等聚合物新材料；由于K.齐格勒和C.纳塔发明了定向配位聚合催化剂，才使聚烯烃聚合物的性能达到了新的水平。目前，在工业上应用的高分子聚合反应主要是配位聚合、离子聚合、自由基聚合及缩聚反应等。每一种新的聚合反应和方法的出现，都会产生新结构的合成聚合物，并导致高分子工业技术的革新。在21世纪，高分子化学家应在继续改进现有聚合反应及聚合方法的同时，探索新的聚合反应及新的聚合方法。这方面的研究工作，既要求高分子化学家在本领域内努力探索，也要求他们开阔眼界，向有机化学家、生命化学家学习，借鉴其新成果。可以用金属有机新理论、酶催化合成理论、微生物发酵合成技术、植物转基因合成高分子技术等开发高分子合成的新反应、新方法；同时还要考虑这些新反应、新方法与现有高分子工业的联系，使高分子合成的新反应、新方法具有工业应用前景。

在21世纪，展现在高分子化学家面前的新领域很多。例如，在分子设计、结构设计的基础上共聚合生成具有新性能的高分子，合成具有空间有序链结构的高分子，合成以共价键结合的特殊聚合态结构体或以分子间弱相互作用力结合的特定有序结构体。高分子纳米合成是指分子自组装或自合成有特殊结构形态的高分子聚集体。

高分子物理

高分子物理研究高分子链结构、高分子聚合物的凝聚态结构，研究这些多层次结构的形成和变化规律，以及多层次结构对宏观聚合物材料的性能、功能的影响。高分子物理提供关于高分子材料使用原理的知识，向高分子化学家反馈高分子设计及合成的信息。20世纪高分子物理的发展揭示了为什么由同种高分子形成的不同聚合物材料会有差异悬殊的性能，从而指导聚合物材料的成型制备技术，促进了高分子材料潜在性能的充分利用及高分子工业的发展。高分子聚合物作为软物质，蕴含着丰富多变的结构内涵，这些丰富的结构因素赋予了高分子聚合物多性能、多功能的性质。因此，21世纪高分子物理的研究应继续深入探索高分子链的各层次结构和相态特点，更深入地研究聚合物各层次结构对高分子材料宏观性能、功能的影响原理；在结构研究的同时，更要注意各种外场因素（温度、剪切力、振动力、压力、张力、流速、磁场、电场等）对高分子链运动、对各层次结构演变的影响以及控制规律，从而更好地开发高分子聚合物的各种潜在性能或功能；要注意对人们尚不熟知的新类型合成高分子（如超支化高分子、易产生相变的高分子水凝胶、基于分子间弱相互作用而组装成的“非键合”高分子）的结构特点、分子运动特点及相态和结构演变规律的研究；还应注意研究生物高分子的结构特点、高分子间或高分子内信息传递的原理，以便为高分子化学家提供仿生功能材料设计、合成方面的新知识。

纳米合成与检测技术

1984年，德国物理学家格莱特（H. Gleiter）首次用人工制成了纳米晶体；1987年，美国阿贡实验室的西格尔（Siegel）博士合成了纳米TiO_2。此后，纳米陶瓷、纳米合金、纳米半导体等人工纳米材料相继问世。

目前，大部分纳米超微粉是用化学方法制备的，这种方法易实现多种成分的共生，成分可控，生产效率高，大部分方法的设备相对简单，产业化投资小。制备纳米超微粉的各种化学方法如下图所示。

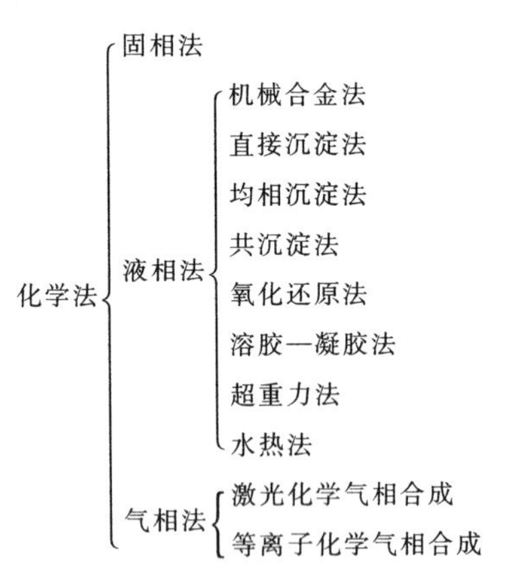

制备纳米超微粉的各种化学方法

上述方法虽然可得到不同类型的纳米微粒，但因纳米微粒有巨大的比表面积，彼此很容易凝结而形成毫米级、微米级的粒子，因此不能通过简单混合的方法来制备纳米材料。直接合成纳米结构是目前获得纳米材料的可行方法。这方面的工作包括：

（1）纳米插层聚合：即聚合物单体渗入蒙脱土内，再聚合成蒙脱土纳米片晶分散在聚合物内。

（2）相分离嵌段聚合：即选用极性不同、彼此不相溶的聚合物链段，以嵌段形式聚合到一个高分子链上。这种嵌段高分子形成的聚合物在连续相内存在相分离的纳米尺度链段，从而形成纳米材料。

（3）杂化材料：有机物、低聚物、高分子与金属盐、原硅酸酯等无机物一起通过溶胶—凝胶法共聚合，以合成有机高分子“接枝”无机物片断的“杂化”分子。在这些“杂化”分子中，无机物片断在有机聚合物中产生纳米尺度的相分离，而形成纳米材料。

（4）组装合成纳米相：即利用分子间弱相互作用，在结构设计基础上，采取适当组装方法，把不同性质的分子一个一个地有规则地组装成二维、三维结构而成为特殊的纳米材料。

目前，各种新的纳米合成方法还在不断涌现。生物体内的具有纳米相结构的物质，如象牙、贝壳、珍珠、骨等，虽都是由羟基磷酸钙和碳酸钙等组成，但其强度、韧性都很特殊，因此，仿生纳米合成亦是纳米化学研究中的新领域。

纳米化学合成的纳米颗粒或纳米结构材料，需要相应的技术来检测，如纳米粉体的粒度分布测定、孔径测定、界面研究等。尽管电子显微镜可观测到纳米尺度，但只是一种形态学手段，不能满足进一步观测结构和获得更多信息的要求。因此，近年来发展了扫描探针显微技术，如扫描探针显微镜（SPM）、原子力显微镜（AFM）、磁力显微镜（MFM）、光学扫描隧道显微镜（PSTM）、弹道电子发射显微镜（BEEM）等。这些显微镜利用探针与样品的不同相互作用，来探测表面和界面在纳米尺度上表现出来的物理性质和化学性质，成为纳米化学研究的极为有用的工具。

碳纳米管简介

碳有各种不同的存在形式，其结构如下图所示。

碳纳米管是由一些同轴的圆柱形管状碳原子层叠套而成的，碳原子层数

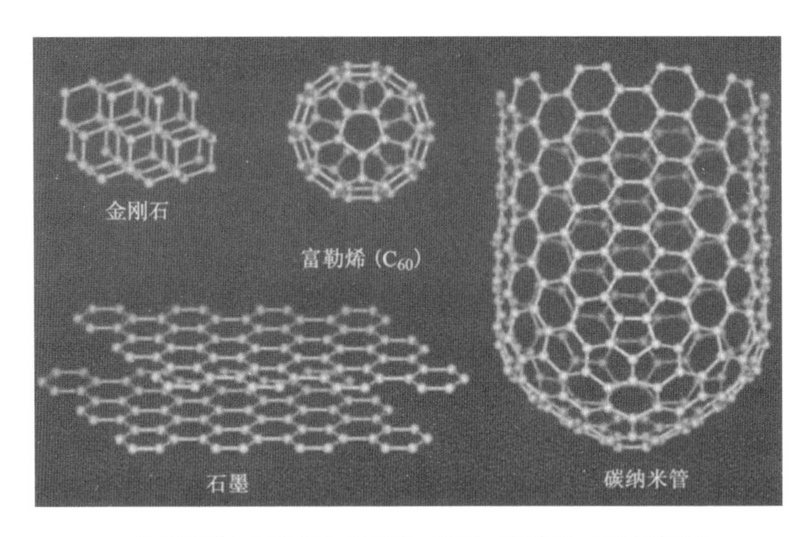

碳的不同存在形式（金刚石、石墨、富勒烯、碳纳米管）

从两层到几十层不等。碳原子在管壁上形成六元环，沿管壁方向呈螺旋状。管的直径在几个纳米到几十个纳米之间，故称为碳纳米管。碳纳米管一般可分为单壁碳纳米管和多壁碳纳米管。由于碳纳米管的直径很小、长径比大，故可视为准一维纳米材料。理论预测和实验研究发现碳纳米管具有神奇的电学性能，而且其电学性能与结构密切相关，可用于制作晶体管等纳米电子器件。碳纳米管的电子能带结构特殊，波矢被限定于轴向，量子效应明显，实验发现，单壁碳纳米管是真正的量子导线。碳纳米管具有发射阈值低、发射电流密度大、稳定性高等优异的场发射性能，可用于制作高性能平板显示器。石墨烯平面中的碳—碳键是自然界中已知的最强的化学键之一，碳纳米管的结构为完整的石墨烯网格，因此，其理论强度接近碳—碳键的强度，理论预测其强度大约为钢的100倍，而密度只有钢的1／6，并具有很好的柔韧性，因此，碳纳米管被称为超级纤维，可用作高级复合材料的增强体，制成轻质、高强的太空缆绳，在航空、航天等高科技领域大显身手。此外，碳纳米管还具有很好的吸附性能，可用来高效储存氢气。这些特异性能预示着碳纳米管在众多领域具有广阔的应用前景，如计算机制造商IBM公司已宣布用碳纳米管研制出一种性能优于目前最好的硅半导体芯片的晶体管，该晶体管是制造更小巧、速度更快的计算机的关键部件。基于碳纳米管的器件尚有纳米轴承、纳米马达、纳米齿轮等，如下图所示。

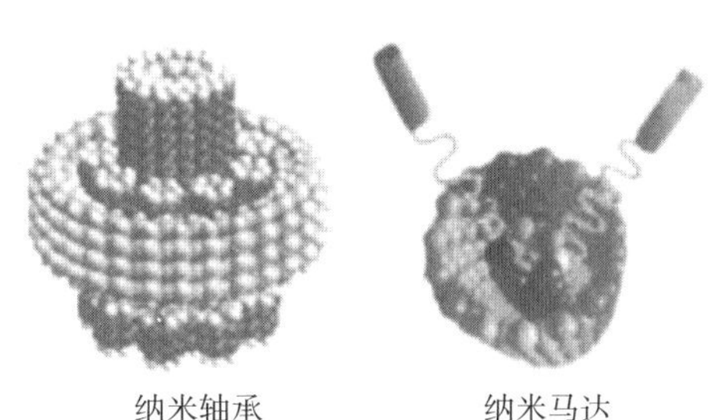

纳米轴承　　纳米马达

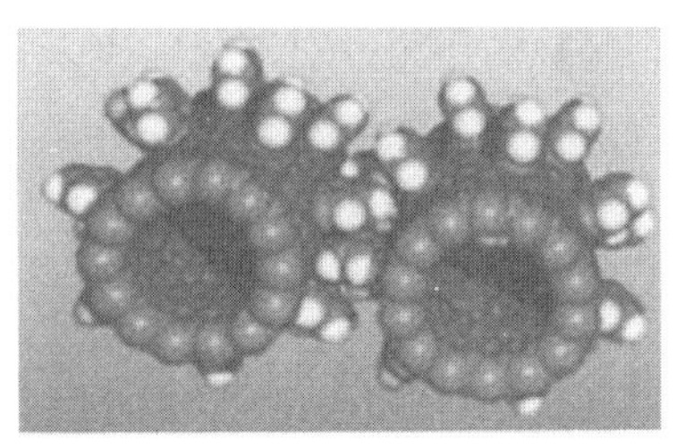

纳米齿轮

基于碳纳米管的器件

超分子化学

1987年，法国化学家 J. M. 莱恩提出了“超分子化学”的完整概念，他指出：“基于共价键存在着分子化学领域，基于分子组装体和分子间键而存在着超分子化学。”这无疑是一次重大的思想飞跃。经过20多年的快速发展，超分子化学已形成了自己独特的概念和体系，如分子识别、分子自组装、超分子器件、超分子材料等，成为化学大家族中一个颇具魅力的新学科。同时，超分子的思想使人们重新审视许多传统而仍具很大挑战性的学科，如配位化学、液晶化学、包合物化学等，并给它们带来了新的研究空间。超分子化学的重要特征之一是它处于化学、生物学和物理学的交界处，从不同角度揭示分子组装的推动力及调控规律。在与其他学科的交叉融合中，超分子化学已发展成为超分子科学，被认为是21世纪新概念和高技术的一个重要源头。

与原子间通过化学键作用形成分子不同，超分子体系是由多个分子通过分子间非共价键作用力缔合形成的复杂有序且具有某种特定功能和性质的实体或聚集体。从这一定义中可以看出，超分子在结合方式上完全脱离了传统化学所设想的模式，结合不是发生在原子层次上，而是发生在分子层次上。结合层次的不同决定了超分子在性质上具有不同于分子的特性。

超分子是分子的结合体，借助的结合力是非共价键力。与共价键力相比，非共价键力属于弱相互作用，包括范德华力、静电引力、氢键力、π相互作用力和疏水相互作用力等。超分子体系中的相互作用多呈现加和与协同性，并具有一定的方向性和选择性，其总的结合力可以不亚于化学键。这些弱作用力对于化学家来说并不陌生，但是在化学家的观念中，一直将这些相互作用看作是一种难以将分子结合成稳定分子集合的弱相互作用力，因而未对其做进一步研究。直到20世纪80年代，随着对冠醚的研究的深入，化学家发现分子之间的多种作用力具有协同作用特性，通过协同作用，分子之间能形成有一定方向性和选择性的强作用力，成为超分子形成、分子识别和分子组装的主要作用力。协同作用不是在任意两个分子之间都能形成的，而需要有一个特定的空间环境作为前提，即要有一定形式的相互匹配，这些匹配可以是底物与受体的匹配、分子与电子的互补、尺寸与形态的兼容、刚性与柔性的调节等。例如，冠醚是通过多个氧原子与碱金属阳离子之间的电子效应、互补与尺寸匹配而结合在一起的。也就是说，分子之间的匹配具有高度的专一性和选择性。

以分子识别为基础，研究构筑具有特定生物学功能的超分子体系，对揭示生命现象和过程具有重要意义，并可能给化学研究带来新的突破；同样以分子识别为基础，设计、合成、组装具有新颖光、电、磁性能的纳米级分子和超分子器件，将为材料科学提供理论指导和新的应用体系，为改善人类的生活质量做出重要贡献。

分子识别与组装

分子识别可定义为某给定受体（主体）对底物（客体）选择性结合并产生某种特定功能的过程。它包含两方面的内容：

（1）分子间有几何尺寸、形状上的相互识别；

（2）分子对氢键、π-π相互作用等非共价相互作用的识别。

分子识别这一概念最初是有机化学家和生物化学家在分子水平上研究生物体系中的化学问题时提出的。人们从对酶与核酸的研究中认识到生物化学系统巧妙的特异性，从而开始设计与合成一些比较简单的分子来模拟天然化合物的这种性质。在这些受体（主体）与底物（客体）结合形成的超分子体系中，维系分子之间联结的作用力是几种弱相互作用力的协同作用，其强度不次于化学键。发生在分子之间的选择性结合过程称为分子识别，发生在实体局部之间的选择性结合过程称为位点识别，它们既是分子组装体信息处理的基础，又是组装高级结构的重要途径。因此，分子识别是超分子化学的核心研究内容之一。

分子组装涉及两个基本概念：组装和自组装。组装就是一个系统的要素按着特定的指令，形成特定的结构的过程；自组装是指系统的要素靠彼此的相干性、协同性或某种默契形成特定结构的过程。分子自组装的实现依赖于分子间键，分子间键是分子间各种弱相互作用的协同作用。分子间的弱相互作用包括氢键、范德华力、亲脂疏水作用等，其物理本质是永久多极矩、瞬时多极矩、诱导多极矩。组装和自组装的区别在于有无干预指令，自组装不是按系统内部或外部的指令完成的，而是根据事物运动变化的规律和特定的条件完成的。超分子化学的重要目标是研究组装过程以及组装体，并通过分子组装形成超分子功能体系。从下面简单的示意图中可以看出分子建筑单元的巧妙设计和组装。

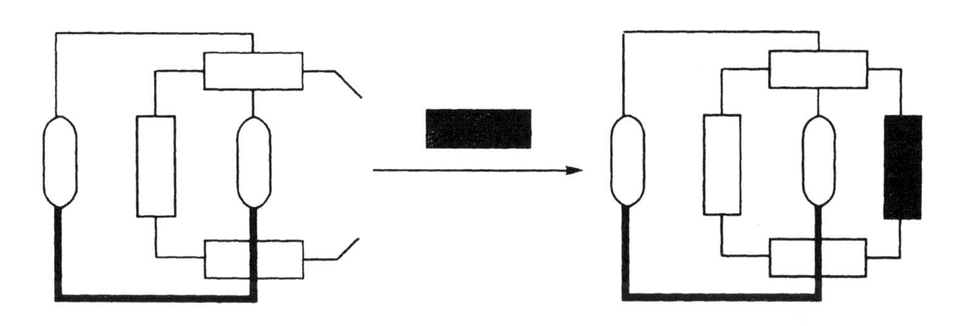

分子组装示意图

生物的奥秘和神奇不在于特殊的结合力以及特殊的分子与体系，而在于特殊的组装体，这种通过组装所形成的稳定结构具有一些根据其个别组件的特征无法预测的新特性。天然体系所具有的自组装性、应答性、协同性与再生性，也是人工体系所追求的目标。可以依照自然法则去开发与创造具有新的功能且能与天然体系相媲美甚至优于天然体系的人工体系，如超分子器件、分子电路、分子器件与机器、DNA芯片、高选择性催化剂等，它们在诸多学科和技术领域已经展示出良好的应用前景。

超分子化学是揭示生命奥秘的金钥匙

在整个宇宙进化过程中，化学进化是进化链中不可或缺的一环，是从无生命进化向有生命进化的过渡。在有机合成诞生之前，人们一直认为生命体有着无生命体所不具备的特殊的活力因素。这种特殊的活力因素与宗教神秘主义联系在一起，曾一度阻碍了化学家涉足有机化学领域。但是，1828年维勒人工合成了尿素，宣告了生命活力论的破产。随后，化学家以前所未有的热情投入有机化学研究，使有机化学在短短几十年中即成为化学领域的成熟学科。有机化学的产生促使化学家试图从化学的分子层次上对地球上生命诞生的奥秘给予解释。尽管经过研究，化学家发现生命体内没有特殊的作用力、没有特殊的原子及人工无法合成的分子，但化学家却一直无法弄清从无生命的化学分子如何产生出具有生命特征的生物功能分子。因为，化学家虽然在实验室里合成出大量有机分子和生命体中的高分子，但是不能使所有合成的分子具有生命体内的分子才具有的生物功能，如自组织、自催化以及能转载、加工信息的功能。在超分子化学诞生之前，化学家曾构建了各种理论试图对这一现象给予合理的解释，但是都不尽如人意，这些理论包括奥巴林的团聚体假说、贝尔纳的类蛋白微球体理论、埃仑司弗特的生命之池理论，以及日本的汇上不二夫的海之颗粒理论和美国劳利斯等的金属泥土理论。这些假说和理论试图从不同的角度解释化学进化的“瓶颈”问题，但收效甚微。这些理论之所以不能有效地解释化学进化如何过渡到生物进化，是因为在化学家的观念中，一直将化学进化看作是一种结构进化，而生物进化过程则表现出功能进化的特征。

超分子化学的出现为化学进化过渡到生物进化提供了一条可行的解释途径，因为超分子所具有的自组织、复杂性显示出它具备了生物体所要求的基本功能特征（自组织、识别、匹配等）。这样，化学就在超分子层次同生物学建立了互通的桥梁，二者之间的联系具有了坚实的基础。因此，化学与生物学越走越近，并在某种程度上可能融为密不可分的体系。在超分子化学中，对分子信息和功能的强调使超分子成为生命组织的逻辑分子，依靠这种逻辑分子，生物体进行秩序化、规则化的组织，循自然产生的规律进化和发展。所以，超分子化学是揭示生命奥秘的一把金钥匙!

组合化学

组合化学是一种快速合成技术，是集化学合成、组合理论、计算机技术于一体，在短时间内合成大批分子多样性群体——化合物库，然后利用高通量筛选技术对库组分进行检测，发现具有目标性能的化合物的科学。

组合化学发展于20世纪80年代，它着重于解决药物研制过程中的合成问题，虽然并非过程中最关键的一步，但却是为以后的动物试验、生理毒理试验提供实验对象的重要一环，是发明或发现新药的基础，也是化学家在健康问题上最易着力之处。

组合化学与传统合成有显著的不同。传统合成方法每次只合成一个化合物；组合合成则用一个构建模块的n个单元与另一个构建模块的n个单元同时进行一步反应，得到$n \times n$个化合物。

组合化学的出现大大加速了化合物的合成与筛选速度。通常，10个化学家用传统化学方法花费1年时间完成的合成工作，若用组合化学技术，1个化学家在2~6周内就能完成。因此，组合化学对很多领域的化学合成方法产生了巨大的冲击。组合化学虽然是兴起不久的一门新学科，但目前已渗透到药物、有机、材料、分析等化学的诸多领域。随着自动化水平的提高，组合化学已成为目前化学中最活跃的领域之一。组合化学的出现是药物合成化学上的一次革新，是近年来药物领域最显著的进步之一，国外许多医药公司的实验室纷纷成立了专门从事组合化学研究的实验室。组合化学出现以前，新材料的开发一直沿用试凑法（Try and Error），效率很低，浪费了大量人力、物力。现在，组合化学在材料合成领域已取得了突破性进展，成为21世纪开发新材料的必由之路。

绿色化学

化学在给人类创造巨大物质财富的同时，也对我们赖以生存的环境造成了一定的污染。因此，化学家在重新考虑和设计化学反应，使所选用的原料、反应试剂、催化剂、介质以及所产生的中间体和产品均符合环境保护的要求，即使化学过程成为环境友好的绿色过程。绿色化学又称环境无害化学、环境友好化学、清洁化学。绿色化学就是应用化学的技术和工艺去减少或消除那些对人类健康、社区安全和生态环境有害的原料、催化剂、溶剂和试剂、产物、副产物等的使用和产生。绿色化学的理想和目标是不再使用有毒、有害的物质，不再产生废物，是一门从源头上防止环境污染的新兴学科分支。发展绿色化学就是从节约资源和防止污染的观点来重新审视和改革现在的整个化学和化工。绿色化学是更高层次的化学，它的突出特点是原子经济性，即在获取新物质的化学过程中充分利用每个原料原子，实现“零排放”，既充分利用资源又不产生污染，从而使我们对环境的治理从治标转向治本。为此，美国在1996年设立了总统绿色化学挑战奖，以推动社会各界进行化学污染预防和工业生态学研究，鼓励支持重大的、创造性的科学技术突破，奖励在利用化学原理从根本上减少化学污染方面的科学成就。日本以及欧洲、拉美国家也都在环境无害制造技术、减少环境污染技术等方面建立了大量的绿色化学研究机构。总之，绿色化学已经成为一门重要的化学学科分支，是人类追求可持续发展的必由之路。

材料化学

人们的工作和生活需要各种工具，早期的工具主要是打猎、获取食物、耕地的工具，现在的工具则复杂多了，有通讯工具、航天工具等等。各种复杂的工具，拆开打碎了看都是材料。我们的织物、我们的衣服、我们的眼镜都是由各种材料制成的，各种材料均有其特殊的功能。

材料化学是一门研究材料的制备、组成、结合、性质及其应用的科学。它既是材料科学的一个重要分支，也是材料科学的核心内容，同时又是化学学科的一个重要组成部分。因此，材料化学具有明显的交叉学科、边缘学科性质。材料化学的主要内容包括：材料的化学组成及结构方面的基础知识，材料相变的化学热力学理论，以及金属材料、非金属材料、高分子材料、复合材料的制备过程、结构特性与使用性能之间的关系。

材料科学是21世纪最活跃、最富生命力、最有发展前途的学科之一。材料永远是人类社会发展必不可少的基石，对于一个国家现代化建设的战略意义不言而喻。

化学生物学

化学生物学是一门运用小分子化合物作探针，研究基因组的功能、发现能够调控基因功能的活性化合物的科学。

化学生物学是自20世纪90年代中期以来新兴起的研究领域，哈佛大学的Schreiber博士和Scripps研究所的Schultz博士分别在美国东、西海岸引领着这个领域的发展。从源头来讲，化学是研究分子的科学，生物化学、分子生物学、生物学化学都是如此。但是，由于科学家们长期以来的习惯称谓，我们通常用生物化学指导蛋白质结构和活性的研究，用分子生物学指导基因表达和控制的研究，用生物学化学指导分子水平上的生物现象的研究。与这些学科相比，化学生物学则是用小分子作为工具来解决生物学的问题或通过干扰／调节正常过程来了解蛋白质的功能。在某种意义上，使用小分子调节目标蛋白质与制药公司开发新药类似。以前，所有制药公司的目标蛋白质只有约450种，但人类基因组计划却为我们带来了至少几万个目标蛋白质。最终的目标是寻找特异性调节素或寻找解开所有蛋白质之谜的钥匙，但这需要更系统和整体的方法而非传统方法。化学生物学看起来能提供有希望的方法。系统的化学生物学仅仅诞生于20世纪90年代中期，部分原因是由于基础条件到那时才刚刚完备，代表性的技术进步包括机器人工程、高通量及高灵敏度的生物筛选技术、信息生物学、数据采集工具、组合化学和芯片技术（例如DNA芯片）。化学生物学更普遍地被叫做化学遗传学（chemical genetics），而且，它正在扩展到化学基因组学。

化学生物学融合了化学、生物学、物理学、信息科学等多个相关学科的理论、技术和研究方法，是一个最有活力、最有应用前景的领域。它不仅对相关基础学科的发展有巨大的推动作用，而且还将对食品、医药、环保、信息等产业产生巨大的影响，甚至引发新的产业革命。

化学生物学与药物技术是21世纪最具发展前景产业的知识源。由于化学生物技术具有巨大的发展潜力，世界各国竞相开发生物化工技术，许多国家都建立了独立的政府机构，成立了一系列专门的研究组织，并制定了近期和长远的发展规划，在政策上、资金上给予大力支持，各国对化学生物技术的风险投资也逐步增加。美国斯坦福大学前校长威廉·米勒曾表示，化学生物科技与信息科技的整合以及纳米技术的研发将成为未来科技发展的主流。

三、健康与生命中的化学

化学对生命科学的重要贡献

化学与生命科学之间有着极为密切的关系，在20世纪生命科学取得了巨大进展，这些进展包含了无数化学家的研究成果。如果说生命科学已成为“知名度”最高的科学门类，那么，回顾一下导致这种情况的科学背景，就会发现化学在其中起了巨大作用。

有机化学最初的定义就是“人体物质的化学”。早在20世纪初，化学家就开始研究单糖、血红素、叶绿素、维生素等生物小分子的化学结构，其后又向生物大分子——蛋白质和核酸进军。1953年，美国化学家J.沃森和英国化学家F.克里克提出了DNA分子的双螺旋模型，这是生命化学乃至生物学中的重大里程碑，这一发现为遗传工程的发展奠定了理论基础。化学家L.鲍林建立了从蛋白质分子晶体学数据构建分子模型的成功道路，并开始了对DNA分子模型的研究，从20世纪50年代起这些研究取得了一系列重大突破。总之，20世纪中期，因化学和生物学一起攻克了遗传信息分子结构与功能关系的问题，使生命科学的研究进入了以基因组成、结构、功能为核心的新阶段。

化学家对蛋白质（包括酶）和核酸的研究，不仅使生物化学迅速发展，而且由此诞生了结构生物学和分子生物学，并引发了后来围绕基因的一系列研究。这使人们不但可以从分子水平了解生命现象的本质，而且能从更新的高度去揭示生命的奥秘。

生物学从描述性科学发展成为20世纪末的前沿科学，在很大程度上是依靠化学所提供的理论、概念、方法甚至试剂和材料，20世纪的100年间与生命科学相关的化学基础研究工作中获得诺贝尔奖的就有28项之多。

化学和化学家对生命科学的重要贡献，还在于创造新药，研究药理，发展了医药化学。医药化学研究给人类提供了预防、治疗和诊断各种疾病的有效方法和技术。各种化学药物的发明，使过去长期危害人类健康的常见病、多发病得到有效控制；合成杀虫剂减少了疟疾和其他虫源性疾病对人类的困扰；以分析化学为基础的临床化验大大提高了疾病诊断的准确性，而涉及很多化学过程的X-射线照相技术则为尽早和准确地诊断疾病提供了依据。所以说，化学对生命科学的发展和人类健康都做出了巨大贡献。

生命的化学本质

生命从何而来？地球上第一个生命是怎样诞生的？这是一个饶有趣味而又困扰人类千百年的问题。历史上曾经出现的种种假说，大致可分为4类：一种是神创论，认为生命由超自然力（如上帝）所创造；一种是外界移入论，认为生命是从外星球移入到地球上来的；一种是生命永恒论，认为生命与物质同样永恒，生命在地球形成的同时或稍后即来到地球，这3种说法都曾在一段时期内流行过，但均被后来的实验所推翻；第四种是现在大多数科学家所公认的，即生命与化学是密切相关的。

法国著名化学家A.L.拉瓦锡早在1783年就提出“生命是一个化学的过程”。在原始的地球上，一些原有的小分子化合物如甲烷、氨、氢气和水，在闪电时放电（或太阳紫外线）的作用下，自动合成了有机小分子如氨基酸、糖等，有机小分子不断产生，聚集在热泉口或者火山口附近的热水中，通过聚合反应，最终形成了构成生命必需的有机大分子。这些有机大分子进行自我复制、自我选择，进而通过分子的自组装，形成了核酸和活性蛋白质，这样，具有自我复制功能的原始生命就在地球上产生了。这些生命不断寻找着最佳的方式繁殖，生命的形式变得越来越复杂，从水中到了土壤里，出现了物种的多样性，并开始进化。

化学家已在实验室里模拟这些条件，成功地用原始物质合成了各种生命物质。1953年，美国芝加哥大学研究生S.L.米勒在实验室里模拟原始大气的成分，用H_2、CH_4、NH_3和水蒸气等，通过加热和火花放电合成了氨基酸。

S.L.米勒将水（H_2O）、甲烷（CH_4）、氨气（NH_3）和氢气（H_2）混合后，灌入到一个特殊的玻璃装置（见下图）中，给瓶内的混合物加热，使之不断沸腾，产生气体，气体经过一个装有两个电极的小室，室内连续产生火花，犹如大自然中的闪电和火山爆发，气体经过冷却又变成液体回到原处。经过一个星期后，米勒发现液体中含有几种氨基酸和一些其他有机物。

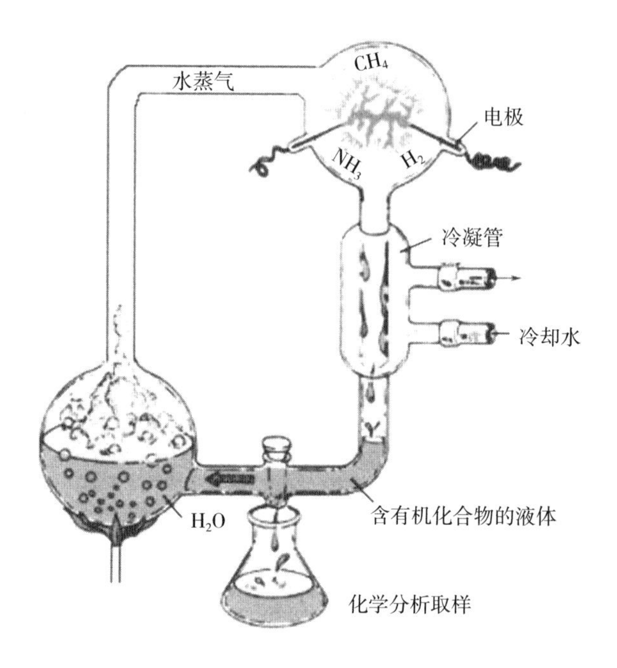

S.L. 米勒的实验装置

随后，许多模拟地球原始条件的实验又合成了生命体中重要的生物高分子，如嘌呤、嘧啶、核糖、脱氧核糖、脂肪酸等。

中国清华大学化学系教授赵玉芬院士，在第11届国际生命起源大会上提出了“磷酰化氨基酸是核酸与蛋白的共同起源，是生命起源的种子”的新的理论体系，令与会的近400位科学家耳目一新，从而结束了“核酸派”与“蛋白派”的对垒。在对生命化学的研究中，她首先发现了磷起着调控中心的作用，并在20世纪80年代末，与她的合作者提出并论证了“磷是生命化学调控中心”这一学说，引起了学术界的关注。

人体内的化学海洋

对于生命来说，水比阳光更重要。地球上之所以物种繁茂，生命昌盛，是因为有约占地球表面积71%的海洋。水是生命体不可缺少的成分。

人体内部就是一个奇妙的化学“海洋”。据测定，一个体重为70千克的成年人，分布在各种组织和骨骼中的体液达45~50千克，占体重的65%~70%。一个人的胚胎发育到3天时，所含的体液达97%，与海洋中的水母（如海蜇）所含的水一样多；发育到3个月时，体液含量为91%；新生儿体内含水量为80%；1岁以上的孩子体内的含水量就和成人一样了。

原始生命在海洋中诞生以后，海洋中的生物逐渐向陆地迁移，并把海水带到自己的体内，在后代中留下了从海洋起源的印记。人类也不例外，科学家发现海水和人体血液除水之外的各种物质中化学元素的相对含量惊人地接近。海水除水之外的各种物质中，氯为55%，钠为30.6%，氧为5.6%，钾为1.1%，钙为1.2%，其他元素为6.5%；人血除水之外的各种物质中，氯为49.3%，钠为30%，氧为9.9%，钾为1.8%，钙为0.8%，其他元素为8.2%。这绝不是偶然的巧合，而是人身上的海洋印记，是人类来自海洋的最好佐证。

海水的固有特征是带有咸味，人体血液也带有咸味。经测定，人体血液的含盐度一般为1%左右，比普通海水的平均含盐度约4%低一些。科学家在对地球历史的考察中发现，在原始生命诞生时期，海洋中的盐分比今日要低得多，之后大陆上的盐分逐渐随水流入海洋，海水才变得咸起来。人类的远祖在登陆时带上了当时的海中物质，并以此代代相继，所以人血的含盐度就比现在的海水要低一些。

当人体大量失水或出血过多时，医生首先要给患者皮下或静脉注射生理盐水。出汗过多，人体就会因失水、失钠而致病，这时向人体内部“海洋”补充“海水”，就是维持生命所必需的。

人身上另一个重要的海洋印记则是生命活动离不开水。科学地说，人体中的所有生命活动，都是在水的参与下进行的，这与海洋又何其相似。海洋中的海流永不停息地循环运动，不断进行水体的运动和再分配。在人体内部的“海洋”中，也不断地进行这种水体的运动和再分配，血液不停地循环，犹如海洋中的海流。一颗健康的心脏就像一个水泵，每分钟要泵3.5~5.5升血液。对于一个80岁的老人来说，他一生中心脏压出的血液约有20万米^3，相当于一个深2米、直径约360米的小海湾的水量。由此可见，人体内部海洋中水体的流动是多么剧烈!

化学变化与生命

生命过程本身是无数化学变化的综合表现。没有化学变化，人类就不可能维持生存和保持健康。例如，食物对于维持生命之所以如此重要，就是因为食物的成分在人体内发生各种化学变化，转化为各种营养成分供人体吸收。如下式所示，我们吃进的蛋白质先分解生成各种α-氨基酸，然后再按照遗传密码指令合成出人体需要的各种蛋白质。

$$\text{食物蛋白质}\xrightarrow[\text{分解}]{\text{酶}} \underset{\displaystyle NH_2}{\underset{|}{R-CH-COOH}} \xrightarrow[\text{合成}]{\text{密码指令}} \text{人体蛋白质}$$

人体的生长发育、衰老组织的更新、疾病和损伤后组织的修复，都需要蛋白质及其他营养素在体内发生大量的化学变化。呼吸也是如此，吸入的是氧，呼出的是二氧化碳，这显然也是化学反应的结果。

生命活动是最复杂的现象，人类从出生、成长、衰老到死亡的一系列变化，包括情感和思维这样极其复杂的过程都与化学反应密不可分。在20世纪，化学家已经搞清楚了人体中几百个化学反应。化学物质通过人体的吸收和排泄而处于大循环中，影响着人体的结构和功能，并反映在人体的各种素质上。化学物质进入人体后，通过各种化学反应，不仅起营养作用，还起调节、控制作用，影响着人体的生理变化以及脑活动与神经传导等。例如，缺少维生素会加速老化，乳酸在肌肉内积累会感到疲劳，钙离子水平可调节视觉变化等。在人体内既有生物大分子，又有金属离子，后者可使一些生命物质激活或抑制，形成连锁式的化学反应和相应的生理过程，从而表现出各种各样的功能。

人体内所发生的化学变化种类繁多，情况复杂，且又相互影响，因此这些反应必须相互协调才能有条不紊地维持生命活动。这种协调作用依赖于神经系统尤其是大脑皮质的调节，大脑皮质通过神经和激素来影响器官的活动。

人体中的化学元素知多少

一切物质都由化学元素组成，人体也不例外。这里有一组有趣的数据：平均一个人体内所含的碳可制作9 000支铅笔，所含的磷可制2 000枚火柴头，所含的铁可制1枚铁钉。人体内所含的化学元素当然远不止碳、磷、铁这几种。

构成地壳的常见元素有92种，目前在人体中已发现了81种。其中与人类生命息息相关的有25种，这些元素被称为生命必需元素，即生命过程中必不可少的元素。例如人体中的骨骼、牙齿不能没有钙；人体中的脂肪、糖、蛋白质、酶、核酸则含有碳、氢、氧、氮、硫、磷和金属元素等。25种生命必需元素包括氧（O）、碳（C）、氢（H）、氮（N）、硫（S）、磷（P）、钾（K）、钠（Na）、钙（Ca）、镁（Mg）、氯（Cl）、铁（Fe）、铜（Cu）、锌（Zn）、锰（Mn）、钼（Mo）、钴（Co）、铬（Cr）、碘（I）、硒（Se）、氟（F）、钒（V）、硅（Si）、镍（Ni）、锡（Sn）等。生命必需元素在人体中的含量以氧居首位，约占整个体重的65%，然后依次是碳、氢、氮等元素。

人们对人体生命必需元素的认识是逐渐深化的，如1925～1956年，发现铜、锌、钴、锰、钼在人体内的存在是必要的，后来采用人为地造成微量元素缺失而引起反应的方法，证实了钒、铬、镍、氟、硅也是生命必需元素。随着时间的推延和科学技术的不断发展，今后可能还会发现更多的生命必需元素。

人体中的化学元素按其含量可分为常量元素和微量元素。在人体中含量高于0.01%的元素，称为常量元素。属于这个范围的有氧、碳、氢、氮、钙、磷、钾、硫、钠、氯和镁等11种，占人体总重量的99.95%，是构成细胞、血液、骨骼、肌肉和脏器的主要成分。人体中含量低于0.01%的化学元素，称为微量元素，主要有铁、铜、锌、锰、钼、钴、铬、碘、硒、氟、钒、硅、镍、锡等14种，占人体总重量的0.05%，是体内众多的酶和辅酶的活性成分。铁是最早发现的人体必需微量元素，后来又发现碘、钒、氟、硅、镍等。至今已确认的14种动物和人必需的微量元素中有

10种为微量金属元素。

人体内元素除碳、氢、氧、氮（以有机物和水的形式存在，占人体总重量的96%）外的其余各种元素统称为无机盐或矿物质。矿物质虽仅占人体重量的4%，需要量也不像蛋白质、脂类、碳水化合物那样多，但它们是构成人体组织和维持正常生理活动所不可缺少的物质。

化学元素的生命功能

化学元素是构成人体的基本原料。氧、碳、氢、氮、硫和磷6种元素在生物体中起着非常关键的作用，它们是蛋白质和核酸的组成部分，也是组成地球上生命的基础物质。其他的必需元素则各以一定的化学形态及结构形成各种生物配合体、功能蛋白质、酶、激素等，它们存在于人体的各种组织中。

化学元素在体内的主要功能有：

（1）材料功能：钙、磷构成人体内牙齿、骨骼等硬组织，碳、氧、氢、氮、硫和磷则构成碳水化合物、脂肪、蛋白质等有机大分子，是构成生物体的结构材料。

（2）运载功能：人体对某些元素和物质的吸收、输送以及它们在体内的传递、代谢等过程往往不是简单的扩散或渗透，而需要有载体。金属离子或它们所形成的一些配合物在这个过程中担负重要作用，如含有Fe^{2+}的血红蛋白对O_2和CO_2的运载作用等。

（3）催化功能：人体内60%以上的酶含有微量元素，约四分之一酶的活性与金属离子有关。有的金属离子参与酶的固定组成，称为金属酶；有一些酶必须有金属离子存在时才能被激活以发挥它的催化功能，这些酶称为金属激活酶。

（4）调节功能：人体体液主要由水及溶解于其中的电解质所组成，而人体的大部分生命活动是在体液中进行的，为保持人体正常的生理功能，需要维持体液中水、电解质平衡及酸碱平衡，存在于体液中的Na^+、K^+、Cl^-等在这方面发挥着重要作用。

（5）信使功能：生物体需要不断地协调机体内的各种生理过程，这就要求有各种传递信息的系统。细胞间的沟通即信号的传递需要有接收器，化学信号的接收器是蛋白质。Ca^{2+}是细胞中功能最多的信使，它的主要受体是一种由很多氨基酸组成的单肽链蛋白质，称钙媒介蛋白质。氨基酸中的羧基可以与Ca^{2+}结合，使钙媒介蛋白质与Ca^{2+}结合而被激活，活化后的媒介蛋白质可调节多种酶的活力，因此Ca^{2+}能起到传递某种生命信息的作用。

生命中心元素——磷

磷在人体内的含量为400～800克，约占人体重量的1%。其中90%以磷酸根（PO_4^{3-}）的形式与钙组成羟基磷灰石$Ca_{10}(OH)_2(PO_4)_6$、氯磷灰石$Ca_{10}Cl_2(PO_4)_6$和少量氟磷灰石$Ca_{10}F_2(PO_4)_6$等，存在于人体的骨骼和牙齿中。牙釉质的主要成分是羟基磷灰石$Ca_{10}(OH)_2(PO_4)_6$，使它从牙齿上溶解下来称为去矿化，而形成时称为再矿化。在口腔中健康的牙齿存在着去矿化和再矿化的动态平衡。然而，当糖吸附在牙齿上并且发酵时，产生的H^+与OH^-结合成H_2O而扰乱平衡，会引起更多的$Ca_{10}(OH)_2(PO_4)_6$溶解，结果使牙齿腐蚀。氟化物通过取代羟基磷灰石中的OH^-而有助于防止牙齿腐蚀，因为生成的$Ca_{10}F_2(PO_4)_6$能抗酸腐蚀。

另外10%的磷则存在于身体内各种磷脂、核蛋白、DNA、RNA及辅酶中。磷是一切细胞核和细胞质的组成部分，参与细胞的各项功能。磷还是生命能源库——三磷酸腺苷（ATP）的主要成分。近年来的研究表明，磷是核酸、蛋白质的主控因子，磷的化学规律决定着核糖核酸以及氨基酸、蛋白质的化学规律,从而决定着生命的化学过程，同时磷还通过磷酸根维持着体液的中性。由于磷所具有的多种生理功能而被誉为生命物质的主控官。

宏量金属元素——钾、钠、钙、镁

在25种生命必需元素中，金属元素有14种，其中钾、钠、钙、镁4种主族元素的含量占人体内金属元素含量的99%以上，因此称它们为宏量金属元素。

（1）钠和钾：K^+和Na^+存在于一切组织液中。它们的首要作用是控制细胞、组织液和血液内的电解质平衡，这种平衡对保证体液的正常流通和控制体内的酸碱平衡都是必要的。K^+和Na^+是人体内维持渗透压的最重要的阳离子，Cl^-是维持渗透压的最重要的阴离子，它们对于维持血浆和组织液的渗透平衡有重要作用，血浆渗透压的变化将导致细胞损伤甚至死亡。血浆的渗透压与0.9%的氯化钠溶液的渗透压相等，与血液等渗的氯化钠溶液称为生理盐水。Na^+和K^+（与Ca^{2+}和Mg^{2+}一起）还有助于使神经和肌肉保持适当的应激水平。

K^+是细胞内液中的主要阳离子，Na^+是细胞外液（血浆、淋巴液、消化液）中的主要阳离子。钠离子占血中碱性离子的93%，是形成血浆和细胞外液总碱性的主要成分，对维持体液的弱碱性起着至关重要的作用。

（2）钙和镁：钙占人体的2%，成年人体内含钙1千克以上，其中99%存在于骨骼和牙齿中，形成人体的支架；其余以游离或结合形式存在于软组织、细胞外液和血液中，参与人体的各种生理过程，调控肌肉收缩和心肌收缩，同时起细胞信使作用。例如，血液中Ca^{2+}过多，会造成神经传导和肌肉反应的减弱，使人对任何刺激都无反应；但血液中Ca^{2+}太少，又会造成神经和肌肉的超应激性，在这种极度兴奋的情况下，微小的刺激，比如一个小的响声、一声咳嗽等，都可能使人产生痉挛性抽搐。

人体从20岁开始，每天亏损30～50毫克的钙。钙摄入的不足，会刺激人体持续过量地分泌甲状腺素，促使每天从骨骼上溶解相应的骨钙去补足血钙，结果造成人体的骨总量每年损失1%。

70%的镁存在于骨骼和牙齿中，其余分布在软组织和体液中，Mg^{2+}是细胞内液中仅次于K^+的阳离子。细胞内的核苷酸以其镁离子配合物的形式存在。镁能与体内许多成分形成多种酶的激活剂，对维持心肌的正常生理功能有重要作用。

构成生命的最基本物质——蛋白质

构成生命的物质种类很多，不仅包括蛋白质、核酸、糖等生物大分子，而且还包括维生素、激素、神经递质、细胞因子等生物小分子，但最基本的物质是蛋白质。为了揭示生命现象的本质，化学家花费了将近一个世纪的时间，才基本上搞清了蛋白质的组成、结构和功能，并建立了有关的研究方法和技术。蛋白质的英文名称protein在希腊语中是“第一”的意思，也就是说蛋白质是构成生命的第一基本要素。1838年，荷兰科学家格里特发现了蛋白质，他观察到，有生命的东西离开了蛋白质就不能生存。蛋白质是一切生命的物质基础，生命活动几乎都是通过蛋白质来实现的，所以蛋白质有极其重要的生物学意义。正常成人体内有16%～19%的成分是蛋白质，人的生长、发育、运动、遗传、繁殖等一切生命活动都离不开蛋白质。蛋白质在人体内的功能主要有以下3个方面：

（1）人体的构成成分：蛋白质是构成组织和细胞的重要成分，肌肉、骨骼及内脏主要由蛋白质构成。不仅如此，作为生物体的结构物质之一，在人的指甲、鸟类的羽毛、蚕丝中也存在不同种类的蛋白质。许多疾病也与蛋白质分子的变异有关，如镰刀型红细胞贫血症就是由于血红蛋白分子上某个氨基酸发生变异而引起的。

（2）构成体内各种重要物质：人体内的一些重要的生理活性物质都是由蛋白质构成的，如促进和决定生物体内化学反应的酶、调节生理活动的某些激素、血液中输送氧的血红蛋白、防御病菌感染的免疫球蛋白等都是蛋白质，它们对调节生理功能、维持新陈代谢起着极其重要的作用。许多蛋白质可作为药物治疗疾病，如胰岛素、干扰素、免疫球蛋白等。

（3）供给热能：蛋白质是人体内三大能源物质之一，1克食物蛋白质在体内分解约产生16.7千焦的能量。在处于基础代谢状态时，蛋白质供能大约占人体总能量代谢的15%～17%。

蛋白质是一切生命的物质基础，这不仅是因为蛋白质是构成机体组织器官的基本成分，更重要的是蛋白质本身不断地进行合成与分解，这种合成、分解的对立统一过程，推动着生命活动，调节机体的生理功能，保证机体的生长、发育、繁殖、遗传及损伤组织的修补。根据现代的生物学观点，蛋白质和核酸是生命的主要物质基础。

蛋白质的基本单位——氨基酸

蛋白质由20多种氨基酸组成，因氨基酸的数量和排列顺序不同，使人体中的蛋白质多达10万种以上，它们的结构、功能千差万别，形成了生命的多样性和复杂性。

氨基酸是分子中既含氨基（$-NH_2$）又含羧基（$-COOH$）的一类有机

化合物。参与人体内蛋白质组成的20种常见氨基酸中，除脯氨酸外，氨基均连在与羧基相连的α－碳上，因而也叫α－氨基酸，通式如下图所示。

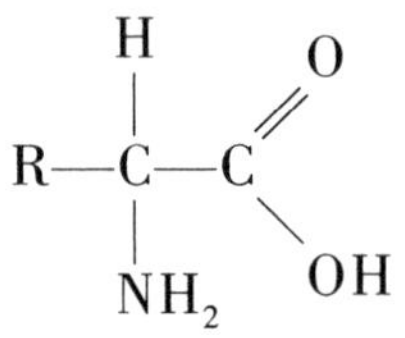

α－氨基酸的通式

氨基酸中的R基侧链是各种氨基酸的特征基团。最简单的氨基酸是甘氨酸，其中的R是一个H原子。氨基酸常用作食品添加剂中的营养剂，现今流行的许多营养液就是以水解氨基酸为基础的。

多个氨基酸通过氨基和羧基之间脱水缩合而成的聚合物，叫多肽（也叫肽）；脱水缩合新形成的键叫酰胺键，亦称肽键。每个蛋白质分子可以由一条或多条肽链构成。最简单的肽是二肽，例如两个甘氨酸分子缩合成的二肽叫甘氨酰甘氨酸，如下图所示。

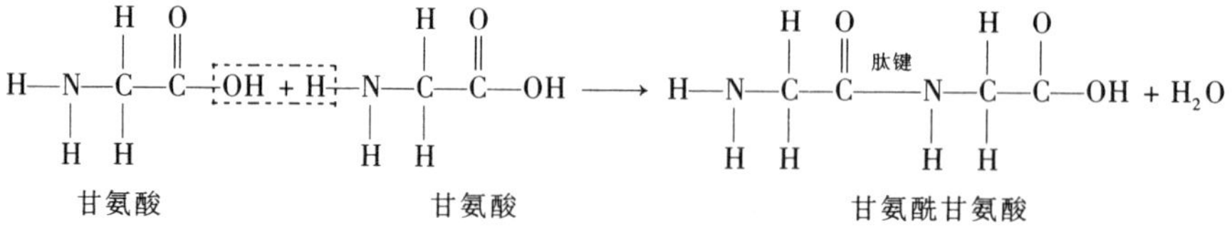

甘氨酸　甘氨酸　肽键　甘氨酰甘氨酸

两个甘氨酸分子缩合成二肽

蛋白质的组成与结构

所有的蛋白质都含C、H、N、O元素，大多数蛋白质还含S或P，也有些含Fe、Cu、Zn等。多数蛋白质的相对分子质量在1.2万~100万之间。蛋白质的种类繁多，功能迥异，在体内的各种特殊功能是由蛋白质分子中氨基酸的组合顺序决定的。

蛋白质的种类很多，按分子形状来分有球蛋白和纤维蛋白。球蛋白溶于水，易破裂，具有活性功能；纤维蛋白不溶于水，坚韧，具有结构或保护方面的功能，头发和指甲里的角蛋白就属纤维蛋白。按化学组成来分有简单蛋白和复合蛋白，简单蛋白只由多肽链组成，水解后只生成多种氨基酸，如卵蛋白、血清蛋白等都是简单蛋白；复合蛋白由多肽链和辅基组成，水解后除生成各种氨基酸外，还有非蛋白质成分（辅基），辅基包括核苷酸、糖、脂、色素（动植物组织中的有色物质）和金属配合物等，如血液中的血红蛋白（与血红素结合）等属于复合蛋白质。

蛋白质分子可以由一条或多条多肽链构成。蛋白质结构可分为一级结构、二级结构、三级结构和四级结构，一级结构就是共价主链的氨基酸顺序，二、三和四级结构又称空间结构（即三维构象）或高级结构。

一级结构决定了蛋白质的功能，对它的生理活性也很重要，顺序中只要有一个氨基酸发生变化，整个蛋白质分子就会被破坏。蛋白质的二级结构主要是指依靠氢键使多肽链卷曲盘旋成的螺旋状（称为α－螺旋）结构或折叠成的片层状（称为β－折叠）结构。在这种结构里，肽键氮原子上的氢（N–H）与肽键碳原子上的氧（C=O）以氢键（N–H…O）相结合。

蛋白质的三级结构是指具有二级结构的肽链，按照一定方式再进一步卷曲、盘绕、折叠成一种看起来很不规则，而实际上有一定规律性的三维空间结构。蛋白质还有四级结构，它是指两条以上的肽链聚合起来形成的蛋白质分子的空间构型，其中每一条肽链都有其三级结构。实际上只有具有三级以上结构的蛋白质才有生物活性。目前，化学家人工合成的一些蛋白质虽然具有与天然蛋白质分子相同的一级结构，但没有形成高级结构，因而无生物活性，所以蛋白质的高级结构是一个非常有意义的研究课题。

蛋白质的生理功能

蛋白质是构成生命的最基本物质，也是最重要的物质，我们身体的大部分是由蛋白质组成的，如肌肉、内脏、皮肤、血液、血管、毛发、指甲、大脑、抗体及各种酶的有效成分都是蛋白质。蛋白质占人体重的16%～19%，占干重的50%以上。据估算，人体中的蛋白质分子多达10万种以上，正是这些蛋白质维持着生命的活力。只有蛋白质充足，才能进行人体正常的新陈代谢。

生命的产生、延续与消亡,无不与蛋白质有关,也就是说,人体的每一种生命活动都是由蛋白质来实现的。蛋白质的功能很多,主要有以下几方面：

（1）构成和修补人体组织：蛋白质是构成一切细胞、组织和器官的主要材料。身体的生长发育、衰老组织的更新、疾病和损伤后组织细胞的修复，都是依靠食物蛋白质供给的氨基酸在遗传基因的控制下合成各种人体所需要的蛋白质来完成的。体内蛋白质代谢非常活跃，不断地分解和合成，如小肠黏膜细胞每1~2天即更新一次，血液红细胞每120天更新一次，头发和指甲也在不断地推陈出新。

（2）构成酶和激素，调节人体功能：人体的新陈代谢是通过成千上万种化学反应来实现的，而这些反应都需要酶来催化；同时还要有各种激素来调节，如胰岛素、肾上腺激素和甲状腺激素等，激素分泌失去平衡则发生疾病，这些酶和激素都是蛋白质。

（3）增强机体的免疫能力：人体中有各种抵抗疾病的物质，其中“抗体”是一种免疫球蛋白，在正常情况下，肝脏会制造抗体，它们能吞噬各种细菌和病毒，人有时生病后能不药而愈，就是抗体发挥了防卫功能。但当体内的蛋白质不够时，身体无法制造抗体，于是免疫力就减弱。被称为抑制病毒法宝的干扰素，也是糖和蛋白质的复合物（糖蛋白）。

（4）运输功能：人体内输送O_2和带走CO_2的任务是由血红蛋白来完成的，血液中的脂质蛋白则随着血流输送脂质。

（5）提供部分热能：人体每天所需热能的10%～12%来自蛋白质。虽然蛋白质的主要功能不是供给能量，但当食物中蛋白质的氨基酸组成不符合人体的需要，或体内糖和脂肪供应不足时，蛋白质就会被当作能量物质氧化分解而放出热能。此外，在正常代谢过程中，陈旧破损的组织和细胞中的蛋白质也会分解释放出能量。

解构蛋白质，开启药物研制新时代

了解蛋白质的结构是认识蛋白质功能的关键。研究蛋白质的结构可设计与之相互作用的药物，为人类的健康服务。人体中的10多万种蛋白质决定着人体的各种生理功能，如蛋白质不足，结构有误或缺损，其功能就会失调，人体就会生病。近年来新型功能蛋白的不断发现，尤其是促使健康细胞转化为癌细胞的蛋白以及防止正常细胞癌变的蛋白的发现,为人类征服癌症、艾滋病、帕金森氏症、老年痴呆症、糖尿病等开辟了光明的前景。

可以充分利用蛋白质这把“钥匙”来打开治疗某种疾病的锁。一个药物要起作用，必须通过靶点发挥其功能。打个比喻，药物就像一把钥匙，靶点就像一把锁，钥匙只有插到与之匹配的锁里才能将其打开，而药物只有和特定结构的靶点相结合才能发挥药效。在生物体内，绝大多数靶点都是蛋白质，无论对何种生物来说，这些蛋白质都起着重要的作用，某些蛋白一旦被破坏，将会对生命活动造成不利影响，而且很可能是致命的。抗病毒药物的作用机理就是破坏那些与病毒生理功能相关的重要蛋白质,使病毒无法存活或繁殖。因此,要找到与病毒生理功能相关的蛋白质,解析其结构,只有知道“锁”的结构,才能配出“钥匙”——设计出针对该靶点的有效药物。

例如，最近科学家发现了两种相互结合的、与癌症相关的蛋白质的分子结构，并报道了这两个相互作用的蛋白质的精细图像，展示了这两种蛋白质上的哪些区域对于癌症的发展有重要影响，此结构的解析有助于设计干扰这类蛋白质正常功能的药物，以阻止肿瘤的生长。又如，科学家最近发现并解构了与白血病密切相关的两种蛋白质的结构，这有助于查明癌细胞发生的机理，还有可能为治疗白血病找到新药。

科学家预计，在不久的将来有可能出现以蛋白质为基础的新型药物靶标，人类利用蛋白质药物来治疗疾病的时代已经为期不远了。

遗传信息的载体——核酸

核酸是1868年由瑞士科学家F.Micscher第一次从脓细胞中分解出来的，因为其具有酸性且存在于细胞核中而得名。核酸是另一类重要的生物大分子，它是信息分子，担负着遗传信息的储存、传递及表达功能，核酸对于生物体的遗传性、变异性和蛋白质的生物合成有极重要的作用。核酸广泛存在于所有动物、植物和微生物的细胞内。

核酸是一种高分子，由C、H、O、N、P等化学元素组成，它的基本组成单位叫做“核苷酸”。一个核苷酸分子是由一分子含氮的碱基、一分子五碳糖和一分子磷酸组成的。每个核酸分子是由几百个到几千个核苷酸连接而成的长链。不同的核酸，其化学组成、核苷酸排列顺序不同。

核酸的组成可由下图来表示。

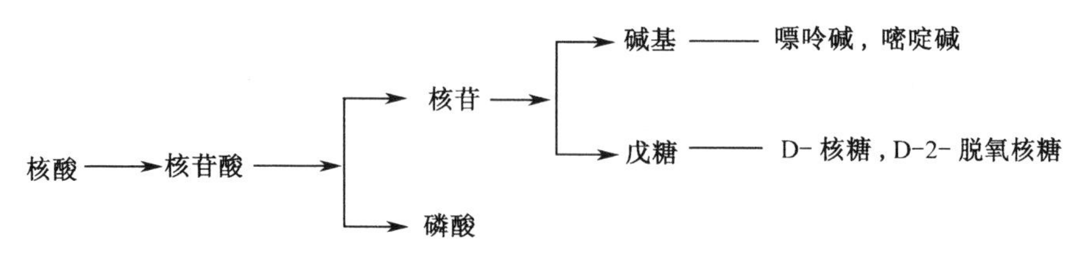

核酸的组成

生物体内的核苷酸有两大类：一类是核糖核酸（RNA），另一类是脱氧核糖核酸（DNA）。二者的区别在于前者核苷酸中的糖分子是“核糖”，后者是“脱氧核糖”。

RNA主要存在于细胞质中，与蛋白质的合成密切相关；DNA主要存在于细胞核内，是储存、复制和传递遗传信息的主要物质。生物体的遗传信息以密码的形式编码在DNA分子上，并通过DNA的复制由亲代传递给子代。在后代的生长发育过程中，遗传信息自DNA转录给RNA，然后翻译成特异的蛋白质，以执行各种生命功能。由于生命活动是通过蛋白质来表现的，所以生物的遗传特征实际上是通过DNA→RNA→蛋白质过程传递的，这就是遗传信息传递的中心法则。

核酸不仅是生物体基本的遗传物质，而且在蛋白质的生物合成上也占重要位置，因而在生长、遗传、变异等一系列重大生命现象中起决定性的作用。因此可以说，核酸是最根本的生命物质，对核酸的研究也成为现代生命科学研究中最吸引人的课题。

DNA双螺旋结构——破解生命奥秘

1953年，美国化学家J.沃森（J.Watson）和英国化学家F.克里克（F.Crick）提出了DNA分子的双螺旋模型，确定了生命物质——核酸的空间结构。根据此模型，DNA以双股核苷酸链形式存在，在双链之间存在着靠氢键连接的碱基配对，这种碱基之间相互匹配的关系称为碱基互补。DNA的两条链是互为反方向的，都呈右手螺旋。

DNA分子的双螺旋模型奠定了当今分子生物学的基础，对于生命科学和生物学具有划时代的意义，它从分子水平上揭示了生命现象的一部分奥秘。这一发现为遗传工程的发展奠定了理论基础，是生命科学乃至生物学发展中的重大里程碑，J.沃森和F.克里克因此而获得了1962年诺贝尔医学或生理学奖。DNA分子双螺旋结构如下图所示。

DNA结构的发现在医学上有极重要的价值，分子生物学使科学家能更深入地研究基因等遗传因素在疾病发作中的作用，为设计药物提供了新的手段，同时也催生了基因诊断以及基于DNA技术的治疗新方法。现已发现的近2 000种遗传性疾病都与DNA结构有关，例如人类镰刀形红细胞贫血症是由于患者的血红蛋白分子中一个氨基酸的遗传密码发生了改变，白化病患者则是DNA分子上缺乏产生促黑色素生成的酪氨酸酶的基因所致。肿瘤的发生、病毒的感染、射线对机体的作用等都与核酸有关。20世纪70年代以来兴起的遗传工程，使人们可用人工方法改组DNA，从而有可能创造出新型的生物品种，如应用遗传工程方法已能使大肠杆菌产生胰岛素、干扰素等珍贵的生化药物。

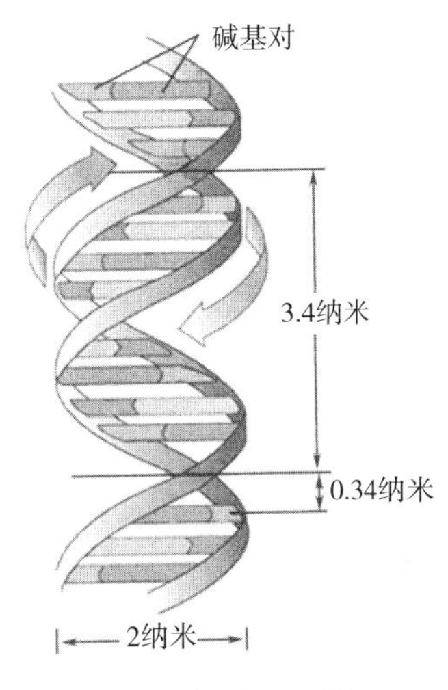

DNA双螺旋三维结构示意图

发现DNA双螺旋结构，在人类生活的众多层面打下了印记，如利用DNA鉴定技术侦破悬案或进行身份认定早已不是稀罕事。据报道，仅美国2002年实施的DNA亲子鉴定就有30多万例；也有很多人依靠DNA法医鉴定技术为自己洗刷了不白之冤。

60年来，DNA双螺旋模型造就了分子生物学，造就了基因工程，而基因工程已开始改造我们的生活、医药、能源、环境等。DNA这3个英文字母，影响了生命科学乃至整个人类社会的发展，也正在改变我们每个人的生活轨迹。

酶与生物催化

我们的身体每时每刻不停地进行着新陈代谢，实际就是进行着一系列复杂而又有序的化学反应，而这些化学反应离不开一类被称为“酶”的生物催化剂。

酶是一类广泛分布于生物体内的特殊蛋白质，它具有极其重要而又奇异的催化人体化学反应的功能。因此，可以说酶是一种生物催化剂，是一类由生物体活细胞产生的具有高度催化效能和催化特异性的蛋白质。在生命活动中，除最近发现极少数的核酸具有催化活性外，与新陈代谢以及遗传信息传递和表达有关的几乎所有化学反应都是在酶的催化下完成的。酶是最有效的天然生物催化剂，一般来说，酶的催化效率比一般化学催化剂高1百万至1百亿倍之多，即可以使反应速率提高10^{10} ~ 10^{14}倍，如1个β－淀粉酶分子每秒钟可催化断裂直链淀粉中4 000个键。除高效外，酶反应还具有高度的专一性，如麦芽糖酶只能催化麦芽糖水解为两分子葡萄糖的反应，这是麦芽糖酶的唯一功能，其他的酶都不能代替它。

关于酶催化反应的专一性，早期E.Fisher曾用“钥匙与锁理论”来解释。该学说认为，反应物分子像钥匙，专一性地楔入到酶活性部位（发生催化作用的部位），形成过渡态复合物，即反应物分子与酶分子在大小、形状等立体结构上相匹配时，就可以发生催化作用形成产物。

酶催化作用的主要特点是高效、专一性，除此之外，酶催化反应不需高温、高压等，是在比较温和的条件下进行的，如人体中各种酶促反应的酶一般是在体温（37℃）和近乎中性的环境中发挥其催化效能的，使体内各种化学反应顺利进行，这是因为酶促反应所需要的活化能低，而且催化效率非常高。例如，H_2O_2分解为H_2O和O_2所需的活化能是75.3千焦／摩；用铂作催化剂时活化能降为49千焦／摩；当用过氧化氢酶催化时活化能仅需8千焦／摩左右，并且H_2O_2分解的效率可提高109倍!

从酶的化学组成看，可分为单纯酶和结合酶两大类。单纯酶的分子组成全为蛋白质，不含非蛋白质的小分子物质，如脲酶、蛋白酶、淀粉酶、脂肪酶、核糖核酸酶等都属单纯酶；结合酶除蛋白质外，还含有非蛋白质部分（称为辅酶），酶蛋白与辅酶结合才有活性，辅酶可以是金属离子如Cu^{2+}、Zn^{2+}、Fe^{3+}、Mg^{2+}等的配合物（如血红素、叶绿素等），也可以是复杂的有机化合物（如维生素B_{12}辅酶）。

超氧化物歧化酶（SOD）

超氧化物歧化酶简称SOD，是生物体内清除超氧阴离子自由基

（$\cdot O_2^-$）的重要金属酶类，它和过氧化氢酶、过氧化物酶一起构成了生物体内重要的酶促反应防御体系，维护着生物体内细胞正常的生理代谢和生化反应。SOD广泛存在于生物体内，与细胞氧化代谢密切相关。根据所含金属元素的不同SOD可分为3类：Cu-SOD、Zn-SOD，主要存在于细胞液内；Mn-SOD，存在于真核细胞的线粒体和原核细胞内；Fe-SOD，存在于原核细胞中。

从牛血细胞提取的SOD研究得较多。SOD催化超氧离子自由基$\cdot O_2^-$的歧化反应如下：

$$\cdot O_2^- + \cdot O_2^- + 2H^+ \xrightarrow{SOD} H_2O_2 + O_2$$

此反应可以清除对机体细胞有破坏作用的自由基，从而参与形成机体的防御体系。

人体中的超氧离子自由基$\cdot O_2^-$是怎么形成的呢？已知电离、辐射、高温、紫外线和光照都能使体液中的水产生水合电子e^-（aq）、H·和OH·，e^-（aq）和O_2反应便产生$\cdot O_2^-$；人在呼吸过程中所获得的氧气有98%与细胞中的葡萄糖和脂肪结合，转化为能量，有2%转化为人体自由基，氧化还原反应、酶促反应都可伴生自由基。体内一些酶反应过程会产生$\cdot O_2^-$，某些物质自身氧化时也会释放$\cdot O_2^-$。一个人每天产生多少$\cdot O_2^-$尚不太清楚，但有实验表明，化学物质致癌时,人体内的自由基含量增加。

近年来对于自由基与癌症的关系开展了较多研究。自由基非常活泼，化学反应性极强，能引起细胞生物膜上的脂质过氧化，破坏膜的结构和功能；它还能引起蛋白质变性和交联；也可使磷脂膜上的脂肪酸发生氧化等，甚至诱发癌变。关于衰老的自由基学说认为，人体的衰老是机体正常代谢过程中产生的自由基对机体损害的结果。$\cdot O_2^-$对人体细胞的损害是明显的，但人体自身具有一套清除活性氧的防御体系，如上所述，超氧化物歧化酶可有效地催化$\cdot O_2^-$的歧化反应使其转变为过氧化氢（H_2O_2）和氧，而过氧化氢则由过氧化氢酶催化分解为H_2O和O_2，从而保护机体免受损伤。因此，超氧化物歧化酶具有延缓衰老的作用。

化学药物使人类益寿延年

据世界卫生组织统计，世界人口的平均寿命在20世纪初约为45岁，而到1993年已增长到65岁；以美国为例，1900年人口平均寿命为49岁，而2000年则达到79岁。“人生七十古来稀”这句话正在成为历史。这个难以置信的进步主要要归功于药物化学家的贡献，他们发现和合成了各种各样的化学药物，给人类健康提供了强有力的保障。所以，可以说药物的使用是人类文明的一个重要表现。

药物化学是有机化学的一个重要分支。从19世纪解热镇痛药阿司匹林和非那西汀的发明到现在，药物化学家通过化学合成或从动植物、微生物中提取得到的临床有效的化学药物已有上万种，其中目前常用的就有近千种，而且这个数字还在快速增加。人工合成的抗菌剂、抗病毒剂等药物，大大地降低了人的死亡率。化学药物也为治疗癌症、精神病、糖尿病等疑难病症提供了比较有效的手段。药物的不断发明，使过去长期危害人类生命和健康的各种常见病、多发病得到了有效控制。

对于21世纪，我们有着太多的期盼，而其中最大的希冀就是提高我们人类自身的健康水平和生活质量。人们期盼开发出更有效和更安全的新药，来医治现代社会中的重大疑难疾病。

在21世纪的生命科学研究热潮中，化学将进一步发挥重要作用。研究蛋白质、核酸、糖等生物大分子的精细结构（这种结构是表现其活性所必需的），是研制和开发药物的化学基础，也有利于探讨药物疗效与结构之间的关系。例如，可以开发基于DNA结构的基因药物；根据酶的性质研究而开发酶制剂药物；开发以糖为基础的糖化学药物（如糖蛋白、糖脂等），糖化学药物的作用位点是细胞表面，其特点是作用于病理过程的第一步，而且不进入细胞，是副作用相对最小的药物。另外，可以根据致病原因寻找新药，例如最近发现多巴胺是一种与精神分裂症有关的物质，这有利于查明精神病发生的原因和机制,为研究高效而又安全的新药提供新的思路。这些研究，必将促进医药学的快速发展,提高控制和治疗疾病的能力,大大降低心脑血管疾病、恶性肿瘤和艾滋病等许多重大疑难疾病的死亡率。

新颖的化学诊断法

有效治疗疾病的第一步，就是正确地诊断疾病。化学在诊断疾病方面起着核心的作用。血液和尿液的化验是体检中不可缺少的常规项目；利用核磁共振成像技术可得到人脑断层成像，能帮助医生找到病变部位，指导医生的手术。

检查胃病的传统方法是做钡餐和胃镜，前者要求病人吞服大量难吃的硫酸钡，然后用X-射线拍片；后者要把窥视镜通过食道插入胃部，病人感到很痛苦。现在有一种四环素荧光法，病人只需空腹服下几片四环素，过一会儿在病人耳朵或其他部位抽一滴血，就可以判断胃的情况。原来，四环素是一种能发荧光的有机物，虽然血液中四环素含量极微，但经紫外线照射，荧光计上会显示谱线，根据其强弱可知四环素含量；四环素分子结构中有4个环，能与铜离子形成络合物，这种络合物不为人体吸收，不能进入血液，患萎缩性胃炎和胃癌的人胃液中铜离子比正常人多，故血液中四环素含量明显低于正常人，这就是四环素荧光法诊断胃病的原理。

使用化学手段检查疾病的方法太多了，如用中子活化法检测头发中的微量元素，可以帮助诊断某些疾病，用这种方法病人无痛苦。

近年来开发的光纤化学传感器，在医学领域中常用来测量生物体的活体成分，以帮助进行医疗诊断。光纤化学传感器将取代许多传统的检测方法，为医疗诊断技术的发展提供了一个全新的视角。

人类基因组测序工作的完成、人类基因密码的破译，会使我们对人的健康与疾病有更深入的认识。科学研究的成果表明，人类的很多疾病或多或少都与基因有关，基因异常、基因受损都会引起所表达的蛋白质或酶的功能变化，因而引起疾病。因此，基因可帮助医生诊断疾病。与传统诊断手段相比，基因诊断能更早发现有关疾病的隐患，也更可靠。目前，可用基因诊断的疾病主要是一些遗传性疾病，如苯丙酮尿症、血友病及地中海贫血等。而从化学的角度看，基因就是DNA分子上具有遗传效应的一段特定的核苷酸序列。

现代医学诊断疾病、治疗疾病处处离不开化学知识，要想成为一个医术精湛的现代医生，必须具有深厚的化学功底。

麻醉药物的发现

我国人民很早就有使用麻醉药的记录。公元200年的《后汉书·华佗传》中，就有一代神医华佗给病人服用自创的麻醉药——麻沸散后进行剖腹手术的记载。华佗的麻沸散配方虽年久失传，但这足以体现我国古代医药科技的发达。

麻醉药真正的临床应用是近两百年在西方实现的。19世纪中叶以前外科手术都是在没有麻醉药的情况下进行的，这会使病人非常痛苦并造成心理恐慌，因此无痛手术是社会的强烈需要。医生们探讨了一些方法，如冷冻手术部位，用力挤压患处使之麻木，用酒精灌醉病人再进行手术等，但这些方法都不能有效地减轻病人的痛苦。化学的发展促进了麻醉药的研究和发现。

（1）第一种麻醉药——笑气的发现：1799年英国化学家戴维（H.Davy）首先发现了笑气（氧化亚氮，N_2O），并发表了N_2O具有使人欣快、昏迷作用的论文。由于论文没有突出描述N_2O抑制痛觉的功能，致使N_2O没有很快应用于外科手术。1844年，美国一位牙医在观看笑气使人发笑的舞台表演时，发现一名用了笑气的演员在舞台上受了伤，颈上划了一道很深的口子却并不感到疼痛，他立刻想到笑气可用作牙科手术的麻醉药，他获得了成功，笑气便成为第一种临床上使用的麻醉药。

（2）近代麻醉药的发现：19世纪中期，医生发现乙醚有类似笑气的作用，之后成功地用乙醚麻醉病人做了手术。与此同时，英国爱丁堡大学的科学家发现氯仿的麻醉作用比乙醚强，因此氯仿成了当时临床上使用最多的麻醉药，后来因发现氯仿对心脏和肝脏有很大的毒性，所以在20世纪50年代被淘汰。

这其间也有人使用乙烯做麻醉药，但乙烯是气体，不易控制。1930年，美国加利福尼亚大学的教授合成了一种将乙烯和乙醚结合在一起的化合物——乙烯基乙醚（$CH_2=CH-O-CH=CH_2$），有较好的麻醉效果，且毒性小，被用于临床外科。这种将两种有同样效用的化合物拼接起来的做法称为“拼接原理”，这种做法仍然是现代发现新药的手段之一。

（3）局部麻醉药的发现：19世纪后期，发现从古柯树叶中提取的可卡因有局部麻醉作用，并迅速应用于临床。但可卡因价格高，且有毒性和成瘾性，人们急于寻找它的代用品。后来人们发现普鲁卡因和阿米洛卡因具有更好的局部麻醉作用。可卡因、阿米洛卡因和普鲁卡因的结构式如下图所示。

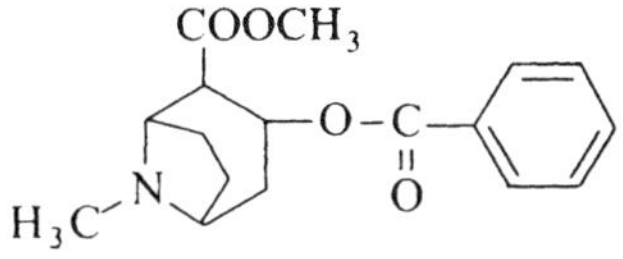

可卡因

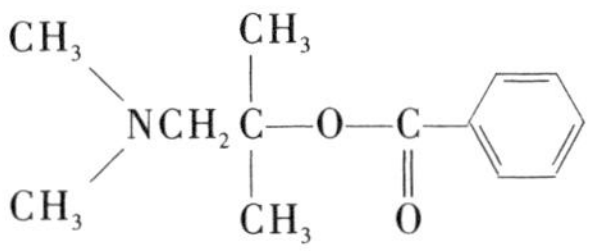

阿米洛卡因

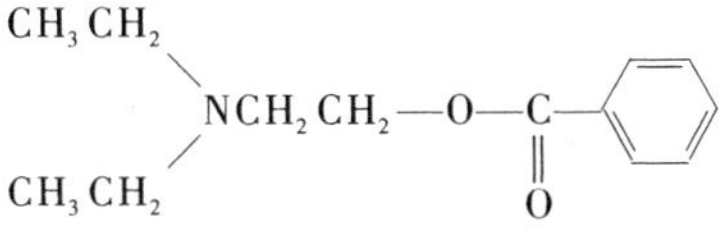

普鲁卡因

可卡因、阿米洛卡因、普鲁卡因的结构式

比较可卡因、阿米洛卡因、普鲁卡因3个化合物的结构，可发现它们都有相同的苯甲酸酯部分，人们由此受到启发，知道将已知药物进行结构改造可使其性能更好。普鲁卡因一直使用至今。随着现代科技的发展，人们又发现了酰胺类、芳香酮类等多种局部麻醉药。麻醉药的发现和使用为人类医学的进步做出了巨大的贡献。

阿司匹林——百年老药的新用途

阿司匹林（Aspirin）可以说是最著名的解热镇痛药了，它能使发烧的病人体温恢复正常，但对正常人的体温没有影响。阿司匹林虽然是个合成药，但它却来源于植物。早在公元前约1550年，古埃及人就用白柳的叶子来止伤痛；公元前约400多年，希腊人用这种植物叶子的汁来镇痛和退热。在古代的美洲、亚洲，人们也都知道这种柳树的药用功效。1829年，法国人第一次从柳树皮中提取出一种可以治病的活性物质——水杨酸，它在治疗发热、风湿和其他一些炎症方面十分有效，但由于酸性较强，对胃肠刺激性较大，会使胃部产生灼热感。

A.W.霍夫曼

1897年，德国拜尔公司的化学家A.W.霍夫曼将从柳树皮提取的水杨酸与醋酸酐一起反应，合成出了酸性较弱的乙酰水杨酸，经临床试验证实其在镇痛和治疗风湿病方面有显著效果。1899年，拜尔公司正式以阿司匹林的名称给乙酰水杨酸注册，作为解热镇痛药上市。像这种用化学合成的方法改造天然化合物的结构而得到的药物，叫半合成药物。阿司匹林的问世，标志着人类已经可用化学合成的方法改造天然化合物的结构，而研制出更理想的药物。

水杨酸和阿司匹林的结构如下：

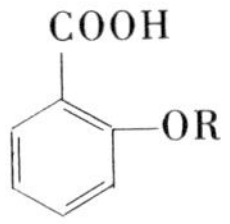

COOH
OR

水杨酸：R = H

阿司匹林：R = $—\overset{O}{\overset{\|}{C}}—CH_3$

水杨酸和阿司匹林的结构

经过一个世纪的临床应用，证明阿司匹林是一种有效的解热镇痛药，广泛用于治疗伤风、感冒、头痛、神经痛、关节痛、风湿痛等。近年来，又发现这个百年的老药有新用途，临床试验证明，阿司匹林具有扩张血管的作用，可以用来预防和治疗心脑血管疾病。在现代社会中，心脑血管疾病已成为人类健康的第一杀手，所以寻找治疗心脑血管疾病的药物显得非常重要，阿司匹林的销售量也因此大大增加。仅1994年一年，全世界消耗的阿司匹林药片、胶囊和栓剂等的数目就多达362.5亿片，总重量达1.16万吨。由于阿司匹林在它诞生一个世纪之后的今天仍然是一种生命力不减的药物，为人类健康做出了重要贡献，因此被称为“世纪神药”。

从染料到磺胺药

在20世纪30年代以前，一些严重危害人类健康的细菌性传染病长期得不到控制，可怕的瘟疫常常造成大量人口死亡。1932年，德国药物化学家G. Domagk在对许多染料进行筛选试验之后，发现一种红色偶氮染料百浪多息对治疗小鼠细菌感染有一定疗效，他还通过一些直接的途径发现百浪多息对人也是适用的。他对一位因患细菌性血中毒而处于无望状态的孩子注射了大剂量的百浪多息，使她得以康复。同年该药获德国专利，同时G.Domagk发表了百浪多息可治疗溶血性链球菌败血症的论文，引起世界的关注。百浪多息的结构如下图所示。

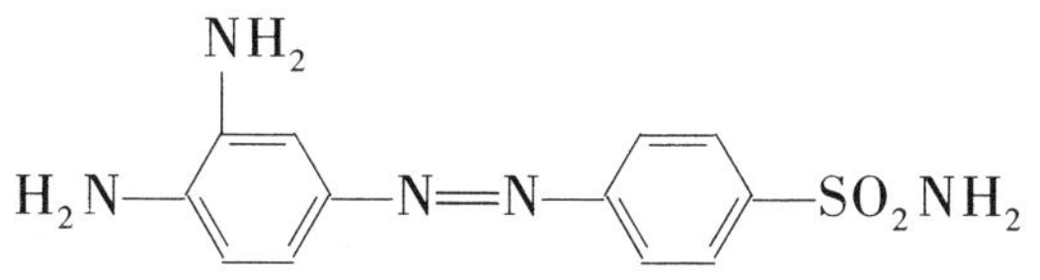

NH_2

H_2N—⟨苯环⟩—N=N—⟨苯环⟩—SO_2NH_2

百浪多息的结构

后来人们进一步研究其药理与结构时发现，百浪多息在试管中并无杀菌作用，只有在体内才可杀菌，所以猜测百浪多息在体内分解为对氨基苯磺酰胺（SN）而发挥作用，并从服用者的尿中检测到对氨基苯磺酰胺。后以对氨基苯磺酰胺试验，取得同样的杀菌效果，且毒性小。据此，可认为百浪多息在体内降解释放出对氨基苯磺酰胺，后者具杀菌作用。

1935年法国巴斯德研究所在百浪多息化学结构的基础上合成出了对氨基苯磺酰胺。此药曾治好了当时美国总统的儿子小罗斯福和英国首相丘吉尔的细菌感染。这种磺胺药是二次世界大战前唯一有效的抗菌药物。该类药物的问世标志着人类在化学疗法方面取得了新的突破。到1946年，药物化学家合成、筛选过的磺胺类化合物已达数千种，其中应用于临床的有磺胺噻唑（ST）、磺胺嘧啶（SD）、磺胺甲基嘧啶（SM_1）等。其中SD在脑脊液中的浓度较高，对预防和治疗流行性脑炎有突出作用，故至今仍在使用。目前，常用的磺胺药为磺胺甲噁唑（SMZ），它是1962年首次合成的，其抑菌作用较强。

磺胺类化合物的结构式如下图所示。

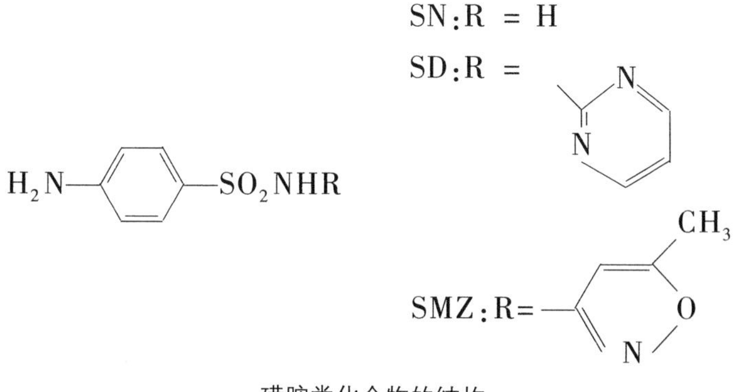

H_2N—⟨苯环⟩—SO_2NHR

SN：R = H

SD：R = （嘧啶基，含 N、N）

SMZ：R= （含 CH_3、O、N 的异噁唑基）

磺胺类化合物的结构

磺胺类药物靠阻止细菌生长所必需的维生素——叶酸的合成来抑制细

菌，这种能力显然是由于它们与叶酸合成的关键成分——对氨基苯甲酸具有相似的结构。磺胺类药物能够代替对氨基苯甲酸混入叶酸合成的酶反应链中，但由于其生成的化学键很强，所以切断了叶酸的生物合成，结果使细菌机体因缺乏维生素而死亡。在人和高等动物体内，对氨基苯甲酸并不是叶酸合成所必需的物质，因此，磺胺类药物对人和高等动物没有影响。

磺胺类药物的发明，不仅使死亡率很高的细菌性疾病如肺炎、脑膜炎等得到有效控制，而且开辟了一条寻找新药的途径。

青霉素——获诺贝尔奖人数最多的抗生素

青霉素是人类最早发现的抗生素，其杀菌的神奇功效几乎人人都曾领教过。它的发现对整个人类社会的重要意义不言而喻，以至于人们把青霉素的发现列为20世纪给人类生活带来巨大变化的十大科技成果之一。青霉素从诞生到临床应用，经历了漫长而曲折的过程，不仅充满传奇色彩，并且与世界大战的关系颇为密切。

青霉素的发现者是英国细菌学家A.弗莱明（A.Fleming），在第一次世界大战中，他亲眼目睹了大批战士死于伤口感染，这促使他去寻找有效的抗菌药物。1928年的一天，他无意中发现一只培养皿长了绿霉，使他感到惊讶的是，在菌斑周围的葡萄球菌菌落发生了部分溶解。他取出霉菌的孢子培养，确认是一种青霉菌，并将其抗菌成分命名为青霉素（盘尼西林，Penicillin）。进一步研究发现，青霉素不仅能抑制和杀死多种细菌，而且不破坏人体细胞。

1929年，A.弗莱明将他的重大发现发表在英国《实验医学》杂志上。遗憾的是，当时并没有引起科学家们的兴趣，对青霉素的研究就此搁浅，人类几乎与青霉素失之交臂。

10年后，第二次世界大战爆发。英国生物化学家E.B.钱恩（E.B.Chain）从资料中发现了A.弗莱明对青霉素实验的记录，与病理学家H.W.弗洛里（H.W.Florey）一起开始了对青霉素的重新研究。经无数次的实验室研究和动物实验，他们终于从青霉菌中分离得到了青霉素的粗品，并发现它对葡萄球菌、链球菌、肺炎双球菌、脑炎双球菌、淋病双球菌和螺旋体等多种细菌有显著的灭杀活性，临床试验非常成功。

1942年，美国一家夜总会发生大火，死伤450人，伤者注射了青霉素后很快康复，这在美国和国际上引起轰动，因此促进了青霉素的生产。

第二次世界大战中为了拯救伤员，急需大批青霉素，美国政府甚至不惜动用军用飞机从世界各地采集含青霉菌的土壤，以筛选分泌青霉素的菌种。从此，青霉素在治疗士兵伤口感染方面的神奇功效，使青霉素得以广泛使用。青霉素创造了一个绿色的医学奇迹，它击败了战时最可怕的杀手——伤口感染。

如果说，原子弹是第二次世界大战中杀伤力最强的武器，那么，青霉素就是从战场上拯救生命最多的药物。有人把原子弹、雷达和青霉素并列为第二次世界大战期间的三大科学发明。

1945年英国化学家D.C.霍奇金（D.C.Hodgkin）利用X-射线晶体仪确定了青霉素的分子结构，为人工合成奠定了基础。1957年实现了青霉素人工合成，从此，青霉素可以大批量生产。为了表彰这一造福人类的贡献，A.弗莱明、E.B.钱恩、H.W.弗洛里于1945年共同获得诺贝尔医学或生理学奖，D.C.霍奇金获1964年的诺贝尔化学奖，青霉素成为获诺贝尔奖人数最多的抗生素。

青霉素家族及其抗菌机理

天然的抗生素是某些微生物的代谢产物，如青霉素就是由青霉菌所产生的一类抗菌物质。青霉素发酵液中含有6种以上的天然青霉素，其中青霉素G在医疗中用得最多，它的钠或钾盐为治疗革兰氏阳性菌的首选药

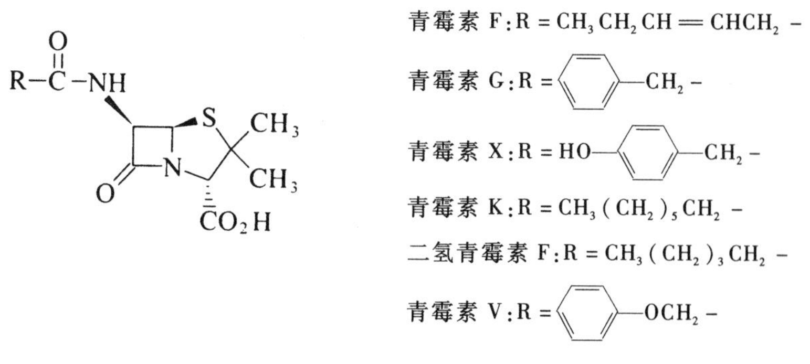

R—C(=O)—NH ... S, CH_3, CH_3, N, O, CO_2H

青霉素 F：R = $CH_3CH_2CH=CHCH_2-$

青霉素 G：R = $C_6H_5-CH_2-$

青霉素 X：R = $HO-C_6H_4-CH_2-$

青霉素 K：R = $CH_3(CH_2)_5CH_2-$

二氢青霉素 F：R = $CH_3(CH_2)_3CH_2-$

青霉素 V：R = $C_6H_5-OCH_2-$

青霉素家族的结构式

物，对革兰氏阴性菌也有强大的抑制作用。其他青霉素如F、X、K、V和二氢青霉素F等，与青霉素G的差别仅在于侧链R基团的结构不同。青霉素家族的结构式如上图所示。

青霉素G的主要来源是生物合成，即发酵。化学家利用化学合成的方法，巧妙地将青霉素G的R侧链转变成其他基团，从而得到了许多效果更好的类似物，成为青霉素家族的新成员，如目前临床上广泛使用的氨苄青霉素（氨苄西林）和羟氨苄青霉素（阿莫西林）等，它们不仅比天然的青霉素疗效高，而且性质稳定，可以口服。由于这样的抗生素是以天然抗生素为原料，经过结构改造或“化学修饰”而得到的，故称为半合成抗生素。自1959年以来，化学家通过半合成得到的青霉素类化合物已达数千种，形成了一个庞大的青霉素家族。

氨苄西林和阿莫西林的结构式如下图所示。

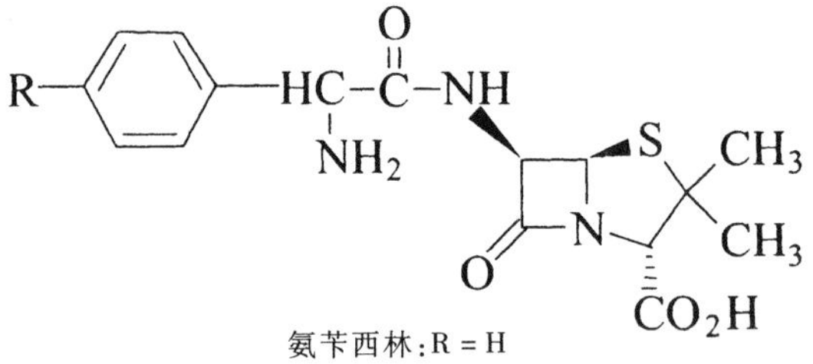

氨苄西林：R = H

阿莫西林：R = OH

氨苄西林和阿莫西林的结构式

青霉素在临床上主要用于治疗：葡萄球菌传染性疾病，如脑膜炎、化脓症、骨髓炎等；溶血性链球菌传染性疾病，如腹膜炎、产褥热，以及肺炎、淋病、梅毒等。有研究认为，青霉素的抗菌作用与抑制细胞壁的合成有关。细菌的细胞壁是一层坚韧的厚膜，用以抵抗外界的压力，维持细胞的形状。在细胞壁的生物合成中需要一种关键的酶即转肽酶，青霉素作用的部位就是这个转肽酶。现已证明青霉素内酰胺环上的高反应性肽键（酰胺键）受到转肽酶活性部位上丝氨酸残基的羟基的亲核进攻形成了共价键，生成青霉素噻唑酰基—酶复合物（如下图所示），从而不可逆地抑制了该酶的催化活性。通过抑制转肽酶，青霉素使细胞壁的合成受到抑制，细菌的抗渗透压能力降低，引起菌体变形、破裂而死亡。

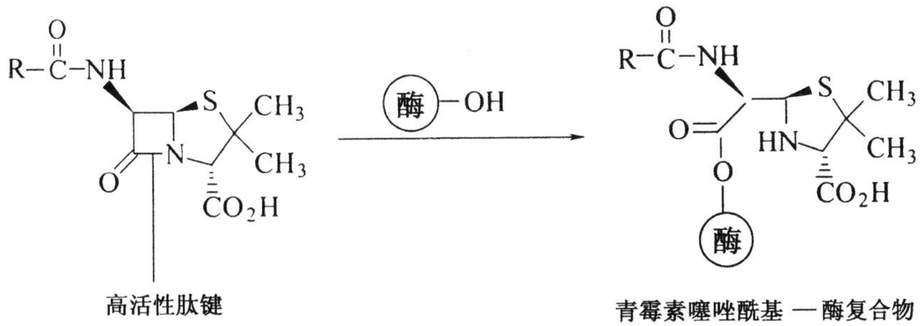

高活性肽键

青霉素噻唑酰基 — 酶复合物

青霉素噻唑酰基—酶复合物的形成

青霉素的低毒性是由于它能够高度特异性地抑制转肽酶，正因为这样，青霉素并不干扰人体的酶系统。青霉素选择性地作用于细菌而几乎不损害人和动物的细胞，使其成为一类比较理想的抗生素。

青霉素的问世是20世纪医学发展的一个里程碑，使过去曾是致命的细菌性传染病得到了有效治疗，拯救了数以千万计的生命。但是随着青霉素的大规模使用，越来越多的细菌对它产生了耐药性，如青霉素G在开始使用时，只有8%的葡萄球菌对它有耐药性，到1962年耐药的葡萄球菌增加到70%，其他抗生素也有类似的情况。耐药性使一些传染病又重新开始威胁人类的生命。解决耐药性问题的有效办法是不断地创制新药物，使药物更新换代。因此，人类与疾病的斗争任重而道远。

化学家如何创造新药物

随着社会的进步，无论是治病还是保健，人类都需要有更新更有效的药物。尤其是面对各种细菌、病毒的变异和耐药性对人类的挑战，人们更渴望新药的及时问世。纵观药物的发展历史，化学实际上为药物工业提供了一个极为宽广的后方基地，许多药物都可以通过化学合成来获得,因此研制新药物要依赖于化学的发展和进步,化学家担负着创造新药物的重任。

1.基于构效关系的计算机辅助药物分子设计

药物的化学结构与生物活性之间存在着非常密切的关系。药物分子中一个取代基团或一种立体构型（原子或基团在空间的排列顺序）的改变常常可以导致药理活性部分或完全丧失。例如 L-（+）-抗坏血酸（维生素C）具有抗坏血病的作用，而它的对映体D-（-）-抗坏血酸则没有这种作用。抗坏血酸的结构式如下图所示。

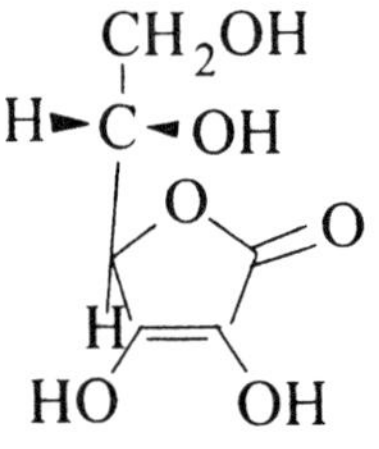

L-（+）-抗坏血酸 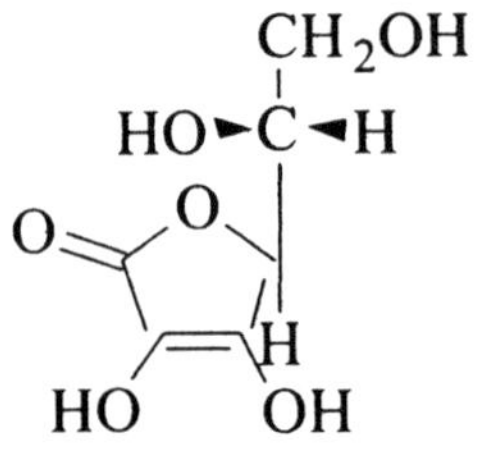　　D-（-）抗坏血酸

抗坏血酸的结构式

不同的立体异构体有时还显示出不同的生理作用。例如 S-（+）-氯胺酮有麻醉作用，现用作静脉麻醉药，而其对映体 R-（-）-氯胺酮则有兴奋和精神紊乱作用。氯胺酮的结构式如下图所示。

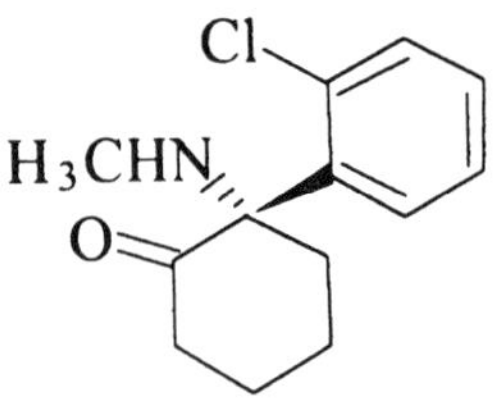

S-(+)-氯胺酮 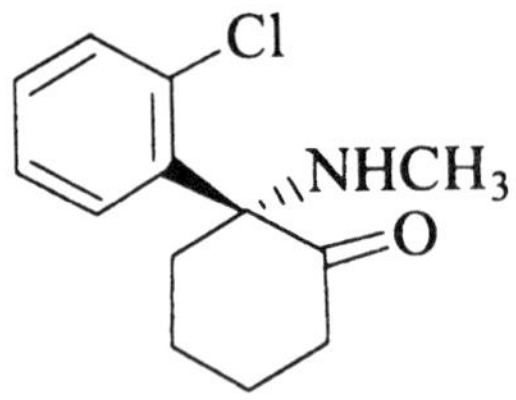　　R-(-)-氯胺酮

氯胺酮的结构式

从20世纪60年代开始，化学家把已知药物分子的某些结构参数与其生物活性相关联，建立起了定量的构效关系数学模型，并由此模型来推测未知的、最优化的药物分子结构，然后再通过化学合成得到这个最优化结构。这就是基于定量构效关系的计算机辅助药物设计的基本思想。

2.基于靶分子的药物设计

因为在分子层次上对生物大分子结构与功能的研究有了很大进展，化学家开始致力于针对明确的靶分子（如蛋白质、核酸、酶等）进行药物设计。例如,卡托普利（Captopril）就是以血管紧张素转化酶（ACE）为靶分子而设计的一种降压药物,它是科学家们在蛇毒的启发下研制的一种新药。

通常人体的血压是靠血管紧张素Ⅱ和舒缓激肽两种物质来调节而处于正常范围的。血管紧张素Ⅱ可使血压升高，舒缓激肽可使血压降低。一般高血压患者体内的血管紧张素Ⅱ都高，而血管紧张素Ⅱ是由血管紧张素I在ACE激活下转化生成的，血管紧张素I本身并没有调节血压的作用。

20世纪60年代巴西科学家们对南美颊窝毒蛇研究很感兴趣，他们发现，小动物一旦被这种毒蛇所咬，立即全身瘫痪而不能动弹，原因是此时动物的血压已降到零。蛇毒中究竟有什么东西可以使血压骤降呢？生物化学研究表明，在蛇毒中有一种多肽物质可以激活舒缓激肽而让它执行降压任务，这种物质还可以阻断 ACE被激活，从而干扰了血管紧张素Ⅱ的产生，结果使动物丧失升压功能。在蛇毒的启发下，药物化学家设计合成了一系列多肽物质，叫ACE抑制剂，卡托普利就是一种抑制ACE的新一代降压药物。

卡托普利的结构式如下图所示。

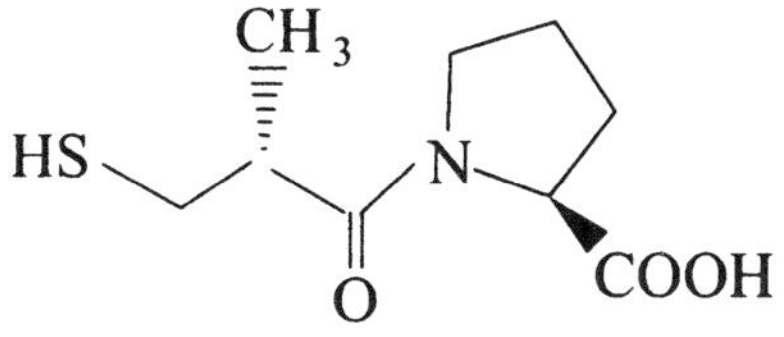

CH_3
HS
N
O
COOH

卡托普利的结构式

3.先导化合物的结构改造法设计新药

在新药发现中，药物化学的主要作用有二：一是发现先导化合物，该过程可以是广筛的结果，也可是合理设计的结果；二是根据先导化合物，进行结构优化，即通过化学合成进行结构的修饰、改造，从而获得疗效更高或毒副作用更小的药物。最近几年，国际上每年创制新药60个左右，其中真正为全新结构的并不多，大部分属于现有药物的结构改造。当一个有效药物问世后，往往就其基本结构作各种改变。例如，发现了磺胺药的抗菌作用后，经结构改造合成了一系列疗效更高的磺胺类药物。

常用的结构改造方法有两种。一种是“拼接原理”，是合成比原型药物更复杂的类似物，即把两种药物中具有某种药理活性的结构部分连接在一起，所得到的新结构化合物保留原药物各自的结构特征，以增强或产生新的药效，或提高药物的选择性作用。两部分连接时，可以形成共价键，也可以成盐的形式拼接。具有酸、碱性的药物，可以转变成适当的盐类，以满足药学和医学上作用效果、溶解度、作用时间等方面的要求。如抗菌药“孟德立胺”便是由乌洛托品和杏仁酸形成的盐，其中杏仁酸本身有杀菌活性，同时可降低尿液pH值，并可将乌洛托品分解成甲醛和氨，使甲醛产生杀菌作用，从而达到双重杀菌的效果。

孟德立胺的结构式如下图所示。

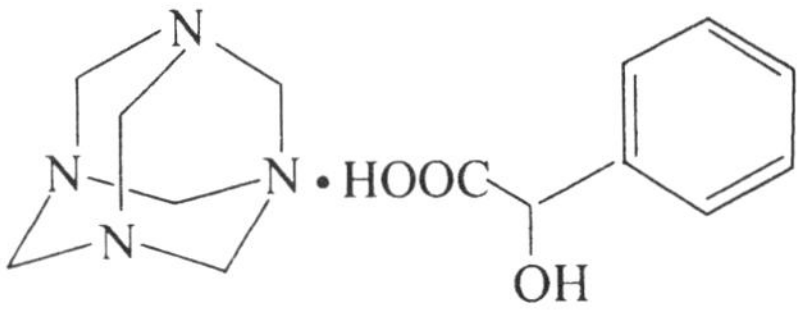

孟德立胺的结构式

另一种结构改造方法是“局部修饰”。这是使用最多的方法，有很多药物经局部修饰获得了性能良好的新药。如化学家针对胃酸分泌的情况，成功地设计合成了第一个质子泵抑制剂——奥美拉唑（Omeprazole），可有效地治疗胃和十二指肠溃疡，治疗溃疡的愈合率高，口服生物利用度为54%，能较好地抑制幽门螺旋杆菌，但不能根除幽门螺旋杆菌。后来经过结构局部修饰，合成了兰索拉唑（Lansoprazole），它与奥美拉唑有相似的抗酸分泌作用，但稳定性和口服生物利用度更好，体外试验表明清除幽门螺旋杆菌的能力提高了4倍，治愈率更高。

奥美拉唑和兰索拉唑的结构式如下图所示。

类似的例子举不胜举。根据先导化合物对已知药物进行结构优化改造，是研究和开发新药的重要途径。

4.从天然产物中寻找新药物

在药物发展的早期阶段，利用天然产物作为治疗手段，几乎是人类唯一的选择。时至今日，从动植物、微生物等生物体中分离、提取天然有效成分，仍然是化学家发现新药（或先导化合物）的一个重要途径。早期的青霉素G就是来自于微生物的天然药物，氨苄西林和阿莫西林则是以青霉素G为先导化合物通过结构改造而得到的新药物。

在众多的天然产物药物中，特别值得一提的是抗疟疾新药——青蒿

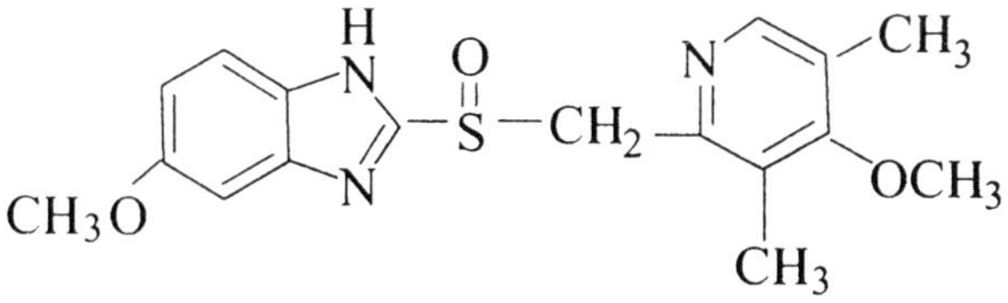

奥美拉唑

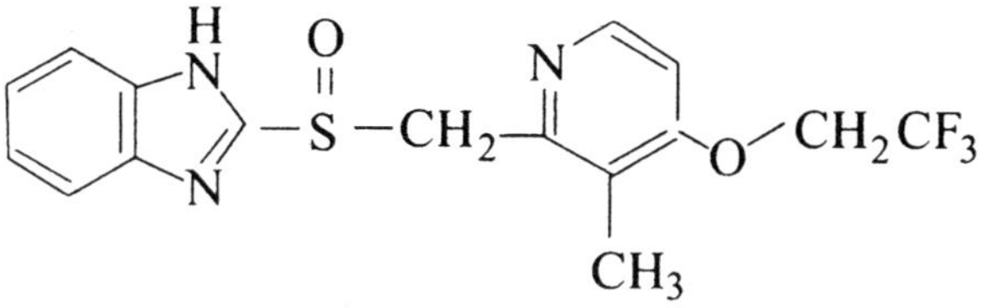

兰索拉唑

奥美拉唑和兰索拉唑的结构式

素，它是20世纪80年代初我国化学家从民间抗疟疾草药——黄花蒿中发现的。临床应用表明，该药对恶性疟疾疗效显著。后来，我国化学家通过对青蒿素的化学结构进行改造，得到了疗效更好的衍生物蒿甲醚，该药于1994年开发上市,1995年被 WHO（世界卫生组织）列入国际药典，这是我国第一个被国际公认的创新药物。青蒿素和蒿甲醚的结构式如下图所示。

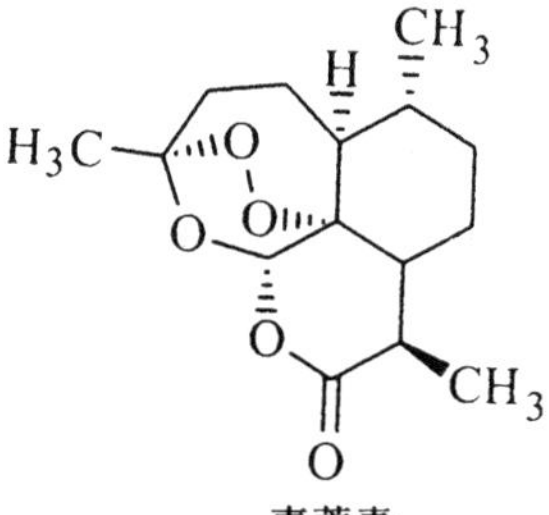

青蒿素

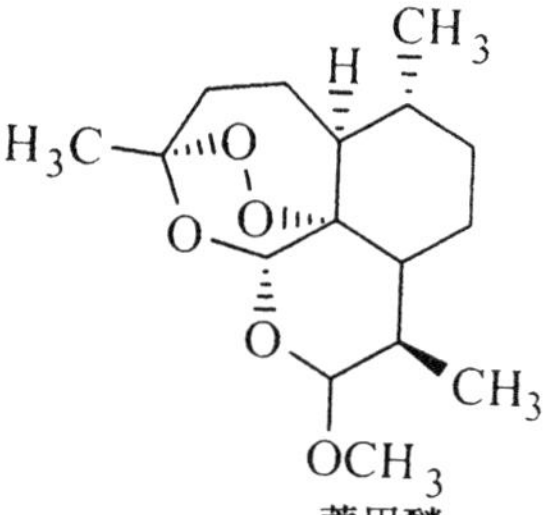

蒿甲醚

青蒿素和蒿甲醚的结构式

后来，中国军事医学科学院周义清教授课题组将蒿甲醚和本芴醇配伍，对组方配比进行了大量试验筛选，最终获得了复方蒿甲醚制剂。复方蒿甲醚制剂具有活性提高、性质稳定、与氯喹无交叉抗药性的优点，可快速杀灭疟原虫并控制症状，而且治愈率高、药效时间长，既发挥了两种单药的优点，又克服了它们的缺点。

2001年，世界卫生组织（WHO）在全球范围内推广使用复方蒿甲醚，并于2002年将其列入WHO基本药物核心目录。最近，世界卫生组织驻华代表贝汉卫坦言，中国在中药学基础上发明的复方蒿甲醚，是近50年来人类治疗疟疾的最大进步。如今，该药已在 49个国家和地区被授予发明专利，在80个国家和地区获得药品注册，成功进入国际市场，被世界卫生组织在全球推广使用。

在印度洋海啸和世界大的地震灾害中，抗疟疾是十分重要的任务，在这方面中国展示了一个大国的慈善形象，无偿或以成本价提供了大量复方蒿甲醚，这是中国对灾区的重要贡献。

今天，复方蒿甲醚已是国际医药市场上的一个知名品牌，它的成功给我国医药产业带来显著的效益，也带来深刻的启示。源于神农氏尝百草的中医药学，是中华民族的瑰宝，浓缩着东方古国对生命本质及其规律的千载探究。挖掘源远流长的中医药资源，根据中药药效提取有效成分研制新药，是我国药物研究走向世界的重要途径。

人体自由基

人体自由基是指能够独立存在的，含有一个或多个未成对电子的原子、分子或离子。未成对电子具有成双配对的倾向，因此自由基易发生失去或得到电子的反应，而显示出高度活泼的化学性质。自由基的配对反应又会形成新的自由基，产生链式反应。

氧气维持着地球上绝大多数生物的生命。虽然氧对需氧生物是有用的，但氧也有对生物不利的一面。

在生物体系中，电子转移是一个基本的过程。氧分子可以通过单电子接受反应，依次转变为·O_2^-、H_2O_2与·OH等中间产物，由于这些物质都是直接或间接地由分子氧转化而来，而且具有较分子氧活泼的化学反应性，遂统称为活性氧，其中O_2^-、·OH为氧自由基。

·OH是化学性质最活泼的活性氧，其反应特点是无专一性，几乎与生物体内所有物质，如糖、蛋白质、DNA、碱基、磷脂和有机酸等都能反应，且反应速率快，可以使非自由基反应物变成自由基。例如，·OH与细胞膜及细胞内的生物大分子（用RH表示）作用：

$\cdot OH+RH \rightarrow H_2O+R\cdot$

生成的有机自由基R·又可继续反应生成$RO_2\cdot$：

$R\cdot +O_2 \rightarrow RO_2\cdot$

在人体中持续形成的这些自由基，都是来自人体正常的新陈代谢过程。另外，大量体育运动、吸烟、腌熏烤食物、发生炎症、某些抗癌药物、安眠药、射线、农药、有机物腐烂、油漆、石棉、空气污染、大气中的臭氧等也都能产生自由基。

在正常情况下，人体内有少量的自由基，体内的自由基处于不断产生与清除的动态平衡之中。自由基是机体有效的防御系统，可以杀死细菌和病毒，如不能维持一定水平的自由基则会对机体的生命活动带来不利影响。人体中部分自由基还可参与人体的生化反应，如与一些具有抗氧化性的维生素反应，而成为无毒物质。在正常情况下，人体没有多余游离的自由基存在，不会对细胞、组织、器官产生毒害而导致疾病。

但是，当人体衰老、受伤，或接触毒物、电子辐射、核辐射以及超负荷工作时，就会超量产生自由基，超过人体的清除能力。自由基产生过多或清除过慢，就会造成过量的自由基积存，贻害机体。

体内多余的自由基会产生一系列的有害反应。它会对细胞、组织、器官产生毒害，使器官的生理功能减低甚至丧失，使细胞的 DNA、RNA突变、损伤,使酶和蛋白质发生变性等,造成人体免疫力下降,引发多种疾病。

自由基化学清除剂

人们提出了各种各样的衰老学说，自由基学说是其中之一，反映出衰老的部分机理。由于自由基学说能比较清楚地解释机体衰老过程中出现的种种症状，如老年斑、皱纹及免疫力下降等，因此备受关注，现已为人们所普遍接受。自由基衰老理论的中心内容是，衰老是自由基随机破坏性作用的结果。自由基引起机体衰老的主要机制可以概括为以下3个方面：

（1）生命大分子的交联聚合和脂褐素的累积。脂质褐色素的形成是造成衰老的一个基本因素，脂质褐色素不溶于水，故不易被排除，而在细胞内堆积。在皮肤细胞的堆积即形成老年斑，这是衰老的一种外表征象；而在神经细胞的堆积，则会导致记忆减退或智力障碍甚至老年痴呆症。

（2）器官组织细胞的破坏与减少。如神经细胞数量的明显减少，是引起老年人感觉与记忆力下降、动作迟钝及智力障碍的重要原因。

（3）免疫功能的降低。自由基作用于免疫系统或淋巴细胞使其受损，引起老年人细胞免疫与体液免疫功能减弱，对疾病的抵抗力和免疫识别力下降，导致自身免疫性疾病。

人体内的自由基通过动态平衡保持一定的量，过多的自由基可被两种物质清除掉。一种是生物体内的酶类物质，包括超氧化物歧化酶（SOD）、谷胱甘肽过氧化物酶（GSH）和过氧化氢酶（CA），通过发生歧化反应和分解反应将·O_2^-和·OH变成O_2和H_2O，从而消除了自由基；另一种则是低分子化合物，这类化合物很多，包括维生素E、维生素A和维生素C等，其中维生素E是十分重要的抗氧化剂，1摩尔维生素E可清除2摩尔自由基，而维生素E自身变成中性分子α-生育醌。另外，茶叶中儿茶素的抗氧化能力远高于维生素E。

生命的信使分子——NO

一氧化氮（NO）是科学家早已熟悉的一个小分子，但长期以来，在生命科学中一直没有引起大家的注意。直到20世纪80年代末，科学家发现，一氧化氮在各种生化过程中起着关键的作用，具有神奇的生理调节功能，是心血管系统的信号分子，对心血管调节、神经和免疫调节等有着十分重要的作用。

1998年，R.F.Furchgott等3位美国药理学家因发现和研究了一氧化氮的重要生物学作用而获得了诺贝尔医学或生理学奖（见下图）。对一氧化氮的研究，也迅速发展成为最活跃的生命科学前沿领域之一。

NO是一种新型生物信使分子，1992年被美国《科学》杂志评为化学明星分子。一氧化氮分子中有一个单电子，是一种极不稳定的生物自由基，它分子小，结构简单，在常温下为气体，具有脂溶性是它在人体内成为信使分子的可能原因之一。

NO不需要通过任何中介机制就可快速扩散透过生物膜，将一个细胞产

瑞典国王向R. F. Furchgott授奖

生的信息传递到它周围的细胞中。它的生物半衰期只有 3～5秒，其生成依赖于L–精氨酸在一氧化氮合成酶（NOS）的催化下的分解。

医学知识告诉我们，有两种重要的化学物质作用于血管平滑肌，它们分别是去甲肾上腺素和乙酰胆碱。去甲肾上腺素通过作用于血管平滑肌细胞受体而使其收缩；对于乙酰胆碱如何作用于血管平滑肌使之舒张，过去医学界一直不清楚。

1980年，R.F.Furchgott在研究中发现，许多血管扩张剂的作用是刺激血管内皮细胞使其释放血管舒张因子，从而导致血管的扩张。后来的研究证明，这种血管舒张因子就是NO。众所周知，硝酸甘油是治疗心绞痛的药物，多年来人们一直希望从分子水平上弄清其治疗机理，近年的研究发现，硝酸甘油和其他有机硝酸盐本身并无活性，它们在体内首先被转化为NO，然后由NO刺激血管平滑肌而使血管扩张。

NO的生物功能

NO的作用非常广泛，总的来说，它具有3种重要的生理功能：舒张血管，调节稳定血压；作为中枢和外周神经系统的信息物质；作为白细胞的效应器分子，具有广谱的抗菌抗肿瘤作用。

（1）在心血管系统中的作用：NO在维持血管张力的恒定和调节血压的稳定性中起着重要作用，是血压的主要调节因子。

（2）在神经系统中的作用：NO在信号传递中起神经递质（传送消息的物质）的作用，如NO可诱导与学习、记忆有关的长时程增强效应。在外周神经系统中，NO被认为是非胆碱能、非肾上腺素能神经的递质或介质，参与痛觉传入与感觉传递过程。NO作为某些神经元递质，在泌尿生殖系统中也起着重要作用，是排尿节制等生理功能的调节物质，这一发现为治疗泌尿生殖系统疾病提供了理论依据。

（3）在免疫系统中的作用：研究结果表明，NO可以产生于人体内多种细胞，如当体内毒素或T细胞激活巨噬细胞和多核白细胞时，可以激活一氧化氮合成酶使细胞释放NO。NO可促使生物半衰期更长的过氧化亚硝基阴离子分解成具有强毒性作用的·OH，这在杀伤入侵的细菌、真菌等微生物以防止炎症损伤方面具有十分重要的作用。

NO的生物学作用及其作用机制的研究方兴未艾，提示着无机化学分子在医学领域的研究前景。相信还会有更多的无机化学分子及其在人体内的作用被发现，进入促进人类健康的医学研究领域中。

NO是打开生命科学大门的一把钥匙

用硝酸甘油酯药物来治疗突发的心绞痛已经有100多年的历史，它能有效地扩张动、静脉血管，改善心肌的供血供氧情况，并能降低心肌的负荷和耗氧量，因而广泛地应用于心绞痛和心力衰竭的治疗，但是，其作用机理一直不很清楚。20世纪80年代末NO的生理作用被发现以后，人们才知道，是因为硝酸甘油酯在生理条件下释放出一氧化氮。这或许是NO作为药物的最老应用，尽管是不自觉的。只是到了近年，人们才认识到一氧化氮对生命有着多种重要的作用。

NO神奇的生物化学作用正在不断地被研究和报道。如当细菌侵入人体时，体内的一氧化氮合成酶就会促使L-精氨酸分解生成NO来杀灭细菌。但研究表明，NO具有促进炎症和抗炎的双重特性，很微量的NO可以杀灭细菌，但浓度大时也可以引起炎症。人体的许多组织，也会释放出不同浓度的NO，尽管释放量目前尚难于检测，但已确知，一氧化氮浓度的变化与机体的生理机能紧密相关。许多疾病，包括癌变和动脉硬化等，可能是NO的释放或调节不正常引起的。

进一步的研究还发现，一些药物可以通过新陈代谢来调节一氧化氮的生理机能。一旦其调节机理被科学家们所揭开，就可以开发与一氧化氮相关的药物，来治疗许多人类至今无法攻克的顽症，例如高血压、偏头痛、动脉硬化甚至癌症。

生命科学迅速发展的主要标志是由宏观描述转向分子水平和生命过程的研究，其特点是学科交叉。随着学科交叉的不断发展，化学逐渐成为生命科学研究的最强有力工具。

尽管一氧化氮的某些功能已被确证，但是科学家们对其生物化学特性仍然知之甚少。作为一种新型的生物信使分子，人们渴望对NO了解得更多。

总之，一氧化氮在生物体中的许多特殊生理功能已被科学家们所证实，尽管这一领域仍有许多问题有待于进一步研究，但是一氧化氮作为打开生命科学大门的一把钥匙，为人类展示了十分美好的前景。

化学在生命科学中的重要作用

2004年诺贝尔化学奖授予了在生命科学领域做出突出贡献的 3位科学家，因为他们发现了生命体中蛋白质降解的分子机理。为什么生命科学研究的成果获得了化学奖而不是医学或生理学奖呢？因为分子水平上的生命过程必然是化学的。以前至少有三分之一的诺贝尔化学奖颁发给了在生命科学领域做出成绩的科学家，这是学科交叉融合的表现。化学家用化学的思维和方法来认识和研究生命体的问题，他们的认识和生命科学家的认识结合起来，才有利于揭示生命的本质。在对生命体的研究中，生物学家关心的是一个信息加入到系统中会发生什么结果，而化学家所关心的是一个信息加入到系统中为什么会发生这样的结果。不同学科的交叉融合，总会产生意想不到的结果。纵观诺贝尔奖的历史可以发现，有的数学家获得了经济学奖，有的物理学家获得了医学或生理学奖，还有的数学家获得了化学奖，从中可以看出学科的交叉是多么重要。

人类渴望知道生命的本质和怎样对它进行保护，由于出生、成长、繁衍、老化、突变和死亡等所有生命过程都是化学分子相互作用和变化的结果，因此人类要最终了解生命必须了解其分子本质，人类最终控制复杂的生物学过程的能力要依赖于在分子水平上对生命过程的了解。化学主要是在分子与原子的水平上研究物质变化和反应的规律以及结构和性质之间的相互关系，因而在研究生命的分子本质方面具有“先天”的优势。

化学为解决生物学中许多重要的问题已经做出了众多的贡献。自从1901年诺贝尔奖开始颁发以来，共有34年次化学奖颁发给了在生命科学领域有突出成就的科学家，这说明化学研究越来越多地深入到了生命科学领域，也说明了化学在生命科学研究中的重要性。

21世纪是生命科学的世纪。从目前的水平看，化学对生命科学的贡献远未达到其应有的水平，化学在生命科学中还有很多的机会，化学家应该用自己的知识和智慧为生命科学研究做出更大的贡献。

四、功能材料化学

化学是新材料的源泉

材料是指人类能用来制作有用物件的物质，是人类赖以生存和发展的物质基础。随着社会和科学技术的迅猛发展，人们对新功能材料的需求与日俱增，新功能材料已成为新技术和新兴工业发展的关键。没有半导体材料，就不可能有目前的计算机技术；没有耐高温、高强度的特殊结构材料，就没有今天的航空航天工业；没有低损耗的光导纤维，也就没有现代化的光通讯；没有有机高分子材料，我们的生活也不可能像今天这样丰富多彩。此外，还有压电材料、热敏材料、光敏材料、透红外材料、生物功能陶瓷、形状记忆合金、超导材料、纳米材料等等。每一种新材料的诞生都标志着技术的进步。因此，在一定意义上讲，新材料是技术进步的先导。

化学是富有创造性的科学，它不断创制新的物质以代替传统或稀缺的物质。化学家赋予材料以光、电、声、磁等物理性能以及化学反应性能，为人类社会创造了丰富多彩的新材料。化学是新材料的源泉，因为任何功能材料都是以功能分子为基础的，发现具有某种功能的新型结构（如纳米材料、富勒烯等）会引起材料科学的重大突破。未来的化学不仅要设计与合成分子，而且还要把这些分子组装、构筑成具有特定功能的新材料。从超导体、半导体到催化剂、药物控释载体、纳米材料等，都需要从分子和分子以上的层次研究材料的结构。20世纪化学模拟酶的活性中心研究已取得很大进展，未来将会在可用于生产、生活和医疗的模拟酶研究方面有更大的突破，而这种突破基于构筑既有活性中心又能保证活性中心功能的高级结构体系。

21世纪电子信息技术将向更快、更小、功能更强的方向发展。目前，科学家正致力于量子计算机、生物计算机、分子器件、生物芯片等高新技术的研究，这标志着“分子电子学”和“分子信息技术”时代已经到来，这就要求化学家做出更大的努力，以满足时代发展对材料的需求。

无机晶体材料

当物质以晶体状态存在时，常能表现出其他状态所没有的优异的物理性能。由于能够实现光、电、磁、热、声和力的相互作用和转换，所以晶体是电子器件、半导体器件、固体激光器件以及各种光学仪器等工业的重要材料，被广泛应用于通信、光学、物理、化学、医学、安检、建筑、军事技术等领域。可以说，自从20世纪50年代开发出半导体晶体、60年代基于红宝石晶体研制出世界上第一台激光器以来，晶体材料为人类展现出一个神话般的世界。

激光因其在方向性、相干性、单色性和高储能性等方面的突出优点引起工业、农业、信息、军事等领域专家的极大兴趣。但激光需要对激光光源进行变频、调幅、调相、调偏等处理后才能起到信息传递的媒介和能源的作用，而这些处理与晶体的非线性光学效应有关，需要依靠非线性光学晶体来完成这些处理，这就给无机化学提供了研究具有非线性光学性质的无机晶体材料的极好机遇。目前，已有优质紫外倍频材料低温偏硼酸钡（BBO）晶体，它是输出相干光波长短、倍频效应大、抗光损伤能力高、调谐温度半宽度较宽的紫外非线性光学晶体材料。

固体激光器是近年来光电子技术发展的一个重要方向，其核心部件就是人工晶体材料。近年来，国际科学界正在展开的对“可控核聚变”的研究，很大程度上依赖于大功率激光器。美、俄等大国一直投巨资于惯性约束核聚变（ICF）工程，制造受控核聚变装置，以期获得巨大而清洁的能源，这是一项体现综合国力的重要课题。在此工程中，大尺寸优质磷酸二氢钾（KDP）晶体是大功率激光器的关键部件倍频器件和电光开关目前唯一可用的材料。大尺寸优质KDP晶体成为该工程“瓶颈”最细的部分。我国已成功生长出优质KDP晶体并应用在“神光”Ⅱ号装置上。

另一类无机晶体是闪烁晶体，可作为高能粒子如电子、γ-射线等的探测器。如锗酸铋晶体（BGO）具有发光性质，当一定能量的电子、γ-射线、重带电粒子等进入BGO时，它能发出蓝绿色的荧光，记录荧光的强度和位置，就能计算出入射粒子的能量和位置。闪烁晶体现已广泛应用于高能物理、核物理、核医学、核工业、地质勘探等领域。这类具有特殊功能的无机晶体的合成与生长无疑是固体无机化学的一个生长点，在该领域将会研究出更多、更好的具有特殊功能的晶体材料，是新世纪无机化学发展的一个重要方向。

超导材料

在高科技领域，超导技术现已成为一朵正在盛开的奇葩，它的发展和实用化已使它慢慢地渗入到我们的日常生活。处于超导状态的导体称为超导体，超导体的直流电阻率在一定的低温下会突然消失。导体没有了电阻，电流经过时就不发生热损耗，电流可以毫无阻力地在导线中流动。超导材料是指在某一转变温度T_c（即临界温度）下，电阻突然降为零的材料，分为低温超导材料和高温超导材料两大类。

目前，已发现近30种元素的单质、8000多种化合物和合金具有超导性能。超导材料大致可分为纯金属、合金和化合物3类。具有最高临界温度的纯金属是镧（T_c=12.5K），合金型目前主要有银钛合金（T_c=9.5K），化合物型主要有银三锡（T_c=18.3K）和钒三镓（T_c=16.5K）。

虽然1911年H.K.Onnes就发现了超导，但由于它的实现需要极低的温度，因此大大限制了超导技术的广泛应用。直到1986年IBM公司瑞士苏黎世研究实验室的别德诺兹（J.G.Bednorz）和米勒（K.A.Mueller）发现了一种铜、氧、钡和镧组成的陶瓷材料具有超导性能，其转变温度为30K，是一种与过去已知超导体完全不同的新型材料，才引发了世界范围的超导热，各国科学家相继投入到研制超导材料的热潮中。随后，美国休斯敦大学的朱经武等很快研制出一种含钇和钡的铜氧化物$YBa_2Cu_3O_7$，其转变温度为90K，进入了液氮温区（氮在77K变为液体，所以可用液氮作为制冷剂使其呈现超导性能）。1988年科学家又研制出了转变温度为125K的新型超导材料$T_{12}Ca_2Ba_2Cu_3O_{10}$，但离室温超导材料尚有很大距离。因此，21世纪能否在室温超导材料的研制上有重大突破，是化学家和物理学家面对的重大挑战!

很多国家的科技专家认为超导技术将是21世纪的几种关键技术之一，并将形成一门新的高技术产业。

有机导体和超导体

20世纪50年代科学家发现一些有机晶体具有半导体特性，从此开辟了一个全新的研究领域，即有机导电材料。随着对有机化合物导电特性的深入研究，人们不仅打破了有机化合物是绝缘体的传统观念，而且还发现有机导电材料具有广阔的应用前景。

1.有机导体

有机导体研究是近年来发展较快的一个新兴领域。一般认为有机化合物是电绝缘体，在已有的几百万种有机化合物中，大多数都是绝缘体。1974年日本的白川英树等在高浓度催化剂作用下合成了具有金属光泽的高顺式聚乙炔薄膜，后经AsF_5或I_2掺杂后，呈现出明显的金属特性，其电导率可达105西／厘米，这比掺杂前提高了十几个数量级。随后的研究相继发现了多种不同结构的导电高分子，如聚-1，4-亚苯、聚吡咯、聚苯硫醚、聚噻吩、聚对-1，4-亚苯基乙烯、聚苯胺等，经掺杂后可产生高电导率。在光、电、磁、热电动势性能方面也开展了深入研究，提出了孤子理论、极化子和双极化子理论等，这方面的研究现已成为一门新兴的交叉学科。

2.有机超导体

有机超导体是超导材料的一个新领域。第一个有机超导体是（TMTSF）$_2PF_6$（临界温度T_c=0.9K，TMTSF=四甲基四硒富瓦烯），是一个准一维的有机超导体。尽管近年来，有机超导体的研究处于停滞不前的状态，特别是超导临界温度没有进一步提高，研究工作更多集中在一些新的物理现象以及多功能体系的研究上，但C_{60}体系超导体的出现曾让有机超导体的T_c提高了约47K。因此，有理由相信具有更高T_c的有机超导体会在某些全新的分子体系中发现。

有机光导体和半导体

有机光导体自问世以来，在应用方面最成功的例子是作为复印机和激光打印机的光导鼓材料（激光打印机中的光导鼓如下图所示）。目前，有机光导体正逐步用于大屏幕显示、各类敏感元件、开关元件、光盘及太阳能电池等。相对于无机半导体，有机半导体作为电致发光材料和有机场效应材料具有很好的应用前景。

激光打印机中的光导鼓

有机电致发光是目前光电器件领域中逐步趋向成熟且具有巨大应用前景的一种新型显示技术，是电场作用于有机半导体材料诱导的发光行为。凭借其发光颜色可调、主动发光、高亮度、高效率、广视角、低耗电、制备工艺简单、可制备弯曲柔屏等优点以及在大面积平板全色显示领域中的潜在应用前景，而吸引了科技界和全球知名企业的广泛关注，被普遍认为是新一代显示技术中最具竞争力的技术。

场效应晶体管是现代电子学中应用最广泛的器件之一，它是一种利用电场来调控固体材料导电性能的有源器件。目前，无机场效应晶体管已接近无机半导体材料的自然极限，因此，以有机小分子化合物或聚合物为半导体材料的有机场效应晶体管就成为当今有机光电子功能材料与器件研究领域中的前沿热点领域。有机场效应晶体管具有一些独特的性能，如加工容易、柔性好和成本低等，可以用来制备各种传感器、平板显示器的驱动电路、计算机外围显示控制的开关阵列，以及作为记忆组件用于交易卡、身份识别器和智能卡等。

有机磁性材料

有机化合物一般不具有磁性，因此，磁性有机化合物的出现是材料研究领域的一个重大突破。有机磁性材料的发现是20世纪80年代末科学技术领域最重要的成果之一，它的发现在理论和应用上可与固体超导和有机超导相提并论，有可能导致在磁性材料领域产生一系列新的技术。

近年来，科学家相继预言几种具有特殊结构的有机化合物和高分子化合物可能具有磁性，如高分子金属配合物、分子内含氮氧稳定自由基结构的有机化合物、平面大π键结构的有机物以及电子转移复合物。化学家在这4方面的探索颇有成绩，如以二茂铁为原料合成出室温下具有磁性、居里温度达摄氏200多度的高分子金属配合物，并发现它在高频电磁波通讯领域具有潜在的应用前景。将有机磁性材料用于移动通讯的手机中作为天线，长4厘米左右，可装入机壳内，方便携带使用；此外，手机收发的高频电磁波对人体有辐射作用，用有机磁性材料做天线可使辐射下降80%左右，对人体健康大为有益，很受欢迎。将高分子有机磁性材料天线放于无绳电话的子机中，可以取代原来几十厘米长的金属天线。另外，还可开发研制军用战术天线、小型化和重量轻的电视天线以及可移动式电视机接收天线等。

导电高分子材料

导电高分子是一种聚合物，它的导电能力很强，几乎可以和金属的导电性能相媲美。这种聚合物内部的碳原子之间必须由单键和双键交替连接（如下图所示），同时还必须经过掺杂处理，即通过氧化或还原反应移去或导入电子，以保证其导电性能。导电聚合物的研究兴起于20世纪70年代，80年代达到高峰。2000年度诺贝尔化学奖授予A.J.黑格、A.G.麦克迪尔米德和白川英树3位科学家，以表彰他们对导电聚合物研究所做出的重要贡献。

一般而言，物质可分为4种形态：绝缘体、半导体、导体和超导体。导电聚合物实现了从绝缘体到半导体、再到导体的转变，所实现的形态变化的跨度在所有物质中是最大的。导电聚合物具有许多优异的应用性能，已被广泛用于许多工业领域和日常生活中，如具有抗电磁辐射功能的计算机视力保护屏、能过滤太阳光的“智能”玻璃窗等。此外，导电聚合物还在发光二极管、太阳能电池、移动电话和微型电视显示装置等领域不断找

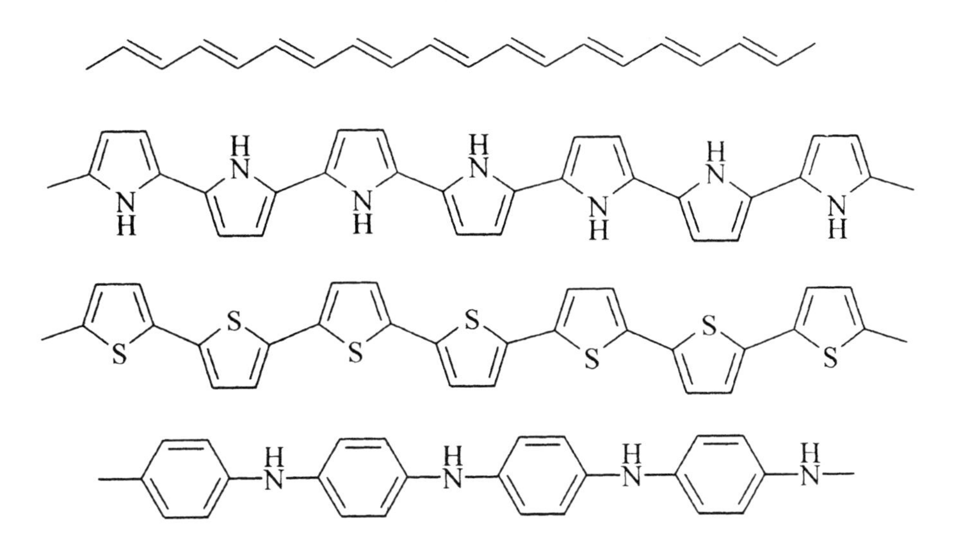

部分导电聚合物的结构

到新的用武之地。导电聚合物的研究成果还对分子电子学的迅速发展起到了推动作用，从而为人类在未来制造由单分子组成的晶体管和其他电子元件奠定了基础，这不仅可以大大提高计算机的运算速度，而且还能缩小计算机的体积。最新研究发现，DNA具有导电性，因此，与生命科学相结合，导电聚合物可以用来制造人造肌肉和人造神经，以促进DNA生长和修饰DNA，这将是导电聚合物研究在应用上最重要的一个发展趋势。

非线性光学材料

当光波通过介质时，光波的电磁场和介质内的电荷系统发生相互作用，感生出许多电偶极子。单位体积内，电偶极子的偶极距总和称为介质的极化强度。它表示介质对光作用的响应，同时又反作用于光场，产生了各种光学现象。普通光的强度弱，相应的光学现象是线性光学现象；当用激光器作光源时，由于激光的强度较普通光的强度大几个数量级，因此，就显现出非线性光学现象。

光信息技术可以很容易地实现宽带通讯、高密度信息存储以及大面积、便携式的平面显示，但光信息技术的发展强烈依赖于高性能和廉价的材料。由于有机非线性光学材料具有非线性系数大、响应速度超快、介电常数低和制作容易等优点，非常适于制备高质量的光学器件，例如电光调制解调器和电光开关等，特别是最近半波电位仅为0.8伏的聚合物光波导调制解调器已在实验室研制成功。加上超高带宽（高达150吉赫），易于与大规模半导体集成电路集成以及超低的光学耗损等优点，聚合物材料已成为下一代无线电通讯和信息处理材料的有力竞争者。因此，非线性光学材料的研究有着十分诱人的前景。

有机光致变色材料

光致变色材料是一类见光后颜色发生变化而去掉光后又能恢复到原来颜色的材料，这一特性使其在光信息存储、防伪辨伪、防光等许多方面具有巨大的应用前景。光致变色化合物的研究可以追溯到19世纪60年代，1867年，Fritsche首次观察到黄色的并四苯化合物在空气和光的作用下发生褪色，所生成的物质受热又重新生成黄色的并四苯化合物，但当时光致变色现象并未引起人们的重视。光致变色学发展的第一次飞跃始于20世纪40年代，为揭示光致变色反应机理、生成物的结构及反应中间体的形成过程，人们对二苯乙烯、偶氮染料等顺—反异构化反应做了大量的研究。到20世纪50~60年代，由于螺吡喃等新的光致变色体系的发现，光致变色学的研究出现了第二次飞跃，这期间对光致变色材料的研究主要集中在军事和商业上，比如光致变色伪装材料、光致变色印刷版和印刷电路等。激光技术的发展给光致变色学的突破创造了条件，20世纪90年代后，光致变色学有了较快的发展，其研究主要集中在光信息存储和分子光开关等方面，光致变色存储材料利用光活性有机化合物均匀分散在高聚物薄膜中所呈现的光致异构化可逆反应来实现信息的记录和删除。

近年来，国内外正在开发一种M-TCNQ光致变色薄膜材料，这是一种金属与特种有机分子结合的双稳态材料，具有电荷转移性光致异构化反应特性，其特点是光频响应范围很宽，写入的阈值功率几乎与可见光、近红外光的波长无关，适应性很强。有机光致变色材料的发展方向是材料的多功能性和器件的微型化，目前国际上对多功能光致变色体系的研究开始升温，其中包括光致变色磁性材料、光致变色的电致变色材料以及多渠道的光致变色材料等。

液晶和有机电致发光材料

随着信息技术的兴起，巨大的显示器需求促使液晶材料飞速发展，预期平板显示器生产将成为21世纪信息社会的支柱产业之一。

液晶的研究始于1888年，当时，莱尼茨尔在做加热胆甾醇苯甲酸酯结晶的实验时发现，在145.5℃时，结晶熔解成为混浊黏稠的液体，当继续加热到178.5℃时，则形成了透明的液体，这是人们对液晶认识的开始；第二年，莱曼发现，上述145.5~178.5℃之间的黏稠混浊液体在用偏光显微镜进行观察时具有双折射现象，于是，莱曼把这种具有光学各向异性和流动性的液体称为液晶。然而，直到1963年液晶研究才开始逐渐活跃起来，特别是1968年美国RCA公司等发表了液晶在平面电视和彩色电视等方面有应用前景的报道之后，才真正开始了液晶大发展时代。

简单地说，液晶就是液态晶体。有些物质在相转变的过程中，虽然失去了大部分固态物质的特性，外观呈液态物质的流动性，但这些物质仍然保留着静态物质分子的有序排列，在物理性质上呈现各向异性，形成兼具晶体和液体性质的过渡中间相态，这种相态称为液晶态。处于液晶态的物质就称为液晶。根据纹理结构的特点和性质，可以把液晶分为3种不同的类型：向列相液晶、胆甾相液晶和近晶相液晶。由于在光信号的记录、存储和显示方面的用途，液晶在信息技术中占有重要位置。液晶主要用于制造具有高强度、高模量的纤维材料，制备分子复合材料、液晶显示材料以及精密温度指示材料和痕量化学药品指示剂等。

20世纪70年代以来，液晶已被广泛地应用到许多尖端技术领域，例如：电子工业的显示装置，化工的公害测定，高分子反应中的定向聚合，仪器分析，航空机械及冶金产品的无损探伤和微波测定，医学上的皮癌检查、体温测定等等。特别是改变液晶分子排列所需的驱动功率极低这一特性为研制袖珍计算机和全电子手表的数字显示屏提供了有利条件。液晶显示全电子数字石英手表是目前世界手表工业中的新产品，它具有走时准确、造价低、功耗小和功能多样等特点，在许多方面都优于机械表和其他电子手表。

推动液晶研究迅速发展的另一个因素是液晶与生命现象有着紧密的关

联。许多学者对生物膜具有介晶态结构很感兴趣，液晶生物物理已受到各国科学家的普遍重视，各种各样的假说、推论层出不穷，它们都把生物膜所特有的功能与液晶特性相结合，来探索生命科学的奥秘及生物液晶的特殊功能。

现在，许多国家都先后建立了专门的液晶研究机构，制定了具体的研究规划和措施，投入大量研究资金和雄厚的科研力量，对液晶领域进行全面的研究，以争取更大更新的突破。

新型陶瓷材料

科学技术的快速发展对传统陶瓷提出了新的挑战，如电子通信技术的发展迫切需要在高频下绝缘性能良好的陶瓷材料。于是，在传统陶瓷的基础上，一些强度高、性能好的新型陶瓷材料不断涌现。目前，随着陶瓷制备工艺的不断改进，特别是对陶瓷烧结过程、显微结构研究的进展，制备由许多微小晶粒结合而成的结晶陶瓷是可能的，这种材料的各种性能有可能与单晶体的性能相近。

先进的陶瓷材料在性能上有其独特的优越性：在热和机械性能方面有耐高温、隔热、高硬度、耐磨耗等；在电性能方面有绝缘性、压电性、半导体性、磁性等；在化学方面有催化、耐腐蚀、吸附等功能；在生物方面具有一定的生物兼容性，可作为生物结构材料等。当然，陶瓷材料也存在一些缺点，如脆性大等。因此，研究开发新型功能陶瓷是材料科学的一个重要研究领域。

1.压电陶瓷

压电陶瓷是一种具有能量转换功能的陶瓷，在机械力的作用下发生形变时，会引起表面带电。因此，能够在各个领域中得到广泛应用。

压电陶瓷的生产，对原材料的要求很严格，在晶体结构上应当是不具有对称中心的晶体。经过筛选，发现氧化铅、氧化锆、氧化钛、氧化铌、氧化镁、氧化锌和碳酸钡等最为适合。将这些原料在高温下致密烧结，然后，在直流高压电场下进行极化处理，就可以得到各种具有能量转换、传感、驱动和频率控制功能的压电陶瓷制品。

生物医学工程是压电陶瓷应用的重要领域，可以用来制作探测人体信息的压电传感器和进行压电超声治疗。当压电陶瓷发出的超声波在人体内传输时，体内各种不同组织对超声波有不同的反射和透射作用，反射回来的超声波经压电陶瓷接收器转换成电信号并显示在屏幕上，据此就可以检查内脏组织的情况，判断是否发生病变。此外，进入体内的超声波达到一定强度时，能使组织发热并轻微震动，这对一些疾病会起到治疗作用。

由于压电陶瓷的敏感性很强，能精确地测量出微弱的压力变化，甚至可以检测到十几米以外昆虫拍打翅膀所引起的空气扰动，所以，用它来制造地震测量装置是再好不过的了。地震波是一种机械波，经过压电陶瓷的作用，可以感应出一定强度的电信号，并在屏幕显示或以其他形式表现出来；同时，压电陶瓷还能够测定声波的传播方向，所以，用它来测定和报告地震十分精确。

利用压电陶瓷制造的电子振荡器和电子滤波器，频率稳定性好、精度高、使用寿命长，特别是在多路通信设备中能提高抗干扰性，目前，已经在电子设备和通信领域大显身手，用来取代电磁振荡器和电磁滤波器。

2.生物陶瓷

人体器官和组织由于种种原因需要修复或再造时，选用的材料要求生物兼容性好，对肌体无免疫排异反应，无溶血、凝血反应，不会引起代谢作用异常现象，对人体无毒，不会致癌。目前，已发展起来的生物合金、生物高分子和生物陶瓷基本上能满足上述要求。现在已利用这些材料制造了许多人工器官，在临床上得到广泛应用，但这类人造器官一旦植入体内，要经受体内复杂的生理环境的长期考验。例如，不锈钢在常温下是非常稳定的材料，但把它做成人工关节植入体内，3~5年后便会出现腐蚀斑，并且还会有微量金属离子析出，这是生物合金的缺点；有机高分子材料做成的人工器官容易老化。相比之下，生物陶瓷是惰性材料，耐腐蚀，更适合植入体内。

氧化铝陶瓷做成的假牙与天然牙齿十分接近，它还可以制成人工关节用于很多部位，如膝关节、肘关节、肩关节、指关节、髋关节等。ZrO_2陶瓷的强度、断裂韧性和耐磨性比氧化铝陶瓷好，也可用于制造牙根、骨和股关节等。羟基磷灰石［$Ca_{10}(OH)_2(PO_4)_6$］是骨组织的主要成分，人工合成的羟基磷灰石与骨的生物相容性非常好，可用于颌骨、耳骨修复和人工牙种植等。目前，发现用熔融法制得的生物玻璃，如$CaO-Na_2O-SiO_2-P_2O_5$，具有与骨骼键合的能力。生物玻璃在和骨结合时，先在植入体表面形成富硅凝胶，然后转化成磷灰石晶体，这时在结合面形成有机和无机的复合层，具有很高的结合强度。陶瓷材料最大的弱点是脆性大，韧性不足，这严重限制了它作为人造器官的推广应用。陶瓷材料要在生物工程中占有地位，必须解决其脆性问题。

3.透明陶瓷

一般陶瓷是不透明的，但光学陶瓷像玻璃一样透明，故称透明陶瓷。一般陶瓷不透明的原因是其内部存在杂质和气孔，前者能吸收光，后者能使光产生散射，所以就不透明了。如果选用高纯原料，并通过技术手段排除气孔，就可能获得透明陶瓷，早期就是采用这样的办法得到透明的氧化铝陶瓷的，后来又陆续研究出烧结白刚玉、氧化镁、氧化铍、氧化钇、氧化锆等多种氧化物系列透明陶瓷。近期又研制出非氧化物透明陶瓷，如砷化镓、硫化锌、硒化锌、氟化镁、氟化钙等。

这些透明陶瓷不仅有优异的光学性能，而且耐高温，一般它们的熔点都在2 000℃以上，如氧化钍—氧化钇透明陶瓷的熔点高达3 100℃，比普通硼酸盐玻璃高1 500℃。透明陶瓷在1 600℃的环境下，不受钠蒸气的腐蚀，而且又可以透过95%的光线，因此最适合做特殊光源的灯管，如城市照明用的高压钠灯，作为街道、港口、机场、体育场等的光源，其发光效率极高，且光色柔和，光亮而不刺眼，被人们称为“人造小太阳”。高压钠灯的光线能透过浓雾而不被散射，所以特别适合做汽车的前灯。值得一提的是，高压钠灯的平均寿命可长达1万～2万小时，比高压汞灯的寿命长2倍，比一般白炽灯的寿命长10倍以上，是目前使用寿命最长的灯。因为透明陶瓷可耐高温和金属钠的强腐蚀，所以可用来制作激光器件。一种被称为透明光电陶瓷的材料，由于其特殊的高速电子开关性能，可制成防焊光、对付激光致盲武器甚至核闪光辐射的眼镜，它在平时是透明的，一旦遇到强光照射，可在几万分之一秒内变成不透明，从而保护人的眼睛不受伤害，而当光的亮度对人眼不造成危害时，它又自动恢复到透明状态。透明陶瓷也可做成飞机的风挡、坦克及装甲车的观察窗，其防弹效果是传统胶合玻璃的2倍；还可用于制造响尾蛇导弹头部的红外线探测仪上的防护整流罩等。总之，透明陶瓷的发展极具潜力。

轻质合金材料

在铝中加入锂所制成的铝锂合金，具有比强度和比刚度高而相对密度小的特点，是航空工业的理想结构材料。如一架大型民航客机的蒙皮改用铝锂合金后，飞机重量可以减轻50千克。以波音747为例，每减重1千克，1年可获利2 000美元。

镁合金是最轻的金属结构材料，其密度为1.75～1.90克／厘米^3。镁合金的强度和弹性模量较低，但它有高的比强度和比刚度，在相同重量的构件中，选用镁合金可使构件获得更高的刚度。镁合金有很高的阻尼容量和良好的消震性能，它可承受较大的冲击震动负荷，适用于制造承受冲击和震动的零部件。在摩托车工业中最常见的，就是镁合金轮框。超轻Mg-Li合金（密度为1.35克／厘米^3）的问世，拓宽了镁合金的应用范围，并在航空、航天工业中继续保持一定的生命力。

但镁合金的抗蚀性能较低，缺口敏感性较大；化学性质活泼，所以在熔炼、浇注镁合金时必须采用熔剂和保护气体进行保护，防止合金燃烧。镁合金熔体不能与水接触，否则容易引起燃烧或爆炸。热处理时必须在保护气氛中进行。钛合金密度为4.55克／厘米^3，比钢轻，耐腐蚀，无磁性，强度高，适合做舰艇材料。

功能高分子

功能高分子学科是高分子化学与其他学科相互交叉而形成的新领域，它研究和创制国民经济各个领域所需要的特殊新型高分子材料。20世纪功能高分子领域的成就为人类贡献了诸如合成高分子磁体、体内可降解吸收的骨科高分子等特殊材料，也为高分子材料的发展提供了新的思路。目前，功能高分子材料主要有两大类，即光、电、磁功能高分子材料和医用高分子材料。预计21世纪的功能高分子研究将注重其产生光、电、磁功能的原理，目的是创制性能更优异的光、电、磁高分子材料；也将注重研究生物高分子材料的结构与功能之间的关系，设计、制造用于临床的新高分子材料，诸如人造骨、人造血、人造生物膜、人造脏器及其他治疗和修复材料，为此需要了解高分子材料在人体内环境中的变化，研究它们在人体内的降解、代谢过程、生物相容性等，可采用合成高分子表面接枝生物分子以及进一步在合成高分子表面培养细胞或组织等手段，来探索新的高分子医用材料。

智能高分子材料将是21世纪功能高分子的一个新生长点。由于高分子聚合物具有软物质特性，即容易对外场的作用产生响应，因此，可以合成某些特殊结构的高分子聚合物，研究利用外场的变化来调控其性能和功能。当然，智能高分子研究也应包括对生物大分子的研究,高分子化学家将会与生物学家、电子学家、计算机学家等进行交流,形成不同的交叉学科,深化和拓展功能高分子的研究领域,以创造出更多的新型功能高分子材料。

光电磁活性高分子

有机高分子光电材料的研究兴起于20世纪70年代，当时发现有些聚合物具有半导体或导体性能。20世纪90年代，科学家又发现有些聚合物具有电致发光性能，这类导电高分子和发光高分子被统称为电子聚合物。电子聚合物的结构特征是共轭高分子链，因具有一系列独特的电学、光学、力学和电化学性能而有广阔的应用前景。在20世纪末的十几年里，有机高分子光电信息材料取得了一系列重要进展，以电子聚合物为核心材料的“有机电子工业”产业正在兴起。美国《科学》杂志评出的“2000年十大科技成果”中，第4项是“有机聚合物光电子学”，这表明国际科技界已公认“有机光电功能材料”是新世纪光电子学的重要发展方向。

21世纪的信息交换将以光电子技术为主，激光是光电子技术的核心。基于有机高分子材料的光泵浦激光器已经实现，各国正致力于有机高分子电泵浦激光器的研究。有机材料激光器结构简单、成本低廉、发光颜色丰富，有可能成为下一代激光器的主流产品。

发光层由几十纳米的有机发光薄膜构成的新型显示器很薄，厚度仅为液晶显示器的1／3，能耗也只有液晶显示器的1／2，而且有机发光薄膜是固态的，因此，这种显示器具有很好的抗震性，已被美国军方安装到战斗机和坦克上试用。新型显示器的使用寿命已超过10 000小时,已用于手机、数码相机等。随着技术的发展，甚至可以利用这一技术生产出大尺寸的壁挂式彩电、可卷曲的彩电，并用到电子书籍和报纸等新型便携式装置上。

高分子功能膜

高分子功能膜是一种新兴功能材料，是以天然的或合成的高分子化合物为基材，用特殊工艺和技术制备成的膜状材料。由于特殊的物理化学性质和膜的微观结构特性，而对某些小分子物质有选择性透过性能，包括对不同气体分子、离子和其他微粒性物质的选择透过性。依据膜结构和分离机理，分离膜可以分成微滤膜、超滤膜、反渗膜和透析膜等数种。与其他常规方法比较，膜分离方法简便、快捷、节约能源。高分子功能膜的这一独特性质，已使其在气体分离、海水和苦咸水淡化、污染净化、食品保鲜、混合物的分离等方面得到广泛应用。最近，高分子功能膜材料在医学和药学方面的应用研究也取得了较大进展。

离子交换树脂是最早使用的功能高分子材料，水处理是目前离子交换树脂用量最大的行业，其次是化工和制糖工业。离子交换树脂的一个新的应用领域是离子交换膜，日本等国家采用离子交换膜，以电渗析法从海水中制取食盐，革除了落后的盐田法和传统的蒸制法，食盐纯度提高到95%以上。膜分离技术在食品工业中用于乳制品、果汁和饮料的浓缩，既可以保留蛋白质及其他主要营养成分，又可滤去细菌。医药工业中除了利用超滤膜进行最终的精制外，还用于浓缩激素、干扰素和疫苗等。气体分离膜则是最近研究最活跃和最富有成果的高分子薄膜，增长速度居分离膜的首位。重要的气体分离膜有富氧分离膜、高纯氮分离膜、二氧化碳分离膜、氦分离膜等，利用分离膜可以很方便地获得高纯的氧气、氮气等。

高分子智能材料

高分子智能材料也称机敏材料，是通过有机合成技术，使无生命的有机材料变得似乎有“感觉”和“知觉”。这类材料在实际中已开始应用，预计不久的将来，这类新材料就会进入我们的日常生活。

数千年来，人们所建造的建筑物的天花板和墙壁都是不透光的，以便把建筑物内外隔开。现在科学家正在研制一种能自行调温调光的新型建筑材料，这种产品叫“云胶”，其成分是水和一种聚合物的混合物。这种聚合物的一部分是油质成分，在低温时这种油质成分把水分子以一种冰冻的方式聚集在这种聚合物纤维的周围，就像一件“冰夹克衫”，这种像绳子似的聚合物是成串排列起来的，呈透明状，可以透过90%的光线；当它被加热时，这些聚合物分子就像“沸水里的面条”一样翻滚，并抛弃它们的“冰夹克衫”，聚合纤维得以聚集在一起，此时“云胶”又从清澈透明变成白色，可阻挡90%的光。这一转变大部分情况下在2~3℃的温差范围内就能完成，并且是可逆的。建筑物如果具有这样的“皮肤”，就可以适应周围的环境：当天气寒冷时，它就变成透明的，让阳光照进来；当天气暖和且必须把阳光挡住时，它就变得半透明。一个装有“云胶”的天窗，当太阳从天空的一端移向另一端时，能提供比较恒定的进光量。充满“云胶”的多层玻璃，不仅可做天花板，而且可做墙壁。

德国著名的巴斯夫化学公司正在研制一种智能塑料，它可以按人们的需要，时而变硬时而变软。这种名为“施马蒂斯”的塑料是由这家公司的工程师舒勒发明的。他在烧杯中倒入一种乳白色液体，用一根金属棒搅拌，液体逐渐变稠，最后成为硬块，接着硬块又在顷刻之间变成液体。如果急速把金属棒从液体中抽出，那么液体就会像胶水一样把棒拉住，只有非常缓慢地提起，才能抽出金属棒。据舒勒讲，造成这种现象的原理是，这种塑料的溶剂是水，其微小的颗粒排列整齐时呈液体状，受到干扰时就呈固体状，因而人们可通过各种外因来变换它的物理状态。这种塑料能自行消除外来的撞击，特别适合做车辆的缓冲器，用这种塑料制成的油箱即使被坦克压过也不会破裂。用于建房则抗震性能特强。在桥梁钢架上套上一层用这种塑料制成的微型管道网，其中储存有防锈剂，一旦钢架生锈，管道会自行熔解，释放出防锈剂。用这种材料制成的胶囊服用后，可到体内指定部位释放药物。

日本研制的聚碳酸酯与液晶结合而成的液晶膜或人工分离膜已在医药工业中得到应用。比如，在医疗中，将薄膜做成胶囊状，把消炎剂放到里面，然后将胶囊埋入发炎部位，胶囊可依据患处发炎而引起的温度变化，及时释放出药剂，达到预期的治疗目的和治疗效果。在食品工业方面，利用人工膜可研制出“辨味机器人”的味觉感知器，并可改进或制造所需的各种食品成分；又如用薄膜技术可浓缩葡萄汁，提高葡萄酒的品质；可制造低盐分酱油，纯化果汁，给食品着色等，这既可改进食品质量，增强人的食欲，又可扩大食品销售市场，提高食品工业的经济效益。

把高分子材料和传感器结合起来，已成为智能材料的一个新的特点。意大利在研制有“感觉”功能的“智能皮肤”方面处于世界领先地位。1994年，意大利比萨大学的工程专家德·罗西根据人类皮肤有表皮和真皮（外层和内层）的特点，为机器人制造了一种由外层和内层构成的人造皮肤，这种皮肤不仅富有弹性，厚度也和人的皮肤差不多。为了使人造皮肤能“感知”物体表面的质感细节，德·罗西的研究小组还研制了一种特殊的表皮，这种表皮由两层橡胶薄膜组成，在两层橡胶薄膜之间到处放置只有针尖大小的传感器，这些传感器是由压电陶瓷制成的，在受到压力时会产生电压，压力越大，产生的电压也就越大。据报道，德·罗西制成的这种针尖大小的压电陶瓷传感器很灵敏，对纸张上凸起的斑点也能感觉到，铺上德·罗西研制的人造皮肤的机器人，可以灵敏地感觉到一片胶纸脱离时产生的拉力，或灵敏地感觉到一个加了润滑剂的发动机轴承脱离时摩擦力突然变化的情况，从而迅速做出握紧反应。

美国一些桥梁专家正在研究的主动式智能材料能在桥梁出现问题时自动加固。美国密执安大学则在研究一种能自动加固的直升飞机水平旋翼叶片，当叶片在飞行中遇到疾风作用而猛烈振荡时，分布在叶片中的微小液滴就会变成固体而自动加固。人们还研究了一种住宅用的“智能墙纸”，当住宅中的洗衣机等机器产生噪音时，智能墙纸可以使这种噪音减弱。

总之，高分子智能材料已成为功能材料的一个重要研究领域，各国科学家正在为此作不懈的努力。相信在不久的将来各种各样的智能材料就会大量出现在我们的面前。

材料芯片技术

目前，在米粒大小的硅片上，已能集成15.6万个晶体管，这是何等精细的工程!这是多学科共同努力的结果，是科学技术进步的又一个里程碑。

微电子技术正在悄悄走进航空航天、工业、农业和国防领域，也正在悄悄进入我们的日常生活。小小硅片的巨大“魔力”是我们的前人根本无法想像的。用硅片制成的芯片是有名的“神算子”，有着惊人的运算能力，无论多么复杂的数学问题、物理问题和工程问题，也无论计算的工作量有多大，工作人员只要通过计算机键盘把问题告诉它，并给出解题的思路和指令，计算机就能在极短的时间内把答案算出来。这样，那些人工计算需要花费数年、数十年时间的问题，计算机可能只需要几分钟就可以解决，甚至有些人力无法计算出结果的问题，计算机也能很快给出答案。

芯片又是现代化的微型“知识库”，它具有神话般的存储能力，在针尖大小的硅片上可以存储一部24卷本的《大英百科全书》。如今，世界上的图书、杂志已多达3 000多万种，而且每年都要增加50多万种，可谓浩如烟海。德国未来学家拜因豪尔指出：“今天的科学家，即使不分昼夜地工作，也只能阅读本专业全部出版物的5%。”出路何在呢?唯一的办法就是由各个图书情报资料中心负责把各种情报存入硅片存储器，并用通信线路将其连接成网络。这样,科技人员若要查找某种资料和数据,只需坐在办公室里操作计算机键盘，计算机的屏幕上立即就会显示出所要查找的内容。

微电子芯片进入医学领域，使古老的医学青春焕发，为人类的医疗保健事业不断创造辉煌。例如，它可以使盲人复明、聋人复聪、哑人说话、假肢能动，使全世界数以千万计的残疾者获得光明和希望。

微电子技术在航空航天、国防和工业自动化中的无比威力更是众所周知的事实。在大型电子计算机的控制下，无人飞机可以自由地在蓝天飞翔；人造卫星、宇宙飞船、航天飞机可以准确升空、飞行、定位，并自动向地面发回各种信息。在计算机的指挥下，火炮、导弹可以弹无虚发，准确击中目标，甚至可以准确击中空中快速移动的目标，包括敌方飞行中的导弹。工业中广泛使用计算机和各种传感技术，可以节省人力，提高自动化程度及加工精度，大大提高劳动生产效率。机器人已在许多工业领域中出现，它们不仅任劳任怨，而且工作速度快、精度高，甚至在高温、水下及危险环境中也能冲锋陷阵，一往无前。智能机器人也开始显示出不凡的身手，如在韩国举办的第一届国际机器人足球赛上，小小机器人那准确的判断能力，有效的组织配合和强烈的射门意识都令人拍手叫绝；美国科学家和工程师研制的名叫“深蓝”的超级计算机，战胜了世界头号特级国际象棋大师，它的精彩表演标志着智能计算机已发展到了一个崭新的阶段。

科学技术的发展不断推动着半导体的发展，自动化和计算机等技术的发展使硅片（集成电路）这种高技术产品的造价已降到十分低廉的程度。如果把现在国外超大规模集成电路硅片的价格换算成人民币，则芯片上平均每50个晶体管的价格还不到1分钱，一台微型电子计算机的售价，也只不过数百元人民币，这就为电子计算机进入千家万户铺平了道路。现在，家用电器已越来越多，如电视机、录音机、音响、洗衣机、电饭锅、微波炉、电话等等，使我们的生活越来越现代化。

当然，芯片给家庭带来的变化还远不止于此，随着电子化家庭的增多，一种新的生产生活方式——“家庭工业”和“家庭办公室”正在兴起。不久的将来，人们坐在家里操作机器、指挥生产、管理公司和工厂就会成为现实。

超级工程塑料——液晶高分子

液晶除了是很好的光学材料外，还有许多其他优异的综合性能。例如，液晶高分子具有高强度、高模量等机械性能和耐磨性能，有的拉伸强度可以达到210兆帕，弹性模量可达到10吉帕。另外，它还具有突出的耐热性和耐冷热交变性，有的热变形温度达350℃，熔点高达400℃。液晶高分子还具有极低的线膨胀系数（10^{-5}~$10^{-6}K^{-1}$，比一般塑料低1~2个数量级）和成型收缩率，与金属和陶瓷相当，已接近石英。液晶高分子还具有优异的阻燃性、良好的导电性、耐化学腐蚀性以及优异的成型加工性能。

正是由于液晶高分子具有这么多优异的性能，因此，在很多高新技术领域中都得到广泛的应用。首先，它是电子电器工业不可缺少的新型材料，用于制造各种多路接插件、印刷电路板、线圈骨架、传感器护套、集成电路片和封装材料，以及办公室用小型计算机、文字处理机和音像设备等的零部件。而在航天航空工业中，它被用来制造喷气客机的零部件以及人造卫星、宇宙飞船的电子部件等。此外，液晶高分子还可用于机械、化工、医疗器械等工业，又可用来制造微波炉食品容器等。液晶高分子被誉为“21世纪的新材料”或“超级工程塑料”。

复合材料

复合材料是把不同种类和不同性能的材料通过各种方法组合成一体，

取长补短，获得的比原组分性能更好或有某些特殊性能的新材料。例如，钢筋水泥是复合材料，其中混凝土有保温、耐磨等性能，但不能承受弯曲、剪拉等负荷，而钢筋则具有良好的抗机械负荷的性能，“复合”后取长补短，综合了两者的优点，从而得到广泛的应用。金属材料易腐蚀，合成高分子材料易老化、不耐高温，陶瓷材料易碎裂等缺点，都可以通过复合的方法予以改善或克服。

现在，材料的复合正向精细化方向发展，出现了诸如仿生复合、纳米复合、分子复合、智能复合等新技术，使复合材料大家族增添了许多性能优异、功能独特的新成员。随着科学技术的进步，复合材料展现出不可估量的应用前景。

通常复合材料是由以连续相存在的基体材料与分散于其中的增强材料两部分组成的。混凝土中水泥是基体，石子是增强体。基体材料主要有高分子聚合物、金属及陶瓷，而以高分子聚合物的应用最广，高分子聚合物包括人工合成高分子聚合物（如环氧树脂、聚酯、酚醛树脂、聚酰亚胺等）和天然高分子聚合物（如沥青、天然橡胶、泥炭等），以人工合成高分子聚合物应用最广。增强材料主要有纤维增强剂和颗粒增强剂，以纤维增强剂应用最广，纤维增强剂有玻璃纤维、碳纤维、硼纤维、氧化铝纤维、碳化硅纤维、芳纶纤维等，颗粒增强剂有二氧化钛、二氧化硅等。

现在应用较广的碳纤维复合材料是用碳纤维代替玻璃纤维作增强剂的树脂基复合材料，被认为是第二代纤维增强复合材料。碳纤维具有比玻璃纤维更小的密度和更高的模量，是一种性能更为优良的增强剂，用它和树脂形成的复合材料，密度只有钢的1/4 ~ 1/3，而强度则比钢要高出3 ~ 4倍，较玻璃钢高出6倍，对汽车、航空、航天等工业的发展具有重要意义。目前，碳纤维树脂复合材料在汽车工业中作为质量轻而强度高的材料被用来替代钢材，可在保持汽车强度要求的前提下，大幅度减轻汽车重量，从而大量节约汽油，如美国已在一部分汽车中改用纤维复合材料，年节约汽油30亿升以上。碳纤维树脂合成材料在航空工业中已从不承力部位的应用进入承力部位的应用，如飞机尾翼、主翼及其他承力部位均可使用这类材料。现在的波音和空中客车等大型客机，均大量使用这种材料。大型民用航空运输成本中有60%为燃料费用，因此，减轻飞机重量以降低成本是飞机工业的一项重要任务。据估算，如果将飞机主体结构材料的40%改用此类材料,则可减少燃料消耗费用30%。航天工业在材料方面使用质轻、高强的碳纤维树脂复合材料更具有特殊的意义,目前碳纤维树脂复合材料已在人造卫星和航天飞机中加以应用，并将进一步发挥作用。

当前，使用的碳纤维以聚丙烯腈为主，但聚丙烯腈碳纤维的原料价格较高，因此，降低碳纤维的成本是该项技术的一个发展方向。目前，除了寻找新纤维材料外，已经开发出碳纤维与玻璃纤维、开普纶纤维合用的混杂纤维增强复合材料，显示出良好的经济效益。

生物医用高分子

生物医用高分子材料研究包括：①药物载体与控释材料研究：主要研究适于各类药物的新型生物降解高分子载体和控释材料的设计与合成，药物与载体的相互作用以及药物载体体系的生物医学性能评价等；②诱导组织自修复与再生材料研究：主要研究能够诱导组织自修复与再生的新型生物降解材料的设计与制备，材料的形态、孔度、降解速度等与组织自修复和再生过程的相互作用关系；③生物医用材料的表面修饰以及生物相容性研究：主要研究不同结构的生物医用材料的表面修饰新方法，以解决材料的生物相容性问题等。

在医学中专门用于诊断、治疗、修复或替代人体组织或器官的生物医用高分子材料，除要求其具有特殊功能与性能外，还要具有对人体组织、血液不产生不良作用的性质。目前，使用的医用高分子有近百个品种，有非植入性的，如一次性注射器、手套、输液袋（管）等；有植入性的，如药物载体、人工血管、人工晶体、人工脏器、组织工程中的支架材料等。

高分子药物是医药科学的一个新的发展方向。医用高分子药物分两种基本类型：一是以高分子为载体，上载低分子药物，即所谓药物的高分子化，这类药物与相应的未经高分子化的药物相比，具有低毒、高效、缓释、长效等优点，例如，多数抗癌药物都有毒并且容易引起恶心、脱发等不良反应，若将其高分子化，情况会大大改善；另一类高分子药物是本身具有药效的高分子，例如，聚乙烯吡咯烷酮可做血浆代用品等。

抗菌高分子

人体在遇到外来侵害时，第一道防线是防卫性多肽，在白细胞抗击外界感染前就开始起作用。这些蛋白质在遇到细菌时能破坏其细胞膜，导致细菌细胞破裂，造成细菌死亡，人工合成的抗菌高分子就是基于类似的原理而发挥作用的。例如，具有双亲结构的带正电荷的磷脂质体，在遇到外表面带负电荷的细菌细胞膜时，便发生黏附并使其破裂。

大量存在于虾、蟹甲壳中的壳聚糖，作为一种资源丰富的天然生物高分子，是迄今为止发现的唯一天然聚正离子化合物，研究表明，壳聚糖及其衍生物具有良好的广谱抗菌活性；黏胶纤维则具有很好的穿着舒适性，它是以纤维素为原料制成的。可利用壳聚糖与黏胶纤维共混制备天然抗菌纤维，由于二者结构相似而具有良好的相容性，因此，织物仍具有天然高分子材料所特有的环境友好性能，对此类保健和环保型衣着织物的研究与开发具有重要意义和广阔的应用前景。

具有光诱导杀菌性能的尼龙纤维，能有效杀死金黄色葡萄球菌和大肠杆菌，其抗菌机理是卟啉锌吸收可见光后将能量传递给氧，产生具有高杀菌能力的活性氧。这种杀菌织物在医用纺织品方面将会有广泛的用途。

功能富勒烯

按理说，人们早就应该发现C_{60}了。因为，它在蜡烛烟黑中，在烟囱灰里就有，而鉴定其结构所用的质谱仪、核磁共振仪几乎任何一所大学或综合性研究机构都有。可以说，几乎每一所大学或研究机构的化学家都具备发现C_{60}的条件，然而几十年来，成千上万的化学家都与其失之交臂。

C_{60}是20世纪后期才被人们认识的。长期以来人们总是说碳元素有两种同素异形体——金刚石和石墨。那么，是否还存在碳的第三种同素异形体呢?这是很多人关心的问题。1970年，日本著名科学家小泽预测：碳元素还应该有第三种同素异形体存在。经过世界各国科学家的不懈努力和艰苦探索，15年后，终于有了结果。1985年，英国化学及分子生物学教授H.W.克罗托在美国休斯敦赖斯大学化学系从事碳的高温理化性能研究。9月上旬的一天，H.W.克罗托正与几个研究生在做激光气化石墨的实验，在分析产物的质谱仪上对应60个碳原子的位置上，意外地出现了几条特殊谱线，其信号强度比其他信号更大。他们敏锐地意识到这是碳的第三种同素异形体。60个碳原子如何形成一个大分子呢？H.W.克罗托从1967年蒙特利尔展览会美国厅的圆拱形屋顶得到启发，认为这种碳分子的结构应该是闭合的笼状结构。他们用20个正六边形和12个正五边形硬纸片，让五边形彼此不相连接，而只与六边形相连，拼成了一个中空的二十面体模型，仔细一数，正好60个顶点。后来的实验证明了这60个碳原子组成的大分子确实具有他们设想的结构。每个碳原子占据一个顶点，每个碳原子都与相连的3个碳原子以单键相连，剩余的电子在球面内外形成π键，这样所有碳原子的价键都能得到饱和，球的内外界面都被π电子淹没，高度饱和与对称的结构使这个分子非常稳定。由于该分子的结构来自圆拱形屋顶的启示，所以人们一开始便以提出这种建筑结构的建筑师巴克敏斯特·富勒（Buckminster Fullerene）的名字来命名它，称之为巴克敏斯特·富勒烯，简称富勒烯，后来又被大家亲切地叫做巴基球（Bucky ball）。它的对称性极高，而且它比其他碳分子更强也更稳定。由于其分子模型与那个已在绿茵场上滚动了多年，由12块黑色五边形与20块白色六边形拼合而成的足球毫无二致，因此，当他们打电话给美国数学会主席告知这一信息时，这位主席竟惊讶地说："你们发现的是一个足球啊!"H.W.克罗托在英国《自然》杂志发表第一篇关于C_{60}的论文时，索性就用一张安放在得克萨斯草坪上的足球照片作为C_{60}的分子模型。1996年，H.W.克罗托等人因这一发现而荣获诺贝尔化学奖。

进一步的研究发现巴基球家族成员众多，组成球形大分子的碳原子数可从20到540。为了区分这些成员，通常按分子中碳原子的个数将它们叫做碳-60（C_{60}）、碳-70（C_{70}）、碳-90（C_{90}）等，其中C_{60}是主要成员。C_{60}由于其特殊的结构，使它在超导、磁性、光学、催化等方面表现出优异的性能。C_{60}分子本身是不导电的绝缘体，但碱金属嵌入C_{60}分子中的空隙形成的K_3C_{60}、Rb_3C_{60}等均为良好的超导体，具有很高的超导临界温度。与传统的氧化物超导体比较，C_{60}系列超导体具有完美的三维超导性。科学家们预言，掺杂的C_{240}、C_{540}有可能成为室温超导体，巴基球家族已成为超导体的新军。C_{60}分子本身的结构极稳定，有人将C_{60}加速到7 600米／秒，对石墨进行轰击，结果C_{60}分子完好无损地被反弹回来；将C_{60}直径压缩一半，结果仍能恢复，如此强的抗压性、良好的复原性及高度的稳定性，加上其分子没有棱角，使它成为最优良的润滑剂。C_{60}是一个直径为0.7纳米的中空球形分子，其空腔可容纳直径为0.5纳米的原子，钾、钠、铯、铷等金属离子都可以进入C_{60}的空腔，生成包合物。另外，C_{60}分子中有30个双键，因此，可以合成各种衍生物，如在锂、液氮和正丁醇溶液中C_{60}能被还原成$C_{60}H_{36}$和$C_{60}H_{18}$，C_{60}还能与氟反应生成$C_{60}F_{42}$、$C_{60}F_{60}$等。将C_{60}作为新型功能基团引入高分子体系，可得到具有优异导电性能和光学性能的新型功能高分子材料。

富勒烯的笼形结构可以内嵌原子或原子簇，以进一步控制其电子结构和性质；笼外分子的功能化修饰可以增加一维尺寸，调控其在材料、光电子学、催化以及生物医学上的应用。在富勒烯的晶体内，分子间的空隙可以收集气体，由富勒烯制成的巴基薄膜，能让氢气、氧气及氮气等小分子气体通过，而不让甲烷等大分子通过，这一特性可能使巴基球用于气体储藏或分离。普通的有机物在医学上多有一个致命弱点，即能插入脱氧核糖核酸（DNA）中，对核糖核酸可能产生不利影响，甚至引起病变，而富勒烯由于又大又圆，没有这一弱点，因而不会影响核糖核酸，这无疑对药物学和医学具有非常重要的意义。金属富勒烯包合物既具有金属原子的性质，又具有富勒烯的性质，这赋予了金属富勒烯包合物特殊的物理化学性质，其作为一种新型的富勒烯化合物不仅引起了物理和化学界的兴趣，而且也引起了材料和生物科学界的广泛关注。

日本研究人员发现富勒烯可导致癌细胞凋亡，这使C_{60}进入了癌症治疗领域。治疗机理是使C_{60}接近癌细胞并进行光照，通过C_{60}的触媒作用激活酶，利用活性酶切断连接癌细胞的毛细血管。

随着对巴基球研究的深入，它的奇异特性和潜在应用价值相继被发现，人们普遍认为巴基球的前途不可限量，它将开辟碳化学和有机化学的新纪元，并将对众多学科产生重大影响。

纳米材料

纳米材料是指一维、二维或三维结构以1~100纳米大小为特征的材料。纳米材料在自然界中早就存在，例如，天体的陨石碎片、人和动物的牙齿、海底的藻类等都是由纳米粒子构成的；自然界中植物叶片通过光合作用把光能转为化学能就是纳米工厂的典型例子；荷叶正是由于纳米微粒的界面效应才出污泥而不染的。

纳米固体中原子的排列，既不同于长程有序的晶体，又因界面原子占有很大比例而不同于非晶态，是一种介于固体和分子之间的亚稳中间态物质。正是由于纳米材料的这种特殊结构，才使其具有传统材料所不具备的物理、化学性能，表现出独特的光、电、磁和化学特性：小尺寸效应、表面效应、奇异的光学特性。

纳米材料大致可分为纳米粉末、纳米纤维、纳米膜、纳米块体等4类，其中纳米粉末开发时间最长、技术最为成熟，是生产其他3类产品的基础。

（1）纳米粉末：又称为超微粉或超细粉，一般指粒度在100纳米以下的粉末或颗粒，是一种介于原子、分子与宏观物体之间的处于中间物态的固体颗粒材料。可用于：高密度磁记录材料，吸波隐身材料，磁流体材料，防辐射材料，单晶硅和精密光学器件抛光材料，微芯片导热基片与布线材料，微电子封装材料，光电子材料，先进的电池电极材料，太阳能电池材料，高效催化剂，高效助燃剂，敏感元件，高韧性陶瓷材料，人体修复材料，抗癌制剂等。

（2）纳米纤维：指直径为纳米尺度而长度较大的线状材料。可用于：微导线、微光纤（未来量子计算机与光子计算机的重要元件）材料，新型激光或发光二极管材料等。

（3）纳米膜：纳米膜分为颗粒膜与致密膜。颗粒膜是纳米颗粒黏在一起，中间有极为细小的间隙的薄膜；致密膜是指膜层致密但晶粒尺寸为纳米级的薄膜。可用于：气体催化（如汽车尾气处理）材料，过滤器材料，高密度磁记录材料，光敏材料，平面显示器材料，超导材料等。

（4）纳米块体：是将纳米粉末高压成型或控制金属液体结晶而得到的纳米晶粒材料。主要用途为：超高强度材料，智能金属材料等。

目前，人们对纳米材料的认识才刚刚开始，还知之不多。从个别实验中所看到的种种奇异性能，说明这是一个非常诱人的领域。对纳米材料的开发，将会为人类提供前所未有的有用材料。

纳米材料的应用

纳米材料标志着人们对材料性能的发掘达到了新的高度，它具有许多传统材料所不具备的特异性能，因而，在各领域中有着诱人的应用前景。

增韧陶瓷材料作为材料的三大支柱之一，在日常生活及工业生产中起着举足轻重的作用。传统陶瓷材料由于质地较脆，韧性、强度较差，而使其应用受到了较大的限制。纳米材料的出现有望改善陶瓷材料的脆性，使其具有像金属一样的柔韧性和可加工性。如果多晶陶瓷是由大小为几个纳米的晶粒组成的，则能够在低温下变为延性的，能够发生100%的范性形变。科学家发现纳米TiO_2陶瓷材料在室温下具有优良的韧性，在180℃能经受弯曲而不产生裂纹。如果能将陶瓷晶粒尺寸控制在50纳米以下，它将具有高硬度、高韧性、低温超塑性和易加工等传统陶瓷无法比拟的优点，而在切削刀具、轴承、汽车发动机部件等诸多方面获得广泛的应用，并在许多超高温、强腐蚀等苛刻的环境下发挥其他材料不可替代的作用。

纳米微粒用作催化剂可大大改善催化效果。例如，用粒径为85纳米的镍做催化剂可提高有机加氢和脱氢反应速度；在环二烯的加氢反应中，纳米微粒做催化剂比一般催化剂的反应速度提高10～15倍。

纳米材料也为常规的复合材料增添了许多奇异特性。把金属的纳米颗粒放入常规陶瓷中可大大改善材料的力学性质，将纳米氧化铝粒子放入橡胶中可提高橡胶的介电性和耐磨性，放入金属或合金中可以使晶粒细化而大大改善力学性质；纳米氧化铝弥散到透明的玻璃中既不影响透明度又提高了高温冲击韧性；将半导体（砷化镓、砷化锗、砷化硅）纳米微粒放入玻璃中或有机高聚物中，提高了三阶非线性系数；把极性的钛酸铅纳米粒子放入环氧树脂中出现了双折射效应；纳米磁性氧化物粒子与高聚物或其他材料复合后具有良好的微波吸收特性；将纳米氧化铝微粒放入有机玻璃中表现出良好的宽频带红外吸收性能。最近，美国成功地把纳米粒子用在磁制冷上，8纳米钇铝铁石榴石或钆镓铁石榴石新型制冷材料可使制冷温度达到20K。

纳米材料是一种优异的光吸收材料，通常是将纳米微粒分散到树脂中制成紫外吸收材料。目前，这方面的应用例子是很多的。例如，防晒油、化妆品中普遍加入纳米微粒；塑料制品在紫外线照射下很容易老化变脆，如果在塑料表面涂上一层对紫外线有强吸收性能的纳米微粒的透明涂层，就可防止塑料老化；汽车、舰船表面的油漆，特别是底漆主要以氯丁橡胶、双酚树脂或环氧树脂为原料，这些树脂和橡胶类的高聚物在阳光的紫外线照射下很容易老化变脆，致使油漆脱落，如果在油漆中加入能强烈吸收紫外线的纳米微粒就可起到保护作用。纳米材料还可作为隐身材料，因为它具有优异的宽频带微波吸收能力，对红外探测器有很好的屏蔽作用，从而逃脱雷达的监视。

在建材领域中，作为外墙用的玻璃、陶瓷等如果采用纳米材料，也能像荷花一样出污泥而不染，这是纳米技术赋予传统材料的神奇功效。将纳米材料做成极薄的透明涂料，喷涂在玻璃、瓷砖、漆器甚至磨光的大理石上，由于纳米材料的表面效应而使水滴或油滴与表面的接触角接近于0度，从而实现自清洁及防雾效果，这必将在城市幕墙玻璃、浴室的镜子、各种眼镜、汽车玻璃上得到广泛应用。

纳米粒子与生物体也有着密切的关系。研究纳米生物学可以在纳米尺度上了解生物大分子的精细结构及其与功能的关系，获取生命信息，特别是细胞内的各种信息。在医药方面，可在纳米尺度上直接进行原子、分子的排布以制造具有特定功能的药品。纳米材料粒子将使药物在人体内的传输更为方便。还可利用纳米粒子研制成机器人，注入人体血管内，对人体进行全身健康检查和治疗，疏通脑血管中的血栓，清除心脏动脉的脂肪沉积物等，还可吞噬病毒，杀死癌细胞。

纳米技术正成为各国科技界关注的焦点，正如钱学森院士所预言的那样：“纳米左右和纳米以下的结构将是下一阶段科技发展的特点，会是一次技术革命，从而将是21世纪的又一次产业革命。”

光导纤维

所谓光导纤维是细如毛发并可自由弯曲的导光材料。玻璃光纤是目前最常用的光纤，把气相SiO_2沉积在玻璃管内，然后一起熔化拉丝，就可制成直径为几十微米的玻璃石英光纤。

光纤由折射率较高的纤芯和折射率较低的包层组成。通常为了保护光纤，包层外往往还覆盖一层塑料保护。纤芯的芯径一般为50微米或62.5微米，包层直径一般为125微米。纤芯的折射率一般是1.463~1.467，包层的折射率一般是1.45~1.46。

SiO_2内芯具有高折射率，玻璃薄包层具有低折射率，可使光在内芯和包层的界面上发生全反射，入射光几乎全部被封闭在纤芯内部，经过无数次全反射而呈锯齿形向前传播。

光纤通讯有光损耗小、输送距离长、节省金属资源、质量轻、易施工、不受电磁干扰、不会发生串线、保密性好等优点。用最新的氟玻璃光纤通讯，可把光信号传输到太平洋彼岸而不需要任何中继站。光纤通讯与数字技术及计算机相结合，可以用于传送电话、图像、数据以及控制电子设备和智能终端等，起到部分取代通讯卫星的作用。1993年9月，美国总统克林顿宣布实施“美国全国信息基础设施计划”，计划耗资4 000亿美元，历时数十年，建立覆盖美国全境的光纤通信网络，通过计算机系统，采用电视、传真、电话等通信技术，向全国公民及时地提供所需的各种信息，这一巨大工程被新闻界称为“信息高速公路”。

“信息高速公路”的基础是建设光纤网络，光导纤维材料被誉为“信息高速公路”的路基，同时利用激光技术、计算机技术、通信技术、网络技术、多媒体技术和卫星技术等，组成以极快速度和巨大容量传递信息的系统，由此可见光纤在信息时代扮演的重要角色。

分子设计与功能新材料

我国民间曾流传着“神农尝百草”的故事，古代人民依靠自己吃各种草药来摸索用药治病的知识，说明了那时寻找和筛选药物的艰难。其实长期以来，新材料的研制和探索，也与神农尝百草的原始方法差不多，主要是采用大量试验的方法来进行。为了研制一种新材料，化学家要变换多种配方和生产工艺，制成成百上千的样品，分析其成分和结构，测试其性能，从中找出一种合适的材料和生产工艺。若所有样品都不适用，就需另行试制一批。因此，人们把新材料的研制过程比作“配方”和“炒菜”。为了改变这种落后的方法，科学家不断地向物质结构的微观层次进军，努力寻求材料特性的内在规律。化学家经过几十年的物质结构的基础研究发现：许多材料的性能都与其分子结构有密切的关系。利用这种关系，科学家不仅可以预测材料的性能，而且可以按预定的性能要求设计新分子和新材料。近年来，随着计算机技术的飞速发展，人们能对化学键的键能、键长等参数进行计算，因此，可以预知破坏分子中某一化学键所需要的能量，然后设法打开这种化学键，把材料中不需要的部分切掉，或者根据需要接上其他原子或分子，从而合成出新的分子和材料。现在，随着分子设计、计算机技术和组合技术的快速发展，新材料探索日新月异，只要把新材料的性能要求输入计算机，计算机就能帮助设计出新材料，并给出合成该新材料的合理方法，判断和推测新材料的各种性能。分子设计正在改变传统的材料研制方式，为研究化学反应、寻找新材料开辟了一条崭新的途径。目前，许多新材料的分子设计已初见成效，例如，寻找新型塑料、化纤和橡胶的“高分子设计”，探索各种无机功能材料的“功能材料设计”，研究新型合金的“合金设计”等等。

通过分子设计创造新材料，预示着人类将要摆脱对天然材料的依赖，使材料的生产和应用发生根本性变革，其远景是令人鼓舞的。

超分子器件

利用超分子组装技术来开发超分子器件，是超分子材料研究的一个重要领域。超分子器件可定义为结构有序、功能集成、具有超分子结构的化学系统，是基于适当模式排列组合的集合。目前，超分子器件的研究主要涉及分子光器件、分子电子器件和分子离子器件等。

有机分子电子器件是利用能完成信息和能量的检测、转换、传输、存储和处理等任务的有机分子材料，在分子水平上设计和制造的具有特定功能的超微型器件。超大规模集成电路的发展已逼近物理极限和工艺极限，突破这种极限的出路之一就在于发展分子电子器件。可以利用一些导电聚合物、生物聚合物、电荷转移盐和有机金属等分子材料的物理化学性质及电子特性，研制出用于信息处理的新型元件，例如分子导线、分子开关、分子整流器和分子存储器等，最终制造出分子计算机。

分子开关

所谓分子开关就是具有可逆的双稳态的量子化体系。当外界的光、电、磁、热、酸碱度等条件发生改变时，分子的形状、化学键的生成和断裂、振动以及旋转等性质会随之变化，通过这些变化，能实现信息传输的开关功能。如蒽醌套索醚电控开关，就是通过电化学还原使冠醚“胳膊”阴离子化，从而加强对流动阳离子的束缚力，起到“关”的作用；再借氧化作用使其恢复到原来的“开启”状态，使阳离子顺利流动。

分子开关是以二进制为基础的分子计算机的主要部件之一，其研究前景广阔。在生物学上，分子开关在治疗动脉硬化、癌症以及减肥方面的应用也备受各国科学家的青睐。同时，分子开关在光学控制等方面的应用已有专家进行研究，而且，近年来分子开关还在环境分析、显微技术等领域得到广泛应用。尽管分子开关的研究已经取得了显著的进展，但是，其性能和可逆性都有待进一步提高，而且大部分还只能在溶液中操作，因此，分子开关的研究还有广阔的空间。

分子整流器

分子尺寸的电子学要求进一步减小计算机系统中基本逻辑元器件的尺寸，与之相适应的加工和制造技术已成为国际上的研究热点，发展很快。纳米加工技术可以分为刻蚀和组装两种。由于纳米尺度下的刻蚀技术已达到极限，组装技术将成为纳米技术的重要手段，近年来发展十分迅速。对此，科学家们提出了分子有序组装分子器件的设想，分子整流器就是基于分子有序组装的基本元器件。

我们知道，普通整流器件是基于p-n结的，p-n结的重要特性之一就是单向导电。有机分子要显示出整流器的性能，也应有类似于普通p-n结的性质。由此，人们想到，如果在一个分子上，能够使其一端带电子给体基团，而另一端带电子受体基团，这样在一个分子上就可以实现p-n结的构想。

目前，要使分子整流器达到实用的程度，尚需要一定的时间，需要解决的问题还很多。例如，要合成一种化合物，使该化合物的两端分别带有强的电子给体和强的电子受体基团，而这两种基团本身就是强氧化和强还原剂，很容易自身形成电荷转移复合物，导致合成失败。但无论如何，分子器件是今后微电子学的发展方向，当今世界上技术发达的国家都把它列为本国高技术发展的内容之一，研究非常活跃，而且已取得了一些可喜的开创性成果。

中国科学技术大学微尺度物质科学国家实验室成功地将富勒烯单分子中的一个碳原子用氮原子取代，研制出仅由一个分子组成的新型单分子整流器。这种分子器件与传统的单分子整流器的工作原理不同，在重复性和可控性方面具有明显的优势，为富勒烯分子在纳米电子学和分子器件方面的应用展现出新的前景。这是一个理论与实验相结合的范例，其成果代表了当前凝聚态物理和分子电子学最有希望的发展方向。

分子存储器

书是最重要的传统信息存储单元，每页书所含的信息密度约为10^2比特／厘米^2；目前使用的半导体随机存储器（RAM）、光盘的存储密度约为10^8～10^{10}比特／厘米^2。而大自然给我们提供了更好的体系，存储在脱氧核糖核酸（DNA）内的基因的信息密度约为10^{14}比特／厘米^2，事实上，由于生物体系是三维的，最大的存储密度可达10^{20}比特／厘米^2。

研究分子存储器的目标是在很小的面积上采用各种分子器件和加工技术制作大尺寸、超高密度的存储器。分子存储器，理论上能达到的存储密度为10^{12}比特／厘米^2。分子水平上的电子学存储器应该通过双稳态或多稳态分子来实现，这种材料在一定电场的作用下，可从原来的绝缘态直接跃迁为导电态，相当于计算机存储器中的“0”、“1”两种状态，利用电场“写入”信息。

美国惠普研究所成功试制出了在1微米^{2}的面积上配置64个分子开关的数据记录元件，由于能够在每个分子开关中记录1比特的数据，因此，数据记录密度相当于约10^9比特／厘米^2。

分子电路

分子电路是分子导线、分子开关、分子电子回路或网络的组合体，将单个具有信息处理能力的分子器件连接起来，以实现逻辑运算功能。分子导线是由共轭聚合物或相关的体系组成的；分子开关是由多稳态分子、分子二极管或相关的化合物组成的。分子电路除组成材料特殊外，在设计理念、体系的技术和组装等方面也和常规电路存在着显著差异。

近年来，各种分子电子器件得到广泛研究，人们已成功使用分子、聚合物和纳米材料代替二极管、三极管和金属导线，获得了更高的信息密度、更短的传输距离和更短的开关时间，当然器件大小也大幅度减小。然而，分子器件研究的最终目标是得到体积更小、信息容量更大、运算速度更快的分子计算机，获得孤立的分子器件仅仅是重要的第一步。2001年该研究取得了重大突破，科学家们用可组装的分子器件组成了具有逻辑运算功能的“分子电路”，尺寸比现有计算机芯片中的电路小数千倍，新一代微型计算机已依稀可见。

分子马达

分子马达是由生物大分子构成，利用化学能进行机械做功的纳米系统。天然的分子马达如驱动蛋白、RNA聚合酶、肌球蛋白等，在生物体内参与了胞质运输、DNA复制、细胞分裂、肌肉收缩等一系列重要的生命活动。分子马达包括线性推进和旋转式两大类。

线性分子马达是将化学能转化为机械能，并沿着一条线性轨道运动的生物分子，主要包括肌球蛋白、驱动蛋白、DNA解旋酶和RNA聚合酶等。其中肌肉肌球蛋白是研究得较为深入的一种，它们以肌动蛋白为线性轨道，其运动过程与ATP水解相关联；驱动蛋白则以微管蛋白为轨道，沿微管的负极向正极运动，并由此完成各种细胞内外传质功能；DNA解旋酶作为线性分子马达，以DNA分子为轨道，利用ATP水解释放的能量将DNA双链分开成两条互补单链；RNA聚合酶则在DNA转录过程中，沿DNA模板迅速移动，消耗的能量来自核苷酸的聚合及RNA的折叠反应。

旋转式分子马达工作时，类似于定子和转子之间的旋转运动，比较典型的旋转式发动机有F1-ATP酶。ATP酶是一种生物体中普遍存在的酶，它由两部分组成，一部分结合在线粒体膜上，称为F0；另一部分在膜外，称为F1。F0-ATP酶的a、b和c亚基构成质子流经膜的通道，当质子流经F0时产生力矩，推动F1-ATP酶的g亚基旋转，g亚基的顺时针与逆时针旋转分别与ATP的合成和水解相关联。F1-ATP酶的直径小于12纳米，能产生大于100皮牛顿的力，无载荷时转速可达17转／秒。F1-ATP酶与纳米机电系统的组合已成为新型纳米机械装置的发展方向。

美国康奈尔大学的科学家利用ATP酶作为分子马达，研制出了一种可以进入人体细胞的纳米机电设备——“纳米直升机”。该设备包括两个金属推进器和一个生物分子组件，其中的生物分子组件将人体的生物“燃料”ATP转化为机械能，可使金属推进器的转速达到8转／秒。这种技术仍处于研制初期，将来有可能完成在人体细胞内投放药物等医疗任务。

分子计算机

分子计算机在自然界早已存在，而且是所有动物的常规设备，那就是大脑。生物计算机的运算过程就是蛋白质分子与周围物理化学介质相互作用的过程。计算机的转换开关由酶来充当，而程序则存放在酶合成系统和蛋白质的结构中。

20世纪70年代，科学家发现脱氧核糖核酸（DNA）处于不同状态可以代表信息的有或无。DNA分子中的遗传密码相当于存储的数据，通过DNA分子间的生化反应，一种基因代码可转变为另一种基因代码，反应前的基因代码相当于输入数据，反应后的基因代码相当于输出数据，如果能控制这一反应过程，就可以制造出DNA计算机。

蛋白质分子比硅晶片上的电子元件要小得多，彼此相距甚近，生物计算机完成一项运算，所需的时间仅为10皮秒，比人的思维速度快100万倍。DNA分子计算机具有惊人的存储容量，1米^{3}的DNA溶液可存储10^{20}比特的二进制数据。DNA计算机消耗的能量非常小，只有电子计算机的十亿分之一。由于生物芯片的原材料是蛋白质分子，所以生物计算机既有自我修复的功能，又可直接与生物活体相连。因此，DNA计算机具有无比的优越性，希望在不久的将来能进入实用阶段。

五、绿色能源化学

人类呼唤绿色能源

为了改善生存环境和推进经济社会可持续发展，一方面应合理、高效利用各种已知能源，另一方面也应积极探索开发新能源，尤其是无污染的绿色能源。

从资源角度考虑，我国常规能源相对不足，人均占有量仅为世界平均水平的一半，能源供求矛盾十分突出。按目前的开采能力和探明储量，我国的煤炭可开采使用150年，而石油仅能开采使用20～30年。当前我国的情况是：煤炭资源丰富，而油气资源有限，天然气和煤层气资源比较分散，距用能中心较远。所以，必须重视研究能源发展的新思路和新模式，开发可再生能源势在必行，新能源和可再生能源将逐步发展并最终成为主流能源。

从环境角度考虑，我国能源以煤炭和石油为主（天然气的产量近年来有所增长），煤直接燃烧所排放的大量硫化物、氮氧化物、烟尘和二氧化碳，是我国目前的主要污染源；石油炼制的油品比煤清洁，但是，我国的石油资源已经不能满足需求，品质也在逐渐降低，含硫量不断升高，给炼制高质量的汽油、柴油带来很大的困难。因此，寻找绿色能源迫在眉睫。

绿色能源也称清洁能源，可分为狭义的和广义的两种。狭义的绿色能源是指可再生能源，如水能、生物能、太阳能、风能、地热能和海洋能等，这些能源在消耗之后可以恢复补充，很少产生污染；广义的绿色能源包括在能源的生产及消费过程中对生态环境无污染或低污染的能源，如天然气、清洁煤（将煤通过化学反应转变成煤气或“煤”油，再通过以高新技术严密控制的燃烧过程将其转变为电能）和核能等。

绿色能源与环境保护

在人类的进化过程中，多种多样的能源不仅为人类提供了必需的动力，而且对认识和改造自然具有重要的意义。特别是20世纪以来，人类对能源的消费增长迅速，规模空前的能源开发利用极大地推动了社会经济的发展。在这个过程中，人们对能源的认识也在不断深入。一方面，人们对微观世界认识的深化以及在新材料的开发上取得的进步，增加了可利用能源的种类，像地热能、原子能和太阳能等；另一方面，能源技术的不断进步，大大提升了人们对能源利用的效率。

能源虽然不是人类的最基本需求，但它对人类生活来说无疑是至关重要的。从照明、饮食、取暖到降温，从灌溉、冷藏、交通运输到通讯联络，人类都离不开能源，能源的利用已经成为人类进步的一个重要标志。

统计表明，目前世界上四分之三的能源来自于矿物资源的燃烧，人类在大量使用化石能源的同时也造成了严重的环境问题，对人类的生活产生了极大的威胁。例如，火力发电、交通运输和各种加热过程都需要燃烧大量的煤炭、石油、柴油、汽油和木制品，在燃烧过程中，这些矿物燃料会排放大量的有害气体、粉尘，可导致人类呼吸系统障碍和癌症。

生态环境的保护已经成为当今世界的重要研究课题。含碳燃料的燃烧向大气中排放了大量的二氧化碳，由于二氧化碳的相对分子质量比大气中其他气体的相对分子质量都高，所以二氧化碳气体滞留在靠近地表的大气中；另一方面，由于人为的破坏，地球上的森林植被在急剧减少，从而减少了光合作用对二氧化碳的吸收，阻断了一部分碳元素的自然循环，导致大气中二氧化碳的浓度不断增加。

因为二氧化碳是一种集热气体，所以这层二氧化碳含量逐渐升高的大气就好像包在地球表面空间的塑料大棚，阻止了地球的热量向外层空间的散发。白天地球从太阳吸收了能量，到了夜晚，应该能自由地向外层空间散发多余的热量，以保持自身的能量平衡，使地球表面的年平均温度恒定，但这层含二氧化碳的大气阻止了热量的散发，破坏了地球的热量平衡，使地球与大气圈就像一座硕大的温室。据科学测量，地球表面的平均温度每年约升高0.3℃，这种现象在环境科学中被称为“温室效应”，二氧化碳被称为“温室气体”。如果人类对这种温室现象不予防治，到未来的某一时期，大气和地球的温度将会升高到足以使地球南北两极的冰雪融化的程度，导致海平面上升60～100米，逐步淹没近海陆地，我国的京、津、沪、粤地区都会成为泽国，台湾、海南、香港也都将没入海洋。虽然这种情况可能是很遥远的事情，但为了人类的长远未来，必须从现在开始就采取措施保护我们的家园。

从全球角度来看，目前全球面临的最严重的环境问题之一就是温室气体在大气中的含量持续增加，这是导致全球气候变化的最重要的原因。尽管发达国家是温室气体的最大排放源，但发展中国家却是最严重的受害者。因此，减少矿物燃料的燃烧，研究开发低碳或非碳能源对生态环境的保护具有非常重要的意义，这也是新世纪全球可持续发展的重要课题。

此外，传统的化石燃料中含有众多非金属杂质，如氮、硫、磷等。其中，硫化物是最普遍的杂质。化石燃料燃烧后，这些非金属杂质转变为酸性氧化物气体，如氮生成氮氧化物（NO、NO_2、N_2O_3、N_2O_5等），硫生成硫氧化物（SO_2、SO_3等）。这些气体排放到大气中，形成酸雾和酸雨，损坏建筑物和生产设备，毁坏庄稼、森林，破坏河流和湖泊的自然生态，造成鱼、禽、兽等动物品种的灭绝，并带来巨大的经济损失。我国的云南、贵州、重庆和四川已成为酸雨危害比较严重的地区，现在京津地区也出现了酸雨危害，且有波及邻国的趋势。在我国的生态环境保护中，防止大气污染是刻不容缓的当务之急!

化学与绿色能源的开发

化学、化工在能源的开发和利用方面扮演着极为重要的角色。能源的高效、清洁利用将是21世纪化学科学与工程的前沿性课题，也是能源化学担负的光荣而又艰巨的使命。能源化学是利用化学与化工的理论与技术来解决能量转换、能量储存以及能量运输等问题的学科，是研究常规能源的综合利用、新能源的研究与开发以及与之相关的新材料、新工艺的科学与技术。物质不灭，能量守恒，物质可以从一种形式转化为另一种形式，而能量也可以从一种形式转化为另一种形式。在这种转化过程中，能源化学通过化学反应及化学合成材料技术直接或间接地实现能量的转换与储存。

我国正处在工业化和城镇化快速发展阶段，面临着保障不断增长的能源需求和保护生态环境的双重压力。在能源利用的历史长河中，石油、煤炭、天然气等常规能源已经创造了人类文明的辉煌，但终究要被新能源所取代。因此，要从根本上解决我国能源供应不足的问题，开发新能源与可再生能源是一条符合国际发展趋势的必由之路。

未来能源家族的宠儿——氢能

氢是宇宙中含量最丰富的元素，也是元素周期表中排行第一的元素。1780年，法国化学家布拉克把氢气灌入猪的膀胱中，制造了世界上第一个冉冉飞上高空的氢气球，这是氢的最初用途。

人们开始利用氢只是利用它比空气轻的特点。最初是法国人乘坐氢气球飞上了蓝天，1901年巴西人制造了使用氢气的飞艇。“一战”结束后，飞艇开始转入民用方面，直到1936年前，充氢飞艇一直风靡世界。后来，由于发生了氢气飞艇爆炸事故，氢气飞艇才退出了历史舞台，新式飞艇改用氦气填充。

20世纪70年代初，全世界面临严重的能源危机。在人们寻找其他替代能源的过程中，燃烧值巨大的氢成为首选能源。科学家发现，每千克氢燃烧产生的热量，约为汽油的3倍，酒精的3.9倍，焦炭的4.5倍；燃烧的产物是水，因而氢是世界上最干净的能源。

事实上，氢作为一种高效能源，近半个世纪以来，一直在为人类做贡献。1957年，世界首颗人造地球卫星就是利用氢、氧火箭送入太空的。当时，前苏联与美国的导弹武器也都以液氢、液氧为燃料。1968年，阿波罗号飞船以氢、氧燃料为动力，实现了人类首次登月的伟大壮举。有数据表明，氢将成为21世纪最重要的二次能源。

用氢作燃料，不仅可取代汽油和柴油，而且可以氢为原料制成燃料电池。氢燃料电池既可用于汽车、飞机和宇宙飞船，又可用于分散式电源等其他方面，如可以代替煤气、暖气、电力管线等而走进家庭生活。因此，氢能一旦成为人类社会的主要能源，人们的生产、生活方式将会发生巨大的变化，所谓的“氢经济时代”就来临了。氢气可以由水来制取，而水是地球上最为丰富的资源，氢气燃烧又产生水，形成自然界中物质循环利用、持续发展的完美过程。

氢能既然有如此多的好处，那为什么现在还不能广泛利用呢?原因很简单，一是缺乏廉价的制氢技术，氢是一种二次能源，它的制取不但要消耗大量的能量，而且目前制氢的效率还很低，因此，寻求廉价的大规模制氢技术是各国科学家共同关心的问题；二是缺乏安全可靠的储氢和输氢技术，由于氢易气化、着火、爆炸，因此，妥善解决氢的储存和运输问题也就成为开发氢能的关键。

新型制氢技术

尽管氢是自然界最丰富的元素之一，但单质的氢在地面上却很少。通常制氢的途径是：从丰富的水中制氢，从大量的碳氢化合物中提取氢，从广泛的生物资源中制取氢，或利用微生物生产氢等。虽然各种制氢技术均不难掌握，但作为能源使用，尤其是作为普通的民用燃料，要求产氢量大，同时价格要便宜，这是选择制氢技术的标准。从长远考虑，裂解水制氢是主要发展方向。

1. 热解水法制氢

要求把水加热到3 000℃以上，这时，部分水蒸气可以热解为氢和氧，但技术上的困难是如何获得高温和高压，有希望的途径是利用太阳能聚焦或核反应的热能。关于利用核裂变的热能分解水制氢已有各种设想方案，但迄今尚未实现，人们更寄希望于今后通过核聚变产生的热能来制氢。

2. 电解水法制氢

最早的制氢便是从电解水开始的，电解法至今仍然是工业化制氢的重要方法之一。尽管改进的电解槽已把电耗降低了许多，但电解制氢还是工业生产中的“电老虎”。若用燃烧石油、煤炭来发电，再用电来制氢，显然，利用这样得来的氢取代煤和石油是得不偿失的，其成本比石油至少要贵3倍，而且并未从根本上解决燃烧煤和石油对环境的污染问题。因此，目前氢燃料仅用于一些特殊的领域，如太空火箭或航天器中的燃料电池，这只是利用氢燃料的优异性能，而并非以氢代替石油。

3. 光解水制氢

传统制氢技术要消耗巨大的能量，导致氢能造价太高，严重制约了氢能的推广应用。为此，科学家设想利用取之不尽、用之不竭的太阳能作为生产氢能的一次能源，使氢能开发展现出更加广阔的前景。

由于水对可见光及紫外线是透明的，并不能直接吸收太阳光能，因此，若要用光裂解水就必须使用光催化材料。科学家在水中加入一些半导体光催化材料，通过这些物质吸收太阳能并有效地传递给水分子，使水发生光解。

TiO_2是人们研究最多也是最稳定的光催化材料，具有价廉、无毒的特点，因此备受人们关注，已成为光催化理论研究的模型和新型光催化材料活性的参考标准。TiO_2的禁带宽度为3.2电子伏特，当TiO_2吸收波长小于380纳米的光时，价带上的电子就会吸收光子跃迁至导带上，并在价带上留下空穴。由于导带上的受激电子能量大于水的还原电位（H^+/H_2），价带上的空穴能量大于水的氧化电位（O_2/OH^-），因此，在电子和空穴的作用下，水分别被电子和空穴还原氧化为H_2和O_2。必须指出，半导体材料除了要满足禁带宽度大于水的电解电压的要求外，其价带和导带还必须同O_2/H_2O和H_2/H_2O的电极电位相匹配，因此，有许多材料受到限制，不具备光催化分解水的活性。

TiO_2作为光解水制氢的催化剂所存在的主要问题是催化剂禁带宽度大（大于3.0电子伏特），只能吸收紫外线，而紫外线在太阳光中只占4%，太阳光中较多的是可见光和红外线。如何降低光催化材料的禁带宽度，使之能利用太阳光中的可见光部分（占太阳能总能量的43%），是太阳能裂解水制氢技术的关键。

4. 生物制氢

在有机质发酵降解和微生物利用太阳能光解水的过程中，氢是重要的中间产物和主产物，因此，微生物制氢是自然界中常见的现象。自然界中可利用的制氢微生物主要有绿藻、蓝藻、光合细菌和暗发酵细菌等。

绿藻和蓝藻依靠体内的光合作用系统吸收太阳能光解水产氢，同时放出氧气；光合细菌和暗发酵细菌则通过厌氧光发酵和暗发酵分解还原性有机物产氢，同时生成二氧化碳；另一种产氢模式，是一种无硫紫色光合细菌能够利用一氧化碳还原水产氢。3种模式的化学反应式比较如下（以乳酸为还原性有机物的代表）：

$$H_2O \longrightarrow H_2 + \frac{1}{2}O_2$$

$$C_3H_6O_3 + 3H_2O \longrightarrow 6H_2 + 3CO_2$$

$$CO + H_2O \longrightarrow H_2 + CO_2$$

3种模式的主要区别在于：质子还原步骤所需电子的原始供体分别为H_2O、还原性有机物和CO。

质子还原产氢反应依靠微生物体内的产氢酶催化完成，不同类型微生物的催化产氢酶并不完全相同，绿藻和暗发酵细菌的产氢酶为可逆性氢酶，蓝藻和光合细菌则依靠固氮酶催化产氢。微生物产氢过程还存在各种抑制物，O_2、CO、N_2、NH_4^+均是抑制物，不同的微生物抑制物亦不尽相同。

微藻产氢的主要优点是能够利用太阳能直接以水为原料制氢。其中绿藻制氢的太阳能转化效率是某些高等植物光合作用效率的10倍，有可能达到10%（太阳能光解水制氢可实用化的转化率下限）；绿藻制氢的缺点是产氢酶抑制现象严重，产氢持续时间过短，此外，对光生物反应器要求苛刻，成本较高。

光合细菌产氢具有较高的理论产氢效率，并能利用较宽的光波带，且不存在释氧过程，可与废水处理相结合；其缺点是对光反应器要求较高，产生的气体中有较多的CO_2，同时发酵废液的处理将增加成本。总体来看，光合细菌被认为是富有潜力的产氢系统，已有较为深入的研究。

有机物暗发酵制氢具有非常高的产氢速度，由于不需要光，可以日夜持续产氢，同时微生物的生长速度较快，使产氢的微生物数量容易得到保障；暗发酵制氢也存在气体中含CO_2及发酵液排放前必须处理等问题。

有机物暗发酵制氢在发酵过程中产生的有机酸不能进一步利用，用光合细菌与发酵细菌混合产氢能克服这一缺陷。在混合产氢体系中，厌氧暗发酵菌的碳水化合物酶将有机物降解为有机酸，同时借助氢酶将质子还原为氢气；所产生的有机酸进一步通过光合细菌的固氮酶在光照条件下产氢。

综合考虑新能源的研发与环境保护，生物制氢无疑是最为理想的制氢技术，然而生物制氢的成本目前也难以达到能源氢的要求。总之，各类制氢技术均有待发展，各种制氢模式的机理还需要进一步研究。

储氢材料与技术

由于常温常压下，氢气密度太小，即质量体积比太小，不易储存，所以储氢技术是氢能走向实用化、规模化的关键。国内储氢合金材料已有小批量生产，然而较低的储氢质量比和高昂的价格阻碍了其大规模应用。1999年，中国科学院关于储氢纳米碳管的研究获重大突破，使我国新型储氢材料研究一举跨入世界先进行列。

装载运输氢气的传统方法是将其压缩至高压钢瓶中，一个20～30千克的钢瓶在15兆帕（150大气压）下仅能装1千克氢气，在40兆帕（400大气压）下只能装2.5千克氢气，氢气质量只占容器的2%～4%，既不经济又不方便。同时，这种方法要求压力越高越好，这就造成安全隐患，若钢瓶在意外事故中破裂，其后果相当于一次爆炸。

另一种储氢方法就是将氢液化，航天工业早已在火箭中用液氢作为燃料，但也有缺点，如保存液氢的条件苛刻，要保持在很低的温度（–253℃），液氢储箱要有很厚的绝热保护层才能防止液氢沸腾气化。大型运载火箭的液氢燃料往往占去火箭一半以上的空间。前苏联试飞的第一架液氢飞机是由普通客机改装的，其储氢罐就占去了客舱空间的一半。

最有发展前途的储氢技术是用固态金属氢化物储氢。金属氢化物储氢是氢以原子状态存在于合金中。储氢合金在一定温度和压力下可以大量吸收氢气，生成金属氢化物，金属氢化物加热后就可释放出氢气。

例如，镧镍合金$LaNi_5$能吸收氢气形成金属氢化物：

$$LaNi_5 + 3H_2 \underset{\text{微热}}{\overset{200\sim300\text{千帕}}{\rightleftharpoons}} LaNi_5H_6$$

氢在储氢合金$LaNi_5$中以原子状态存在，处于合金八面体或四面体间隙位置上。正是由于氢以原子状态存在于合金中，使金属氢化物储氢技术具有高储氢体积密度和高的安全性。

加热时，$LaNi_5H_6$又可放出氢。$LaNi_5$合金可长期、反复进行吸氢和释氢，且储氢量大。1千克$LaNi_5$合金在室温和250千帕压力下可储15克以上氢气。除镧镍合金外，还有多种合金也能储氢。目前，正在开发的储氢合金主要有三大系列：镁系合金、钛系合金和稀土系合金（$LaNi_5$属于稀土系合金）。虽然许多金属都能与氢作用生成金属氢化物，但并非所有这些金属都适合作为储氢材料。对储氢材料性能的要求包括：单位质量或单位体积的储氢量要大，吸氢和释氢的温度、压力条件要求不高，氢化物的生成热小，材料能反复使用，轻质廉价等。当然，要让一种合金完全具备以上所有特性是困难的，所以要进行全面的综合考虑。

现在科学家正在研究一种"固态氢"宇宙飞船。固态氢既作为飞船的结构材料，又作为飞船的动力燃料。在飞行期间，飞船上所有的非重要零件都可以转化为能源而"消耗掉"，这样飞船就能在宇宙中飞行更长的时间。这种构想预计2022年就可以实现。

氢能汽车

在2002年北美国际汽车展上，当美国通用汽车公司总裁瓦格纳向在场的数百名来自世界各地的记者介绍"自主魔力"概念车时，几乎所有的人都对这个被称为"汽车工业百年来最伟大变化"的构想惊叹不已。在这款车上，没有发动机，没有变速器、传动轮等机械装置，甚至没有方向盘，传统的汽车结构被彻底打破，以致通用公司负责该车研发的副总裁波立达博士认为，这是一款完全从零研发的新车，除了4个轮子以外，其余部分都与传统汽车不同。

众所周知，现在的汽车多用发动机驱动，然后通过变速器、传动轴等传动机构将驱动力分配到各个车轮。但是，这种机械结构不可避免地要占用一定的空间，从而限制了汽车的设计。为此，决心另辟蹊径的通用汽车公司首次将氢燃料电池和线控技术同时应用到"自主魔力"汽车上。其中，可以化整为零、灵活组合的氢燃料电池取代了发动机，在燃料电池中，氢和氧直接化合产生电流，再由电动机驱动汽车。"自主魔力"车的推出具有划时代的意义。

目前，汽车用的燃料电池在小型化和提高功率方面取得了巨大进展，国际上许多著名的汽车公司都积极致力于氢燃料电池汽车的研发工作，加拿大制造的氢燃料电池公共汽车已经投入实际运营，美国通用汽车公司已推出燃料电池概念车（见下图）。我国研发的燃料电池汽车，在整车操控性能、行驶性能、安全性能、燃料利用等方面也都取得了较大的进步。

氢能汽车投入产业化，还需要解决一些技术和经济上的问题。比较切实可行的方法是采用氢气与汽油混烧的掺氢汽车。掺氢汽车可以用原有的发动机，只要稍加改造，甚至不加改造，即可提高燃料利用率和减轻尾气污染。使用掺氢5%左右的汽车，平均热效率可提高15%，节约汽油30%左右。

美国通用公司推出的燃料电池概念车

由于地球上的石油资源有限，且分布不均衡，从长远看人们没有理由对石油价格感到乐观。虽然石油经济时代不会马上过去，但石油危机可能会促进氢能经济时代的快速到来。从目前氢能汽车的发展态势看，可以相信，在不久的将来，普通人也可以开上对环境无污染的氢能汽车。

能量之源——太阳能

太阳能是地球上能量的源泉。太阳自身是一团巨大而炽热的气体火球。如果把太阳比作一个篮球，那么地球只不过相当于一粒小小的芝麻。

太阳表面的温度约为6 000℃，越往里温度越高，中心温度可达4 000万℃，压力有2 000亿个大气压。在这种极高的温度和压力下，太阳物质的原子已经失去了全部或大部分核外电子，赤裸裸地只剩下原子核。组成太阳的主要物质是氢，由于热运动，氢原子核获得了极大的速度，彼此间剧烈地碰撞，发生了类似氢弹爆炸那样的核聚变反应，每4个氢原子核聚变成一个氦原子核，同时放出巨大的能量，这就是我们所说的太阳能。

太阳这颗“氢弹”每秒钟释放出的能量相当于910亿颗百万吨级氢弹爆炸所放出的能量。太阳能以光和热的形式，通过辐射到达地球。据测算，太阳每秒钟送到地球表面的能量，相当于550万吨煤燃烧放出的能量。地球每年接受的太阳能相当于目前地球上每年燃烧的固、液、气体燃料所放出能量的3.5万倍。

人类对太阳能的利用经过了3个阶段。第一阶段是对太阳能的自然利用，一切生物都在自然地利用着太阳能，以维持其生存和延续。

第二阶段是对太阳能的间接利用。树木、柴草等生物质能源的燃烧，煤、石油等化石燃料的利用，都是对太阳能的间接利用，因为这些生物质能源和化石能源的能量都是由太阳能转化而来的。可以说，现在利用的能源，除了核能以外，都是对太阳能的自然利用和间接利用。但是，太阳能的间接利用不仅受到数量限制，而且还对环境造成污染，因此，人们开始思考如何才能更有效、更直接地利用太阳能。

第三阶段就是直接利用太阳能。对太阳能的直接利用是指把太阳光转化成热能或电能。太阳能的直接利用与太阳能的间接利用相比，具有无比的优越性。首先它是取之不尽、用之不竭的能源，只要把地球上沙漠面积的4%铺上太阳能电池，就能满足全世界各国对电力的需求；而且太阳能电池是清洁能源，与化石能源相比，不会造成对环境的污染。

太阳能的直接利用是人类发展史上的一次巨大的飞跃，但直接利用太阳能有很大的难度，主要是照在地球表面的能量密度太小，过于分散。尽管如此，人们对太阳能的直接利用已经取得了很大的成就，例如小到人们生活中的太阳能热水器、太阳灶等，大到各种各样的、用途广泛的太阳能电池。这一切都说明，对太阳能的直接利用已经渗透到了人们的生活中。

光合作用的本质

地球上无数的绿色植物在进行着光合作用，人类赖以生存的能源和材料大都直接或间接地来自光合作用。光合作用是绿色植物和藻类植物在可见光作用下将二氧化碳和水转化成碳水化合物的过程，该反应可以表示如下：

$$nCO_2 + mH_2O \xrightarrow{\text{光}} C_n(H_2O)_m + nO_2$$

光合作用是将光能转化为电能，继而将电能转化为活跃的化学能，最终转化为稳定的化学能的过程。光合作用的第一个能量转换过程是将太阳能转变为电能，这是一个运转效率极高的光物理、光化学过程，而且光合作用是一个纯粹的生理过程，是纯天然的“发电机”，所用的原料（水）成本很低，且不会对环境造成污染。如果能模拟这种从太阳能到电能转化的生理过程，将会使人们更高效地利用太阳能，这在自然能源日益匮乏、环境污染日趋严重的今天已成为科学家研究的重点。

光合作用包含两个主要步骤：一是需要光参与的在叶绿体囊状结构上进行的光反应，二是不需要光参与的在有关酶催化下于叶绿体基质内进行的暗反应。光反应又分为两个步骤：原初反应（将光能转化为电能，分解水并释放氧气），电子传递和光合磷酸化（将电能转化为活跃的化学能）。在光合作用中，暗反应是以植物体内的C_5化合物（1，5-二磷酸核酮酸）和CO_2为原料，利用光反应产生的活跃的化学能，合成储存能量的葡萄糖的过程。

很显然，如果利用光合作用发电，关键在于光反应，要在光反应结束之前（电能转化为活跃的化学能之前）设法将电能输出。

原初反应是光反应的第一步，完成光能到电能的转化。原初反应需要叶绿素分子的参与。叶绿体内类囊体薄膜上的色素可以分为两类：一类具有吸收和传递光能的作用，包括绝大多数的叶绿素a，以及全部的叶绿素b、胡萝卜素和叶黄素；另一类是少数处于特殊状态的叶绿素a，这种叶绿素a不仅能够吸收光能，而且还能使光能转换成电能。在光的照射下，具有吸收和传递光能作用的色素将吸收的光能传递给少数处于特殊状态的叶绿素a，使这些叶绿素a被激发而失去电子，脱离叶绿素a的电子经过一系列的传递，最后传递给一种带正电荷的有机物$NADP^+$；失去电子的叶绿素a变成一种强氧化剂，能够从水分子中夺取电子，使水分子氧化生成氧分子和氢离子（H^+），叶绿素a由于获得电子而恢复稳态。这样，在光的照射下，少数处于特殊状态的叶绿素a连续不断地丢失电子和获得电子，从而形成电子流，使光能转换成电能。

光合作用高效吸能、传能和转能的分子机理及调控原理是光合作用研究的核心问题。光合作用发现至今已有200多年的历史，自20世纪20年代以来，关于光合作用的研究曾多次获得诺贝尔奖，但光合作用的机理仍未被彻底了解，这也是当今世界上许多科学家仍在对其辛勤研究的原因。光合作用机理研究若获得重大突破，不仅具有重大的理论意义，而且对农作物光能转换效率的调节和控制、农作物基因工程和蛋白质工程的进步、太阳能利用新途径的开辟等具有直接的实用价值。

太阳能电池

太阳能转换为电能有两种基本途径：一种是把太阳能转换为热能，即“太阳能发电”；另一种是通过光电器件将太阳光直接转换为电能，即“太阳光发电”。目前，光发电已发展出两种类型：一种是光伏打电池，一般俗称太阳能电池；另一种是正在探索中的光化学电池。

太阳能电池虽然叫做电池，但与传统意义上的电池不同，因为它本身不提供能量储备，只是将太阳能转换为电能，所以太阳能电池只是一种装置，它是利用某些半导体材料受到太阳光照射时产生的光伏效应将太阳能辐射直接转换成直流电能的器件，所以也称为光电池。在制作太阳能电池时，根据需要将不同半导体组件封装成串并联的方阵。另外，通常需要用蓄电池等作为储能装置，以随时供给负载使用；如果是交流负载，则还需要通过逆变器将直流电变成交流电。整个光伏系统还要配备控制器等附件。

安装1千瓦光伏发电系统，每年可少排放二氧化碳约2 000千克，氮氧化物16千克，硫氧化物9千克及其他微粒0.6千克。一个4千瓦的屋顶家用光伏系统就可以满足一户普通美国家庭的用电需要，每年少排放的二氧化碳量相当于一辆家庭轿车的年排放量。

1954年，美国贝尔实验室研究人员发现硅晶体中的p-n结能够产生光伏效应，并根据这个原理制造出了世界上第一个投入使用的太阳能电池，但效率仅为4%，后经过改进，于1958年应用到美国先锋I号人造卫星上。

由于太阳能电池具有特殊的优越性，各国普遍将其作为航天器的首选动力。迄今为止，各国发射的数千航天器中的绝大多数都使用太阳能电池。目前，全世界还有20亿人用不上电，而我国现在还有约2300万人居住在无电地区，他们中的大多数生活在偏远山区。没有电严重制约着当地经济的发展，由于居住分散，交通不便，很难通过延伸公共电网来解决用电问题。因此，光伏发电在这些地区大有用武之地，具有巨大的潜在市场。

晶体硅太阳能电池

晶体硅太阳能电池是光伏技术发电市场上的主导产品。1997年，84%的太阳能电池及组件是采用晶体硅制造的。晶体硅电池既可用于外层空间，又可用于地面。硅是地球上储量第二大的元素，人们对它作为半导体材料的研究很多，技术也很成熟，而且晶体硅性能稳定、无毒。因此，晶体硅已成为太阳能电池研究开发、生产和应用的主导材料。晶体硅太阳能电池目前主要有单晶硅太阳能电池和多晶硅太阳能电池两种，下面重点介绍一下单晶硅太阳能电池。

单晶硅太阳能电池是开发最早的一种太阳能电池，其结构和生产工艺已经定型，产品已广泛应用于外层空间和地面。目前，单晶硅太阳能电池的光电转换效率为15%左右，也有达到20%以上的实验室产品。晶体硅太阳能电池的生产过程大致可分为提纯、拉棒、切片、电池制作和封装5个步骤。

硅主要以SiO_2形式存在于石英和沙子中，其制备方法主要是在电弧炉中用碳还原石英砂。该过程能量消耗很高，约为14千瓦时／千克。典型的半导体硅的制备过程是采用粉碎的冶金级硅在流化床反应器中与HCl气体混合并反应生成$SiHCl_3$和氢气，$SiHCl_3$在30℃以下是液体，因此很容易与氢气分离。接着，通过精馏使$SiHCl_3$与其他氯化物分离，经过精馏的$SiHCl_3$的杂质水平可低于10^{-12}（质量分数），达到电子级硅的要求。提纯之后的$SiHCl_3$通过化学气相沉淀法制备出多晶硅锭。

在加工工艺中，要求将单晶硅棒切成硅薄片，薄片厚度一般约为0.3毫米。硅薄片经过成型、抛磨、清洗等工序，制成待加工的原料硅片。在加工太阳能电池薄片时，要在硅片上进行微量掺杂，并进行扩散处理。一般掺杂物为微量的硼、磷、锑等，而扩散是在石英管制成的高温扩散炉中进行的，在硅片上形成p–n结。然后采用丝网印刷法，将精配好的银浆印在硅片上做成栅线，经过烧结，同时制成背电极，并在有栅线的面上涂覆减反射膜，以防止大量的光被光滑的硅片表面反射掉。至此，单晶硅太阳能电池的单体片也就制成了。单体片经过抽查检验，即可按所需要的规格组装成太阳能电池组件（太阳能电池板），用串联和并联的方法形成一定的输出电压和电流。用户通过系统设计，可用太阳能电池组件组成各种大小不同的太阳能电池方阵，亦称为太阳能电池阵列。右图为晶体硅太阳能电池。

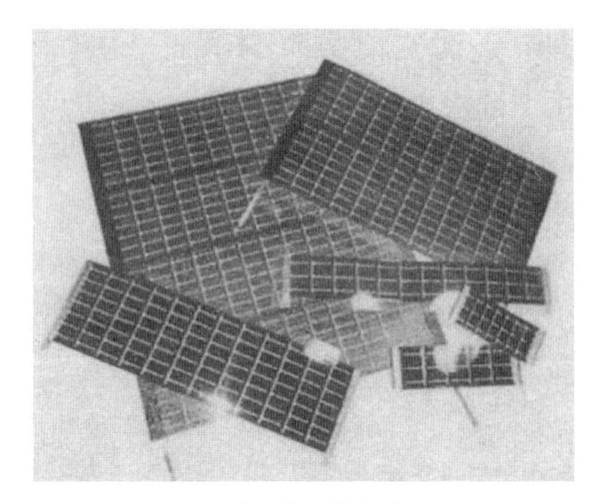

晶体硅太阳能电池

多晶硅薄膜太阳能电池由于所使用的硅量远较单晶硅少，又无效率衰减问题，并有可能在廉价底材上制备，其成本预期要远低于单晶硅太阳能电池，实验室效率已经达到了18%，因此，多晶硅薄膜太阳能电池被认为是最有可能替代单晶硅太阳能电池的下一代太阳能电池。

柔性太阳能电池

科学家发明了一种质地轻且柔韧的太阳能电池，它是用多晶硅制成的。这种柔性太阳能电池只比普通胶卷稍厚一点，可以卷起来，也可展开放在汽车的后座玻璃窗下，还可以缝在布料上，或置于物体表面，来为手机乃至电池充电，比以前的玻璃太阳能电池板方便得多。

生产柔性电池板时，温度要达到200℃以上，将塑料感光层熔化，直接放在铝板上形成感光的塑料膜，而不用在中间做感光夹层。等到塑料膜冷却后，铝板就可以拿走再用。然后，在感光塑料膜的一面覆上保护性的塑料层，就成了可以卷起的太阳能板。

不过，最好的太阳能电池能源利用率可达20%，而柔性太阳能电池只有7%左右，研究人员希望能达到10%的能源利用率。

柔性太阳能电池在军事上也有很光明的应用前景。首先，使用柔性太阳能电池可以确保军队与装备的隐蔽，因为现在使用的柴油发电机很容易发出红外线和噪声。此外，轻巧的柔性太阳能电池可以使士兵不必再携带笨重的备用电池。美国有线新闻网报道，覆盖有柔性太阳能电池的军用帐篷（见右图）已在进行野外试验，不久即可进入美国军队的装备中。

美国还计划研制采用更高工艺的柔性太阳能电池，它们将可以直接缝制在军服上。

太阳能帐蓬

太阳能交通工具

1980年8月的一天，一架样子奇特的飞机停在美国一个机场上，它除了有一对大大的、长长的翅膀外，机身上方还架有一个天棚，翅膀和天棚上都装有太阳能电池，这是世界上第一架太阳能飞机。这架飞机只有22.7千克重，在一位体重只有45千克的女飞行员布朗的操纵下，成功飞上了蓝天，飞行14分32秒，飞行距离为3.2千米。

不久，美国又研制了"挑战者号"太阳能飞机。1996年取名为"开拓者号"的无人驾驶太阳能飞机又起飞了，这架飞机的机翼有30米长，上面铺满了太阳能电池，翼板前方安有8个电动机，用于驱动8个螺旋桨，以产生牵引力，并能控制飞行方向。这已不是一架"概念飞机"了，它的实用价值是用于气象观察和执行特殊的侦察任务。这种飞机可以在白天飞行时利用获得的太阳能尽量爬高，或者将太阳能储存在蓄电池内，夜间利用高度作滑翔飞行或由蓄电池供电飞行，这样，就可以利用太阳能维持长时间飞行了。

美国太空总署的实验飞机"太阳神号"也是一部用太阳能作为动力的无人飞行器，每小时的航速是40千米。它的翼展长达75米，不但比波音747客机的翼展要长，甚至比波音747的机身长!白天，它利用充沛的太阳能推动往上攀升，最终可到达30.5千米的高度，创造了非火箭推动飞行器的飞行高度纪录。美国研制太阳神号的目的在于进行飞行科技的探索。

人们在致力于研制太阳能飞行器的同时，也没有忽略研制太阳能汽车。与传统的汽车不同，太阳能汽车已经没有发动机、底盘、驱动变速箱等构件，而是由电池板、储电器和电机组成。车行驶时只要控制流入电机的电流即可。全车主要有3个技术环节：一是将太阳光转化为电能，二是将电能储存起来，三是将电能最大程度地转化为动力。

太阳能汽车具有零污染、能源用之不竭的优点，因此代表了汽车发展的最新水平，但由于有造价昂贵、动力受太阳照射时间限制及承载能力差等缺点，暂时尚无法普及。

太阳能汽车的形状大都很古怪，这是因为太阳能汽车首先要解决的问题是把太阳能转化为电能，这就需要电池板与太阳光有一个大的接触面，所以，一般太阳能汽车大都做成扁平状。下图是一辆颇具科幻色彩的太阳能汽车。

1996年，一位日本人驾驶一架用回收废罐头瓶制成的光电动船，从厄瓜多尔到日本共航行了16 000千米，历时120天，此举向世人展示并证明了太阳能的广泛应用前景。

颇具科幻色彩的太阳能汽车

太阳能在航天航空中的应用

航天器电源的选择取决于航天器用电系统的工作寿命、负载特征和负载要求、太阳辐射情况、工作环境、重量、体积和结构等因素。目前，已发射的航天器中90%是人造地球卫星，人造地球卫星多采用化学电源和太阳能电池阵电源；载人飞船和航天飞机多采用氢氧燃料电池，其每组电池峰值高达12千瓦，无维护工作时间大于2 500小时，并且具有多次启动和停机功能；地球轨道航天器和空间站、长寿命（10～15年）卫星，多采用太阳能电池阵电源系统，即太阳能电池阵和蓄电池组合系统。

众所周知，在地球的外层空间（150千米以外），太阳辐照度为地面的113～117倍（1 360瓦／米^2），采用太阳能电池阵供电输出功率大、寿命长，并可减轻航天器重量，与蓄电池组合可解决航天器进入地球阴影区时的供电问题。镉镍蓄电池组是太阳能电池阵电源系统中不可缺少的部分，它在光照区储能，在阴影区为卫星供电。

装有太阳帆的航天器以阳光作为动力，不需要火箭，也不需要燃料，只要展开一个仅有100个原子厚的巨型超薄航帆，即可从取之不尽的阳光中获得持续的推力飞向宇宙空间。它飞行起来很像大洋中的帆船，改变帆的倾角即可调整前进方向，而且只要几何形状和倾角适当，它可以飞向包括光源在内的任何方向。借助阳光的推力，这种航天器可以飞向太阳系的边缘并进入星际空间，如果辅以从地球轨道射出的强力激光束，它可以飞得更远，直至到达离太阳系最近的恒星。

正是凭借无需额外携带燃料与能够实现持续高速航行这两大优点，太阳帆逐渐成为星际旅行技术研发中最被看好的技术。

2005年6月22日全球第一个太阳帆宇航器——“宇宙一号”从位于巴伦支海的俄罗斯核潜艇上发射升空。“宇宙一号”成为首个发射升空的真正以太阳光为动力的“太空船”。“宇宙一号”总重量为50千克，由8片长度为15米左右的三角形高强度聚酯薄膜帆板组成，帆板总面积达600米^2，并涂满了反射物质。这些帆板就像直升机翼片一样，可以通过调整它们来改变宇航器的飞行方向和速度。从理论上讲，光是由细小的被称为光子的能量团组成的，当太阳光照射到帆板上后，帆板将反射出光子，而光子也会对太阳帆产生反作用力，推动零重力的太阳帆前行。因此，太阳帆的直径越大，获得的推力也越大，速度也将越快。但“宇宙一号”发射升空后不久便与地面失去联

太空帆

系，后在俄罗斯西伯利亚地区坠毁。

然而，科学家们并未因此而放慢探索的脚步。正如已故著名天文学家、科普作家卡尔·萨根曾经说过的：“我们已经在宇宙海洋的岸边徘徊许久，我们终将扬帆前往其他星球。”以太阳帆作为星际旅行“发动机”的梦想，并未因此次受挫而暗淡无光，反而赢得了越来越多的青睐，人类利用太阳能的星际旅行技术仍在不断探索之中。

“在科学上没有平坦的大道，只有不畏劳苦沿着陡峭山路攀登的人才有希望达到光辉的顶点。”科学上的一些重要发现正是受到失败的启示而做出的。上图是形状很像风车的太空帆效果图。

可再生能源——生物质能

传统化石能源日趋枯竭，人们开始将目光聚焦到了可再生能源上，这其中，“生物能源”已经浮出水面。生物质能是绿色能源家族的重要一员，它是通过植物的光合作用将太阳辐射能以生物质形式固定下来的能源。

生物质能是人类最早利用的能源，人们烧的柴草、木材、牛粪之类都属于生物质能。因此可以说，除了煤和石油等矿物燃料外，凡是可作燃料的植物、微生物甚至动物所产生的有机质均可划为生物质能。此外，藻类等水生植物和可进行光合作用的微生物也是可以开发的生物质能。生物质能的应用有不同的形式，可以将树木、干草、秸秆等直接作燃料，也可以通过一定的方式将生物质能转化为沼气、酒精等作为燃料。

生物质能来源于太阳辐射能，因此它是取之不尽的可再生能源，但在过去，生物质能一向不被人们所重视。例如，我国每年有1.5亿吨（约合7千万吨标准煤）以上的作物秸秆在田间地头直接烧掉，不但浪费了宝贵的资源，而且污染了环境。过去人们不重视生物质能，因为生物质能与煤炭、石油等矿质能源相比，其主要缺点是燃烧值低、体积松散，不便于工业化应用。所以，开发生物质能需要以科学技术加工改造原始的生物质原料。把原始的生物质通过生物或化学的方法气化或液化，便可以转化成高质量的能源，既提高了热效率，又没有化石能源的弊端，是维持社会可持续发展的重要措施。

加工改造原始的生物质不一定都用高科技，有时只需用简单的技术就能解决问题。如生物质沼气化，在我国农村已经普遍推广；又如生物质酵解成乙醇，可作为内燃机替代能源或混合能源。

目前，在能源紧缺状况越来越严重的情况下，全球各国都在加紧抢占生物能源的制高点。1980年美国科学基金会向总统提出的研究报告中，特定研究课题的首项就是“光合作用——发展有效利用太阳能的作物”，在1995年度联邦科学预算中，美国国会批准的能源部有关“生物环境”的投入数额竟大于核物理和核聚变，达4.45亿美元；欧盟自20世纪90年代初开始，就高度重视生物能源战略，欧盟委员会提出，到2020年，运输燃料的20%将用燃料乙醇等生物燃料替代；日本有生物能源“阳光计划”；印度有“绿色能源工程计划”；加拿大惊呼本国生物能源行业落后于美、欧和日本，大力调整政策迎头赶上；目前，瑞士正准备种植10万公顷石油植物，借此解决每年50%左右的石油需求量；英、法、俄等国也相继开展了能源植物的研究与应用。

能源生物技术

生物催化剂在能源领域中应用的技术可统称为能源生物技术。酶是由细胞按一定的基因编码产生的具有催化功能的蛋白质，生物体内存在的各类化学反应无不与酶的催化作用相关。随着现代生物技术的发展，人类可利用基因工程、蛋白质工程等手段对酶催化剂进行改造或组建，以获得非自然的、催化性能优异的酶。因此，利用生物催化剂以及相应的生物催化、转化技术改造现有的加工业已在世界范围内受到重视。

能源生物技术中的生物催化剂多数是微生物，所催化的体系多数是复杂底物和复杂反应。能源生物技术多数涉及到燃料气与燃料油的制备，根据目标产物的类型，可分为生物甲烷、生物柴油、生物制氢等技术。这些技术反映了开发新能源特别是可再生能源的走向，也是生物学与化学、化工在能源领域交叉、渗透的聚焦点。

化腐朽为神奇的沼气

提起沼气，也许你并不陌生，动物的粪便、农作物的茎叶、杂草、树叶和含有机物的废渣、废液等，在适当条件下经细菌发酵，都会产生沼气。沼气的主要成分是甲烷（CH_4）。甲烷是相对分子质量最小的碳氢化合物，常温下为气态。甲烷是一种高品位能源，其热值为21.34～27.20兆焦／米^3。甲烷完全燃烧的产物为水和二氧化碳，因此，它也是一种清洁能源。作为生物质降解的一种重要产物，甲烷又是一种可再生的能源。

沼气是由微生物发酵分解生物质而产生的。用于沼气发酵的微生物有甲烷菌、纤维素分解菌、半纤维素分解菌、蛋白质分解菌、脂肪分解菌和乙酸菌等。其中，纤维素菌能产生一种溶解纤维素的生物催化剂——纤维素酶，它能把秸秆中数量巨大的纤维素变成葡萄糖；蛋白质分解菌则专门使蛋白质分解成氨基酸；乙酸菌专门生成乙酸、氢和二氧化碳。这些不同的细菌都能直接或间接地为甲烷菌提供养分，从而促进甲烷的生成。

沼气发酵实质上是大分子有机物降解为小分子有机物并进一步酵解转化为CH_4的过程。在发酵过程中，参与的微生物虽然种类复杂而难以归一，但CH_4是最重要的终产品。沼气技术是目前能源生物技术中最为成熟的技术。在发达国家，单个沼气池的体积已达到了1×10^4米^{3}的规模。

生物柴油

生物柴油是指以生物质为原料制备的可代替柴油的液体燃料。生物柴油是清洁的可再生能源，它是以大豆和油菜子等油料作物、油棕和黄连木等油料林木果实、工程微藻等油料水生植物以及动物油脂、废餐饮油等为原料制成的液体燃料，是优质的柴油代用品。生物柴油是典型的“绿色能源”，大力发展生物柴油对经济可持续发展，推进能源替代，减轻环境污染具有重要的意义。

生物柴油目前主要用化学法生产，即在高温下用动物和植物油脂与甲醇或乙醇等低碳醇在酸或碱催化下进行酯交换反应，生成相应的脂肪酸甲酯或乙酯，再经洗涤干燥即得生物柴油。甲醇或乙醇在生产过程中可循环使用，生产过程中可产生10%左右的副产品甘油。

目前，生物柴油的主要问题是成本高。据统计，生物柴油制备成本的75%是原料成本，因此，采用廉价原料及提高转化率从而降低成本是生物柴油实用化的关键。美国已开始通过基因工程方法研究高含油量的植物，日本则重视采用工业废油和废煎炸油，欧洲在不适合种植粮食的土地上种植富含油脂的农作物。

化学法合成生物柴油，工艺复杂，醇必须过量，后续工艺要有相应的醇回收装置，能耗高，色泽深。而且脂肪中不饱和脂肪酸在高温下容易变质，酯化产物难于回收。此外，生产过程有废碱液排放。

为解决上述问题，人们开始研究用生物酶法合成生物柴油，即用动物油脂和低碳醇通过脂肪酶进行酯化反应，以制备相应的脂肪酸甲酯或乙酯。酶法合成生物柴油具有条件温和、醇用量小、无污染物排放的优点，但目前存在的问题是醇的转化率低，一般仅为40%~60%。由于脂肪酶对长链脂肪醇的酯化有效，而对短链脂肪醇（如甲醇或乙醇等）转化率低，而且短链醇对酶有一定毒性，酶的使用寿命短；副产物甘油和水难于回收，不但对产物形成抑制，而且甘油对固定化酶有毒性，使固定化酶使用寿命缩短。

“工程微藻”生产柴油为生物柴油生产开辟了一条新的技术途径。美国国家可更新实验室（NREL）通过现代生物技术合成了“工程微藻”，即一种硅藻类的“工程小环藻”，在实验室条件下可使“工程微藻”中的脂质含量增加到60%以上，户外生产也可增加到40%以上，而一般自然状态下微藻的脂质含量为5%~20%。“工程微藻”中脂质含量的提高主要是由于乙酰辅酶A羧化酶（ACC）基因在微藻细胞中的高效表达。目前，正在研究选择合适的分子载体，使ACC基因在细菌、酵母和植物中充分表达，还进一步将修饰的ACC基因引入微藻中以获得更高效的表达。利用“工程微藻”生产柴油具有重要的经济意义和生态意义，其优越性在于：微藻生产能力强，用海水作为天然培养基可节约农业资源，单位面积的油脂产量比陆生植物高出几十倍；生产的生物柴油不含硫，燃烧时不排放有害气体；这种生物柴油排入环境中也可被微生物降解，不污染环境。发展富含脂质的微藻或“工程微藻”是生产生物柴油的一大趋势。

德国是生物柴油利用最广泛的国家，每年生产和消费生物柴油110万吨，占世界总消费量210万吨的一半还多。德国政府鼓励使用生物柴油，对生物柴油的生产企业全额免除税收，从而使其价格低于普通柴油，并已颁布了德国工业标准（EDIN51606）。2004年德国已有1 800个加油站供应生物柴油。欧盟2003年5月通过的《在交通领域促进使用生物燃料油或其他可再生燃料油的条例》要求，2005年欧盟生物质燃料应占总燃料的2%，2010年后达到5.75%。

目前，巴西的生物质燃料发展最具特色，是世界上唯一不供应纯汽油的国家，也是采用乙醇和生物柴油作为汽车燃料最为成功的国家。2002年，巴西乙醇替代汽油率接近50%，全国使用乙醇汽油的车辆已超过1 550万辆，完全用含水乙醇作燃料的汽车达220万辆；同时计划在东北部大量种植蓖麻，使蓖麻的年产量达到200万吨，年生产生物柴油1.12亿升。

绿色石油乙醇

乙醇，就是我们通常说的酒精。纯乙醇的沸点为78.5℃，很容易燃烧，在世界面临能源危机的今天，开发利用乙醇作为动力燃料，正受到人们越来越多的关注。有的国家把乙醇掺进汽油里混合使用，称为乙醇汽油，这就如同两种以上的酒调制成的鸡尾酒，这种乙醇汽油的效率甚至比单纯的汽油还高，还能提高汽油的辛烷值（辛烷值是衡量车用汽油抗爆性能好坏的一项重要指标，辛烷值越高，抗爆性能越好）。因此，让汽车喝“鸡尾酒”不失为有效利用能源的一种好方法。在产糖量居世界第一位的巴西，完全用乙醇开动的汽车早已在圣保罗的大街上奔驰了。

虽然乙醇的发热值比汽油低30%左右，但乙醇的密度高，因此，作为化石燃料（主要指汽油、柴油）的最佳替代能源，乙醇已展示出良好的前景。以纯乙醇作燃料的机动车，其功率比烧柴油的机动车还高18%左右。采用乙醇作燃料，对环境的污染比汽油和柴油要小得多。用20%的乙醇与汽油混合使用，汽车的发动机可以不必改装。下图是一辆混合动力车。

生产乙醇的主角是大名鼎鼎的酵母菌，它能够在缺氧的条件下，开动体内的一套特殊装置——酶系统，把碳水化合物转变成乙醇。近年来，人们又陆续发现，微生物王国中能制造乙醇的菌种还不少，比如有一种叫酵单孢菌的，它的本领比酵母菌还高，不仅发酵速度快，生产效率高，而且能更充分地利用原料，产出的乙醇要比酵母菌高出8倍多，很可能是更为理想的乙醇制造者。

在相当长的一段时间里，用来生产乙醇的原料主要是甘蔗、甜菜、甜

混合动力车

高粱等糖料作物和木薯、马铃薯、玉米等淀粉作物。因为糖和淀粉也是我们生活所必需的食物，用它们来大量生产乙醇作燃料，显然会影响到人类的食物来源，所以，现在人们又找到了一种新的原料，这就是纤维素。

纤维素也是碳水化合物，而且在自然界中大量存在，许多绿色植物及其副产品，如树枝、树叶、稻草、糠壳等等，其中几乎有一半是纤维素，用它们作原料可以说是取之不尽、用之不竭的。当然，用纤维素作原料对酵母菌来说将发生极大的困难，也就是说很难施展它的发酵本领。不过有办法，人们早就从牛、羊等牲畜能消化纤维素的现象中发现，微生物中的球菌、杆菌、黏菌和一些真菌、放线菌，会分泌出一种能催化纤维素分解的酶，叫纤维素酶，用这种纤维素酶先把纤维素分解成单个的葡萄糖分子，然后再用酵母菌把葡萄糖发酵成乙醇。

利用纤维素作原料生产乙醇，为乙醇登上新能源的宝座铺平了道路。由于这些原料都来自绿色植物，所以有人把乙醇称为“绿色石油”。

新型发电装置——燃料电池

将化学能直接转化为电能的装置统称为化学电池或化学电源。化学电源主要有原电池、蓄电池和燃料电池。化学电源都与氧化—还原反应有关：失去电子的过程叫氧化，得到电子的过程叫还原。原电池就是把氧化—还原反应的化学能直接转化为电能的装置，其中放电后不能再重复使用的电池又称为一次性电池；蓄电池不仅能使化学能转化为电能，还可借助其他能源使反应逆向进行，因而是一种可逆电池，又称二次电池。

相比一次电池和二次电池，燃料电池具有连续提供电能的本领，是名副其实的把燃料反应产生的化学能连续和直接转化为电能的“能量转化器”。英国人Grove在1839年发明了“气体伏打电池”，他把铂黑阳极和阴极放入硫酸溶液中，直接将氢和氧反应产生的化学能转化为直流电，这是世界上第一个燃料电池。

英国剑桥大学的培根（F.T.Bacon）对氢氧碱性燃料电池进行了长期富有成效的研究，20世纪50年代，他成功开发出了多孔镍电极，并成功地制备了5千瓦碱性电池系统，寿命长达1 000小时，这是第一个具有实用价值的碱性燃料电池。培根的成就奠定了现代燃料电池的技术基础，他的研究成果是后来美国航空和航天局（NASA）阿波罗（Apollo）计划中燃料电池的雏形。正是在此基础上，20世纪60年代普拉特—惠特尼（Pratt & Whitney）公司研制成功了阿波罗飞船上作为主电源的燃料电池系统，为人类首次登上月球做出了贡献。燃料电池在航天飞行中的成功应用，进一步推动了燃料电池的开发。

在随后的30多年中，燃料电池逐渐进入民用领域。20世纪70年代中东战争后出现了能源危机，燃料电池多方面的优势在电力系统中体现得淋漓尽致，使人们更加看好燃料电池发电技术。美、日等国纷纷制定了发展燃料电池的长期计划，以美国为首的发达国家大力支持民用燃料电池发电站的开发，重视研究以净化重整气为燃料的磷酸燃料电池，建立了一批中小型电站进行运行试验，并进一步开展大中型电站试验。

由于燃料电池中的能量转化过程没有任何机械的和热的中间媒介，故不受卡诺定理的限制，效率高。依靠这种高效率，以燃料电池为基础的电厂比起普通的电厂，将耗费更少的燃料，同时也排出更少的污染物。人们基于对能源及环境问题的长远考虑，充分认识到寻找新能源模式的迫切性，而燃料电池似乎是离人们最近的答案。

通常根据所用电解质的不同可以把燃料电池分为：碱性燃料电池，磷酸燃料电池，质子交换膜燃料电池，熔融碳酸盐燃料电池，固体氧化物燃料电池，直接醇类燃料电池等。

1. 碱性燃料电池

碱性燃料电池（AFC）是以氢氧化钾溶液为电解质的燃料电池。氢氧化钾的质量分数一般为30%～45%，最高可达85%。在碱性电解质中氧化还原反应比在酸性电解质中容易。AFC是20世纪60年代大力研究开发并在载人航天飞行中获得成功应用的一种燃料电池，可为航天飞行提供动力和水，并且具有高的比功率和比能量。

由于AFC的电解质是循环使用的，所以其电池多为单极结构，导电离子是OH^-。

阳极上氢的氧化反应为：

$$H_2 + 2OH^- \longrightarrow 2H_2O + 2e(E_1 = -0.828\text{ 伏})$$

阴极上氧的还原反应为：

$$\frac{1}{2}O_2 + H_2O + 2e \longrightarrow 2OH^-(E_2 = 0.401\text{ 伏})$$

电池反应为：

$$H_2 + \frac{1}{2}O_2 \longrightarrow H_2O + \text{电能} + \text{热量}(E_0 = E_2 - E_1 = 1.229\text{ 伏})$$

由此可看出，在电池工作时必须随时排除电极反应产生的水和热量，这可由蒸发和氢氧化钾的循环来实现。另外，碱性电解质会吸收二氧化碳生成碳酸盐，生成的碳酸盐会堵塞电解质通路和多孔电极的孔隙，这是使AFC长期运行稳定性降低的主要原因，因此，反应气体在进入AFC之前必须进行处理，以除去二氧化碳。

提到碱性电池，就不能不提美国的阿波罗登月计划。20世纪60～70年代，航天探索是几个发达国家竞争的焦点。由于载人航天飞行对高功率密度、高能量密度的迫切需求，国际上出现了AFC的研究热潮。与一般民用项目不同的是，在电源的选择上不需要过多地考虑成本，只需严格地考察性能。通过与各种化学电池、太阳能电池甚至核能的对比，结果认定燃料电池最适合宇宙飞船使用。

阿波罗系统使用纯氢作燃料，纯氧作氧化剂。阳极为双孔结构的镍电极，阴极为双孔结构的氧化镍，并添加了铂，以提高电极的催化反应活性。

在NASA的资助下，航天飞机用石棉膜型碱性燃料电池系统开发成功。该电池组由96个单电池组成，尺寸为35.6厘米×38.1厘米×114.3厘米，重118千克，输出电压为28伏，平均输出功率为12千瓦，最高可达16千瓦，系统效率约为70%，于1981年4月首次用于航天飞行，至今累计飞行113次，运行时间约90 264小时。电池系统每13次飞行（运行时间约为2600小时）检修一次，后来检修间隔时间延长至5 000小时。AFC在航天飞行中的成功应用，不但证明了碱性燃料电池具有较高的重量/体积功率密度和能量转化效率（50%～70%），而且充分证明这种电源有很高的稳定性与可靠性。

2. 磷酸燃料电池

磷酸燃料电池（PAFC）是以磷酸为电解质的燃料电池，阳极通以富含氢并含有CO_2的重整气体，阴极通以空气，工作温度在200℃左右。

PAFC适于安装在居民区或用户密集区，其主要特点是高效、紧凑、无污染，而且磷酸易得，反应温和，是目前最成熟和商业化程度最高的燃料电池。

磷酸燃料电池的主要构件有电极、电解质基质、双极板、冷却板、管路系统等。基本的燃料电池结构是将含有磷酸电解质的基质材料置于阴、阳极之间，基质材料的作用一是作为电池结构主体承载磷酸，二是防止反应气体进入相对的电极中。

3. 熔融碳酸盐燃料电池

熔融碳酸盐燃料电池（MCFC）的概念最早出现于20世纪40年代，50年代Broes等人演示了世界上第一台熔融碳酸盐燃料电池，80年代加压工作的熔融碳酸盐燃料电池开始运行。预计它将继第一代磷酸盐燃料电池之后进入商业化阶段，所以通常称其为第二代燃料电池。

与低温燃料电池相比，MCFC的成本和效率很有竞争力，其优点主要体现在4个方面。首先，在工作温度下，MCFC可以进行内部重整（IR），燃料的重整如甲烷的重整反应可以在阳极反应室进行，重整反应所需的热量由电池反应的余热供应，这既降低了成本，又提高了效率；其次，MCFC的工作温度为600～650℃，能够产生有价值的高温余热，可用来压缩反应气体，以提高电池的性能，也可用于供暖或锅炉循环；第三，几乎所有的燃料重整都产生CO，它可使低温燃料电池的电极催化剂中毒，但却可成为MCFC的燃料；第四，电极催化剂以镍为主，不使用重金属。

尽管MCFC在反应动力学上有明显的优势，但也有缺点，主要体现在高温工作时电解质腐蚀性高，对密封技术要求苛刻，阴极需要不断供应CO_2，这些缺点阻碍着MCFC的快速发展。

熔融碳酸盐电池的电化学反应如下：

阳极反应：

$$\frac{1}{2}O_2 + CO_2 + 2e \longrightarrow CO_3^{2-}$$

阴极反应：

$$H_2 + CO_3^{2-} \longrightarrow H_2O + CO_2 + 2e$$

总反应：

$$H_2 + \frac{1}{2}O_2 \longrightarrow H_2O$$

由电极反应可知，熔融碳酸盐燃料电池的导电离子为CO_3^{2-}，总反应是氢和氧化合生成水。与其他类型燃料电池的区别是：在阴极CO_2为反应物，在阳极CO_2为产物，即CO_2从阴极向阳极转移，从而在电池工作中构成了一个循环。为确保电池稳定连续地工作，必须将在阳极产生的CO_2送回阴极，通常采用的方法是将阳极室排出的尾气经燃烧消除其中的H_2和CO后进行分离除水，然后再将CO_2送回阴极。

熔融碳酸盐燃料电池是一种高温电池，可使用的燃料很多，如氢气、煤气、天然气和生物燃料等，电池构造材料价廉，电极催化材料为非贵金属，电池堆易于组装，同时还具有高效率（40%以上）、噪声低、无污染、余热利用价值高等优点，是可以广泛使用的绿色电站。

4. 固体氧化物燃料电池

固体氧化物燃料电池（SOFC）是一种理想的燃料电池，适于大型发电厂及工业应用。SOFC不但具有与其他燃料电池类似的高效、环境友好的优点，而且还具有以下突出优点：

（1）SOFC是全固体结构，由于没有液相存在，不存在三相界面的问题；

（2）氧化物电解质很稳定，没有使用液体电解质带来的材料腐蚀和电解质流失问题；

（3）电解质组成不受燃料和氧化气体成分的影响，可望实现长寿命运行。

与MCFC相比，SOFC的内部电阻损失小，可以在电流密度较高的条件下运行，燃料利用率高，也不需要CO_2循环，因此系统更简单。SOFC还可以承受超载、低载甚至短路。

SOFC采用固体氧化物作为电解质，在高温下具有传递O^{2-}的能力，在电池中还起着分隔氧化剂与燃料的作用。

SOFC近年来发展迅速，2003年以来SOFC俨然成为高温燃料电池的代表。若将余热发电计算在内，SOFC的燃料至电能的转化率高达60%。最近，科学家发现SOFC可以在相对低的温度（600℃）下工作，这在很大程度上拓宽了电池材料的选择范围，简化了电池堆和材料的制造工艺，降低了电池系统的成本。

5. 质子交换膜燃料电池

质子交换膜燃料电池（PEMFC）又称聚合物电解质膜燃料电池，最早由通用电气公司为美国宇航局开发。质子交换膜燃料电池除具有燃料电池的一般优点外，还具有可在室温下快速启动、无电解质流失及腐蚀问题、水易排出、寿命长、比功率和比能量高等突出特点。因此，质子交换膜燃料电池不仅可用于建设分散电站，也特别适于用作可移动式动力源。

质子交换膜燃料电池的研究与开发已取得实质性的进展。继加拿大Ballard电力公司1993年成功演示了PEMFC电动巴士以来，国际上著名的汽车公司对PEMFC均给予了高度重视，先后推出了各自的概念车并相继投入示范性运行。2004年11月16日，日本本田公司宣布将2辆2005型本田FCX汽车租给纽约州作整年示范运行，2005FCX型电动轿车以高压氢气为燃料，电池组功率为86千瓦，发动机功率为80千瓦，可在低于0℃下启动，该车最高时速达150千米/小时，一次加氢可行使306千米。

PEMFC另一个巨大的市场是潜艇动力源。核动力潜艇造价高，退役时核材料处理难；以柴油机为动力的潜艇工作时噪声大，发热高，潜艇的隐蔽性差。因此，德国西门子公司先后建造了4艘使用300千瓦PEMFC的混合驱动型潜艇，并计划用作海军新型212潜艇的动力电源。

随着PEMFC技术的日趋完善和成本的不断降低，新的应用市场必将不断显露出来。

6. 直接甲醇燃料电池

直接甲醇燃料电池（DMFC）尽管起步较晚，但近年来发展迅速。由于结构简单，体积小，方便灵活，燃料来源丰富，价格便宜，便于携带和储存，现已成为国际上燃料电池研究与开发的热点之一。

直接甲醇燃料电池的缺点是，当甲醇低温转化为氢和二氧化碳时比常规的质子交换膜燃料电池需要更多的铂催化剂。目前主要的技术难关有两点：一是寻求更高效的甲醇阳极氧化的催化剂，提高甲醇阳极氧化的速度，减少阳极的极化损失；二是开发能够大幅度降低甲醇渗透率的质子交换膜。

直接甲醇燃料电池的理论能量密度约为锂离子电池的10倍，在比能量密度方面与各种常规电池相比具有明显的优势。在军用移动电源（如国防通讯电源、单兵作战武器电源、车载武器电源、微型飞行器电源等）和电子设备电源（如移动电话、笔记本电脑、照相机、摄像机的电源等）以及传感器件等方面均有广阔的市场前景。下图是由DMFC驱动的笔记本电脑。

由DMFC驱动的笔记本电脑

能源新星可燃冰

早在20世纪30年代，工程技术人员就发现，一些天然气输气管道经常会被奇怪的冰块堵塞，化学家对这些冰块进行了分析鉴定，发现这些冰块是甲烷等气体被关在冰晶体中形成的。当时，这种甲烷水合物被视为一种制造麻烦的东西，而不是一种新型的能源。

直到20世纪60年代，前苏联科学家才意识到，在自然界中也许存在这种水合物，并预见到它作为一种可利用的新能源的前景。1972年，在开发北极圈内的麦雅哈天然气田时，人类第一次发现了这种以矿藏形式存在的天然气水合物。之后，美国科学家在地震研究中证实，在海底600米深处存在这种水合物。

1996年夏天，德国科学家搭乘一艘海洋考察船对北太平洋水域进行考察，以寻找这种神秘的冰晶体。结果，水下摄像机在800米深的海底拍摄到了反射亮光的晶莹物体，科学家们迅速从海底取出了样品。为了证实这就是充满甲烷的冰晶体，一位科学家从这种冰块上取下一小块，用火柴点燃，结果这种冰雪般的东西开始燃烧，发出魔幻般淡红色的火焰，直至冰块变成了一摊水。“可燃冰”的学名为天然气水合物（gas hydrates），它是天然气和水在特定条件下所形成的一种透明的冰状晶体，又称“气冰”、“固体瓦斯”，是一种清洁高效、使用方便的新能源，被认为是21世纪能为人类提供电力的燃料。

天然气水合物的构成和性质

天然气水合物与天然气的成分相近，且更为纯净。它的晶格主要由水分子构成，在不同的低温高压条件下水分子结晶形成不同类型的多面体笼形结构。天然气水合物的笼形包合物结构是1936年由前苏联科学院院士尼基丁首次提出的，并沿用至今。在天然气水合物的笼形结构中普遍存在空腔或孔穴，水分子（主体分子）形成空间点阵结构，气体分子（客体分子）则填充于点阵的孔穴中，气体和水之间没有化学计量关系。一般水合物的化学式表示为$M \cdot nH_2O$，式中M表示甲烷等气体，n为水分子数。天然气水合物中，形成点阵的水分子之间靠较强的氢键结合，而气体分子和水分子之间的作用力为较弱的范德华力。

迄今为止，已发现的天然气水合物结构类型有3种，即I型、Ⅱ型和H型。I型结构的天然气水合物为立方晶体结构，仅能容纳甲烷和乙烷这两种小分子烃以及N_2、CO_2、H_2S等非烃分子；Ⅱ型结构的水合物为菱形晶体结构，除容纳甲烷、乙烷等小分子外，较大的“笼子”还可容纳丙烷及异丁烷等烃类；H型结构的水合物为六方晶体结构，除能容纳Ⅱ型结构水合物所能容纳的烃类分子外，其更大的“笼子”甚至可以容纳直径超过异丁烷的分子，如异戊烷和其他直径在0.75～0.86纳米之间的分子。H型水合物早期仅存在于实验室中，1993年才在墨西哥湾发现其天然产物。

天然气水合物的能量密度高，因为它具有很强的吸附气体的能力，其能量密度是煤层、黑色页岩的10倍；天然气水合物燃烧值高，1米^{3}天然气水合物燃烧释放的能量相当于164米^{3}天然气。另外，天然气水合物是一种清洁无污染的能源，燃烧后几乎不产生废弃物，SO_2排放量比原油或煤低两个数量级。

但是,由于甲烷的温室效应比CO_2大21倍，是一种对环境破坏作用最大的温室气体,如若不慎,使埋藏在海底的甲烷气体大量释放，将可能引起全球灾难性大气变暖。因此,从某些方面讲,海底甲烷也是一种危险的燃料。

开发可燃冰的前景

鉴于可燃冰有可能成为一种新的重要能源，各国科学家们纷纷上书政府，建议进行探索开发。日本作为一个能源储量贫乏、耗能多、油气燃料主要依赖进口的国家，对探索可燃冰非常积极。例如，日本国立石油公司就对可燃冰的研究开发兴趣很大，只是为了保住商业秘密，始终不动声色地在暗中研究着各种从可燃冰中提取天然气的技术。1995年，日本国际贸易及工业厅曾出台一项研究可燃冰的5年计划，以加强天然气水合物矿藏的探测和开发利用。美国、加拿大、印度、韩国、挪威等国也纷纷出手，欲在此项“抢滩”大战中抢占制高点。当然我国作为一个能耗大国，也对可燃冰研究投入了一定的科研力量。

可燃冰虽是块“香饽饽”，但要吃到嘴里谈何容易，因为它的勘探定位及提取转气很难。首先是勘探定位难，目前大致有两种方法，其一，是在水中实施爆炸，爆炸声波下传到海床深层，声波再反射回海面，工作人员根据回波特性推断出海床深层地质结构的特点，判断是否存在可燃冰资源；其二，主要是估算海床中声波的传播速度，因为可燃冰的结构同其他软质沉积物不同，声波在前者中的传播速度远高于在后者中的传播速度，可根据这一原理进行识辨。而从可燃冰中提制可燃气又是横在人们面前的一大难关，有一种技术目前正引起人们的关注，即将钻头钻到比可燃冰储层更深的位置，目的是把更深处的热气或热水提升到可燃冰储层，以融化可燃冰，使之放出甲烷，然后再用提取天然气的常规方法提取。

总之，与石油、天然气相比，开发海底的天然气水合物的难度比较大，尚无有效的开采技术，其运输也要困难得多，如何实现天然气水合物的低成本开发，至今人们还拿不出一个完美的方案。此外，对这一巨大的潜在资源的开发还存在许多风险和未知数，例如：

·未经燃烧的天然气水合物如果直接进入大气，会产生强烈的温室效应；

·海底开采易使周围的可燃冰固体流向空缺的地方，形成滑坡，造成大陆架边缘动荡，引发海底塌方，导致灾难性海啸；

·对已有的海底油气管线是否会造成威胁；

·是否会影响鱼的生长；

·是否会给航行带来危险；

·开采出来的天然气水合物怎样保持在高压、低温状态等。

因此，天然气水合物要真正成为人们日常生活中所用的能源还有一段路要走。

2002年1月，我国地质部门公布，经两年多调查在南海海域某区获得重大发现：在该海域8 000多千米^{2}范围的海床下蕴藏着丰富的可燃冰资源!专家们还发现，除南海海域外，我国东海海域也有可燃冰资源。这些重大发现，表明我国的社会发展和经济建设拥有了极为关键的替补燃料。

谈“核”何需色变

20世纪最伟大的科学成果之一就是科学家们打开了核能利用的大门。核能，又称原子能，是指在核反应过程中原子核结构发生变化所释放的能量。原子核很小，但是它能释放的能量是巨大的。1945年8月6日和9日，美国分别把两颗原子弹投在日本的广岛和长崎，给这两座城市带来了空前的浩劫，这是核威力的最初显现，也给世界留下了抹不去的阴影。但是，核能若应用于和平事业，就会造福于人类。

核能是巨大的，让我们先来看一下来自科学家的对比数字。

一个铀-235原子核的裂变能为200兆电子伏，而一个碳原子燃烧生成一个二氧化碳分子所释放的化学能仅为4.1电子伏，这是具有天壤之别的两个数字!原因在于碳原子燃烧所释放的能量是化学能，而铀核裂变释放的是核能。

有人把核电站与火力发电站做了一个形象的比较：一座20万千瓦的火力发电站一天要烧3 000吨煤，这些煤需要100节火车皮来运送；而一座发电能力与它相当的核电站，一天只需消耗1千克铀，而1千克铀的体积大约只有3个火柴盒摞起来那么大。

核能具有如此大的威力，它的能量来自何处?

我们都知道原子核由质子和中子（统称核子）组成。原子核内的质子—质子、质子—中子、中子—中子之间存在着一种很强的短程吸引力，称为核力。由于核力的存在，原子核内的质子和中子能聚集在一起，整个原子核相当稳定。而一旦组成原子核的核子发生变化，它们之间存在的核力就会发生变化，同时释放出巨大的核能。

要使核能释放出来，目前有两种方法。一种是“核裂变”，就是将较重的原子核打碎，使其分裂为两部分，同时释放出巨大的能量，这种能量叫做核裂变能。当中子去撞击铀原子核时，一个铀核吸收了一个中子而分裂成两个轻原子核，并放出很大的能量，同时产生2～3个新中子，而产生的新中子又会打在新的铀核上引起裂变，又会产生新的中子，这样继续下去，像链条一样环环相扣，因此核裂变又称链式裂变反应。中子引起铀原子核裂变只需百万分之一秒，一个中子在几十万分之一秒就会使几亿个铀原子核分裂，强大的核能瞬间就迸发出来。若链式反应得不到控制，核裂变就会演变成原子弹爆炸；若核能被人为地控制住，就可使其缓慢放出来加以利用，能实现这一过程的设施称为核反应堆。下图是铀-235裂变过程示意图。

第二种释放核能的方法称为核聚变，即两个或两个以上的轻原子核合成一个较重的原子核的核反应。核聚变放出的能量叫核聚变能，核聚变能甚至比裂变能更巨大。目前，一些国家正在研究核聚变能的受控释放，即

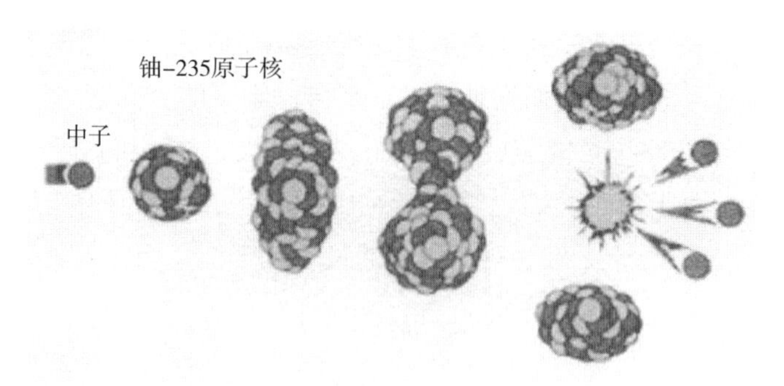

铀-235裂变过程示意图

“受控核聚变”，这一目标一旦实现，人类就能得到一种真正意义上的取之不尽的新能源。核聚变的首选材料为氢、氘和氚。据报道，估计总造价高达46亿美元的世界第一座核聚变试验堆将于几年后建成，届时“受控核聚变”将变成现实。

生机勃勃的核电站

核电站，又称原子能发电站，是一种利用“燃料”（通常是铀-235和钚-239）在核反应堆中裂变所释放的能量将冷却水加热，使水变成高压蒸汽，再用蒸汽驱动汽轮机发电的电站。其中核反应堆是可以进行核裂变链式反应输出热能，并能对核裂变链式反应进行安全控制的装置，人们形象地把核反应堆称为“原子锅炉”。世界上核电站的类型很多，已达到商用规模的有压水堆、沸水堆、重水堆、快堆等。下图是核电站的示意图。

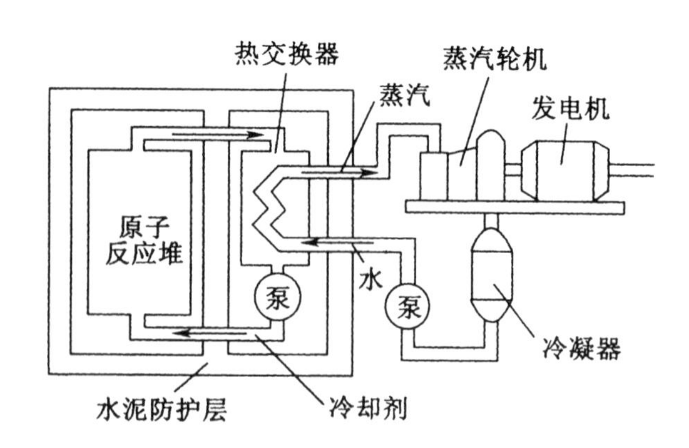

核电站示意图

人类首次实现核发电可以追溯到1951年，当年8月美国原子能委员会建成了一座钠冷快中子试验反应堆，同年12月20日该反应堆进行世界上首次核能发电试验，发电功率为100千瓦，点亮了4只灯泡。1954年6月，前苏联建成了世界上第一座试验核电站，发电功率达5 000千瓦，为约2 000户居民提供了电力。

随着世界核电事业的蓬勃发展，我国也大踏步地走上了核电发展的道路：1991年，我国建成了第一座核电站——秦山核电站，它于1994年正式投入商业运行，是我国自行设计、建造和运营管理的第一座30万千瓦压水堆核电站，使我国成为继美、英、法、前苏联、加拿大、瑞典之后世界上第七个能自行设计、建造核电站的国家。1994年我国第二座核电站——大亚湾核电站诞生，这标志着我国发展核电的准备阶段已经结束，核电事业开始快速发展。与此同时，秦山二期和秦山三期工程也投入商业运行。下图为秦山三期核电站外景图。

秦山三期核电站外景

核能发电能量密度大，燃料用量少，发电综合成本低，正常运行时对环境的污染远比火力发电站对环境的污染小。核能还是一种可持续发展的能源，目前世界上已经探明的铀储量约为490万吨，钍储量约为275万吨，这些裂变燃料足够人类应用到聚变能时代。

发展核能的难题——核废料处理

核废料是核能利用后的废弃物，由于它仍具有很强的长效放射性，对环境和生物有很大的威胁，因此，怎样妥善处理这种危险品一直是核能利用的一个难题。

大家知道，核能之所以长期以来受到绿色和平组织的抵制，是因为人们担心它的安全性。核能的安全问题主要有两个：一是如何保证核反应堆安全运行而不发生事故；二是如何处理反应堆运行过程中产生的废气、废液和固体废弃物（统称为核废料）。核废料大多具有很强的放射性，有的甚至几千万年也不会完全衰减掉，而且它们是核反应堆运行的必然产物，迄今无法避免。据统计，目前世界上的核电站每发出100万千瓦时的电力，就会产生365克固体废弃物。据此，全世界每年仅这种固体核废料就会有上千吨，所以若不能加以妥善处理，势必会给地球环境带来严重的后患。

怎样处理这些危险的核废料呢?迄今为止，人们提出的处理方法主要有海洋处理、地质处理和太空处理3种。

海洋处理是最简便的方法，只要把核废料装入密封的容器内，扔进深邃的海沟就可以了。据说至1990年，大洋底已有被人们抛弃的此类危险物2 400多吨。本来人们以为大洋底风平浪静，远离人类的生存环境，可使这些危险品无害于人类的健康。但是新西兰东北方的克马德克—汤加海沟附近海域偶然发生地震，使储存罐中的放射性废物泄漏出来，并随水流扩散，造成了严重的海洋灾难。这次事故表明深海并非安全场所。

太空处理，即“天葬法”，是用火箭把核废料送出地球环境之外，以彻底免除后患。但这一方法需要花费很高的成本，也需要耗费大量用以推动火箭上升的能源，而且万一火箭发生事故，其后果更是不堪设想。

地质处理是目前最主要的处理核废料的方法，分为废矿山处置、洞穴处置、地下工程处置等。为了防止核废料中的放射性核素迁移扩散到地表，一般在堆置点要设置4重安全屏蔽系统，从内向外依次是：核废料固体化，包装容器，回填材料，围岩或土层。人们认为有了这4重安全屏障，加上将其深埋于地下，应当不会造成大的危害。事实上，这样做仍不能完全杜绝安全隐患。由于地下水的活动，在历经几十年或几百年之后，这些屏蔽层难免被侵蚀，而使放射性物质泄漏出来，更何况屏蔽层还可能受到地震等地质活动的破坏。

综上所述，迄今为止还没有一个绝对可靠的核废料处理方法，核废料已经成为人们在发展核能时的一个挥之不去的阴影。

有待探索的硅酸盐燃料

地下深处的熔岩是形成于地壳深部或地幔局部地区，以硅酸盐为主要成分的、炽热的、黏稠的并富含挥发成分的熔融体。岩浆温度很高，不同成分的岩浆温度不同，含SiO_2少的碱性岩浆温度在1 000～1 200℃，含SiO_2较多的中性岩浆温度在800～1 000℃，含SiO_2多的酸性岩浆温度在700～800℃。科学家推测，在岩浆生成环境中，可能会发生高模量硅酸盐裂变反应，这一反应会释放能量，同时高模量硅酸盐发生相变生成低模量硅酸盐，形成新的硅酸盐结构。

在冶金史上曾发生过一些原因不明的熔化炉爆炸事故，研究发现，爆炸事故与用作熔化炉炉衬的硅酸盐类耐火材料的裂变反应有关。

对硅酸盐矿物的差热分析表明，矿石试样在一定的条件下会发生物理化学变化并伴随着能量释放。

2001年初，我国科学家将过氧化钠和石英粉按$Na_2O_2 \cdot SiO_2$相图配比混合，用电加热的方法将混合物加热到580℃时，形成了熔融状态的物质，加入无氧硅化物后，发生了强烈的燃烧放热现象。这表明存在一类硅酸盐燃料，在专门的装置中，可以产生可供人类利用的硅酸盐能，但目前我们对其规律还不完全了解，对此进行深入研究是十分必要的，有可能因此而开发出迄今尚没有认识到的新能源材料。

硅酸盐燃料是一种高能燃料，发热效能是常规燃料的1 000倍。硅酸盐燃料链式理化反应的生成物主要是低模量硅酸盐和氧化硅等，在一定的条件下，可以部分地再生而加以回收利用，剩余部分可用作建筑材料。因此，硅酸盐燃料是一种生态清洁燃料，其使用不会造成大气环境污染。

燃料新星二甲醚

2005年5月16日，我国第一台不以柴油为燃料而改用二甲醚为燃料的城市客车在上海的马路上亮相，其外观与普通公交车无异，只是车身两侧多了3个120升的二甲醚燃罐，一旦装满可轻松行使300千米，时速可达83

千米／小时，无论是过高架、越隧道还是转弯道，车尾都不会拖上一条长长的黑烟尾巴。国家重型汽车质量监督检测中心和国家机动车产品质量监督检测中心的检测结果更令人惊叹不已：这台新型客车动力强劲，车内噪音比原型车下降2.5分贝，尾气排放情况远优于欧Ⅲ排放限值，碳烟排放为零，彻底解决了城市公交车冒黑烟的问题。

二甲醚（DME）是一种无色气体，具有轻微的醚香味，室温下的蒸气压约为0.5兆帕，与液化石油气的物理性质很相似。二甲醚具有惰性，无腐蚀性，无致癌性，几乎无毒。与二乙醚不同，二甲醚在空气中长期暴露不会形成过氧化物。二甲醚的饱和蒸气压低于液化气，储存运输比液化石油气更安全，并且燃烧性能好，热效率高，燃烧过程中无残渣、无黑烟，CO、NO排量低。二甲醚还可掺入石油液化气、煤气或天然气中混烧，并能提高热效率。95％以上的二甲醚可直接作为替代液化气的燃料使用，所以，它可能是取代液化气的一种理想的清洁燃料。此外，二甲醚还可用作化工原料，主要用于制造喷雾油漆、杀虫剂、空气清香剂、发胶、防锈剂和润滑剂等。

二甲醚有高的十六烷值，作为柴油替代燃料具有良好的燃烧性质，其排放物水平比美国加州制定的超低排放标准还要低。近年来出于环保的要求，氯氟烃的禁用和替代物的开发已迫在眉睫，我国也将全面禁止使用氟利昂。二甲醚的物理性质与氟利昂相似，可能成为最理想的氟利昂替代品之一，广泛用作各种喷雾剂的推进剂，因此，其开发迅速发展起来，特别是在国外进展更快。

DME可以用天然气和煤作为原料来生产，我国煤炭资源十分丰富，用煤生产DME是主要方法。按目前的工艺，大致是2.5吨煤可以合成1吨DME，表面上看似乎损失了很多能量，但在反应过程中放出很多热量，如加以优化利用的话，在能量转换方面还有提高的潜力。除了煤、天然气之外，石油炼制中的渣油、石焦油、生物质和其他碳氢化合物也可以作为生产DME的原料。

六、现代生活中的化学

化学使人类丰衣足食

化学对人类的生活质量有重要影响。在改善人类生活方面，化学是最有成效的科学之一。吃饭和穿衣是人类生存最基本的两大需要，化学使人类丰衣足食。人类的衣装，是人类社会物质文明重要的外在标志，合成纤维及经化学处理的天然纤维给人们带来了多彩多姿的服装面料，把人们打扮得美观靓丽。各种功能性的合成纤维用于人们的保健和特殊行业，如远红外内衣、生态抗菌服、登山服、防弹服和宇航服等等。

有关资料显示，近30年来世界人口翻了一番，粮食总产量也增长了一倍，其中化学的作用约占50%～65%。也就是说，解决人类的吃饭问题，一半要靠化学。

第二次世界大战结束后，全世界平均每年约有0.5%的人因饥饿而死亡，此外，尚有15亿人口处于饥饿状态。为了解决人类的温饱问题，20世纪50年代联合国提出进行第一次世界农业革命，主要目标是解决粮食危机，提高农作物的产量。经过30年的努力，通过使用化肥、农药以及植物生长调节剂，粮食、蔬菜获得了大丰收，全世界的主要农产品增产超过25%，到1983年，全世界处于饥饿状态的人口降至6.5亿。

化学在第二次世界农业革命中的作用

到了20世纪80年代末，科学家发现，粮食虽然丰收了，但一些主粮的维生素和微量元素含量较低，不能满足人体的需要，因此许多人患有营养缺乏症，如全世界至少有10亿儿童患缺铁症。在温饱问题基本解决的多数国家，直接影响人类健康的食物营养问题就摆到了首位。

全面优化各种农作物品种，提高其营养素含量水平，改善食物结构，提高食物中营养素含量，以食物取代药物，这是人类亟待解决的重大问题之一。鉴于此，联合国提出，从20世纪90年代起进行第二次世界农业革命，主要目标是培育高产而又富含维生素和微量元素的作物新品种。

化学元素与农作物的优质高产有密切关系。氮是农作物生长发育所需的重要元素，是蛋白质的组成成分，所以增加氮肥投入是粮食增产和提高蛋白质含量的重要措施。磷也是促进农作物增产的重要元素。钾是生物有机体生长不可缺少的元素，它可催化植物的光合作用。硫是蛋白质的组成成分，对植物的生长发育有重要影响。铁是一些酶的组成成分，在氧化还原中起极其重要的作用，缺铁时植物叶子发黄，尤其是果树易患黄叶病，是树木的生理病害。锰能刺激植物根部生长固氮根瘤，提高农作物的抗旱、抗盐性，对促进豆科植物的生长发育及增产效果尤为突出。镁是叶绿素的基本成分，是光合作用的催化元素。锌是200多种酶的组成成分，参与叶绿素和生长素的合成，能促进核酸和蛋白质的合成，调节淀粉的合成，提高子粒重量。

由此看来，第二次世界农业革命比第一次世界农业革命更加离不开化学。如果说第一次世界农业革命使人类的平均寿命增加了20年，那么，可以预料，第二次世界农业革命将会使人类的平均寿命再增加20年。

化学是提高人类生存质量的有效手段

在满足生存需要之后，不断提高生存质量是人类社会进步的标志。生存质量的高低要看生活水平和健康水平。在人与自然环境的相互作用中，外来物质和能量（包括饮水、食物、空气、电磁波、放射性等）有的有利于人类生存质量的提高，有的对人类健康有害，还有许多有两面性。只有优化物质利用，避害趋利，才能有效提高生存质量。生存质量不应仅以个人满足感为依据，还应该考虑个人以外的整个环境，例如过多的汽车、空调以及吸烟等不当的生活、生产方式等都会降低人类的生存质量。

化学研究至少可以从以下3方面对人类生存质量的提高做出贡献：

第一，通过研究各种物质和能量的生物效应（包括正面的和负面的生物效应）的化学基础，特别是搞清楚两面性的本质，找出最佳利用条件；

第二，研究开发对环境无害的化学品、生活用品和生产方式；

第三，研究大环境与小环境（如室内环境）中不利因素的产生、转化以及与人体的相互作用，提出优化环境、建立洁净生活空间的途径。

健康是重要的生存质量的标志，预防疾病将是21世纪医学发展的中心任务。肿瘤、心血管病和脑神经退行性病变将在相当程度上可以预防。化学可以从分子水平上了解病理过程，提供预警生物标志物的检测方法，建议预防途径。化学也将在揭示老年病机理、创制诊断和治疗老年性疾病的药物以及提高老年人的生活质量方面做出贡献。

中医药是我国的宝贵遗产，化学将在揭示中医药的有效成分、多组分药物的协同作用机理方面发挥巨大作用，从而加快中医药走向世界的步伐。相信在21世纪，我国化学家和药物化学家在针对肿瘤和神经系统重要疾病的药物创新研究中，能发现新药的候选化合物，建立起具有自主知识产权的新药产业。

食物的化学成分——食品营养素

吃喝是人的基本需要，这其中蕴含着许许多多有趣的化学知识，与身体健康有密切的关系。如今人们的健康意识提高了，渴望通过改善饮食预防疾病，增进健康，即收到“医食同源，药膳同功”的效果。

为了维持生命和健康，保证正常的生长发育和从事各项劳动，我们每天必须从食物中摄取一定数量的营养物质。食物中能够被人体消化吸收和利用的各种营养成分，叫营养素。从食物中的化学成分来看，人体需要的营养素主要有碳水化合物、蛋白质、脂肪、维生素、矿物质（无机盐）和水等6类，通常称为人体的六大营养素。人体内主要化学物质的含量约为：蛋白质18%，脂肪14%，糖1.5%，水60%，无机盐6%。

近些年的研究表明，膳食纤维虽然不能作为营养被人体吸收，但它却有益于身体健康，因此也称它为第七大营养素。

营养素对人体的功用大体可分为以下3个方面：

· 提供能源，如碳水化合物、脂类和部分蛋白质等；

· 构成人体组织和器官，如蛋白质、脂类和部分矿物质等；

· 调节生理功能，如维生素、微量元素和部分矿物质等。

各类营养素在人体内都有其主要生理功能，又有其次要生理功能；各种营养素之间又相互联系，相互配合，错综复杂地维持着人体一切生理活动的正常进行。还应该特别指出，有些营养素还兼有治疗疾病的作用。

人体最好的热量来源——碳水化合物

碳水化合物又称糖，是构成人体的重要成分之一，也是人体热能最主要的来源。我国人民的主食是淀粉类食物，主要包括大米、面粉、玉米、小米等富含淀粉的食物。平常我们吃的主食如馒头、米饭、面包等都富含糖类物质；另外白糖、红糖、水果，也富含糖类物质。根据糖能否水解又分为单糖、双糖（如蔗糖、麦芽糖、乳糖等）、多糖（如淀粉、糖原和纤维素等）。米、面、玉米及薯类所含的淀粉属多糖；红、白糖中的蔗糖及牛奶中的乳糖均是双糖；水果中的糖主要是葡萄糖及果糖，属于单糖。

人体内产生热量的燃料有3种，即糖、脂肪和蛋白质。大家都知道，做饭要烧炉子，炉子可以烧不同的燃料，如液化气或蜂窝煤等，而糖相当于炉子烧的液化气，是人体内最佳的燃料,其优点主要表现在以下两方面：

首先，糖在体内供能迅速，糖转化成能量比脂肪快3倍以上。就像我们烧液化气一样，点火就着，而烧蜂窝煤就没有那么容易了，得先用引火煤。

其次，糖在体内氧化后最终生成二氧化碳和水，二氧化碳很容易从呼吸道呼出体外，水留在体内是有用之物，就像我们使用液化气一样，安一个排风扇就可以保证厨房内的空气无污染。但脂肪和蛋白质就不一样了，它们在氧化过程中会生成一些代谢废物，尤其是蛋白质会产生一些有毒的代谢废物，就像我们烧蜂窝煤最终会剩下一堆灰渣在炉膛内一样。这些废物是酸性的，会增加体液的酸度，造成体内的中毒，医学上称之为“代谢性酸中毒”，人体的内环境本应该是中性偏碱性的，酸化的机体在运动中很容易疲劳，疲劳后难以恢复。

所以说，糖是人体最好的能量来源。

糖的生理功能

（1）供给热能：糖的主要功能是供给能量，人体所需能量的

50%～70%是由糖氧化分解供应的。糖在人体内消化后，主要以葡萄糖的形式被吸收利用。葡萄糖能够迅速被氧化而为人体提供能量。每克葡萄糖在人体内氧化可放出约17千焦热能，其反应式如下：

$$C_6H_{12}O_6 + 6O_2 \longrightarrow 6CO_2 + 6H_2O$$

糖能产生热量，它使人体保持温暖，人们常说“吃饱了就暖和了”就是这个道理。人体内作为能源的糖主要是糖原和葡萄糖，糖原是糖的储存形式，在肝脏和肌肉中含量最多，而供应大脑的是葡萄糖。

（2）构成机体组织：人体的许多组织中都需要有糖，糖是构成人体组织的一类重要物质。例如，血液中有血糖（溶解在血液中的葡萄糖），在正常人血液中其含量有一定范围，即100厘米^{3}血液中含葡萄糖85～100毫克，超过100毫克就是不正常的，如糖尿病患者血糖含量都超过100毫克；血糖过低（称为低血糖）则会使脑神经得不到足够的养分，容易出现昏迷、休克。肝脏中有肝糖原，它是人体的糖贮存库。当血液中葡萄糖含量较高时，葡萄糖就会结合成糖原储存于肝脏中；当葡萄糖含量降低时，糖原就可分解成葡萄糖而供给机体能量。体黏液中有糖蛋白（糖蛋白是抗体、酶类和激素的成分），脑神经中有糖脂，RNA中有核糖，DNA中有脱氧核糖等。

（3）保肝、解毒作用：当肝糖原储备较充足时，人体对某些化学毒物如四氯化碳、乙醇、砷等有较强的解毒作用，对各种细菌感染引起的毒血症也有较好的解毒作用。因此，保证人体的糖供给，尤其是肝脏患病时供给充足的糖，使肝脏有丰富的糖原，可以保护肝脏免受损害。

（4）保证脂肪的完全氧化：脂肪和蛋白质的完全氧化需要靠糖供给能量。如果人体内含糖不足，或身体不能利用糖（如患糖尿病时），则所需能量的大部分要由脂肪供给，脂肪氧化不完全时，会产生一定数量的中间产物酮酸。当人体内酮酸积累过多，又不能及时排除体外时，会使血液酸度偏高，引起酮酸中毒，其症状是恶心、疲乏、呕吐及呼吸急促，严重者可致昏迷。所以说，糖具有抗酮酸作用。

（5）维持神经系统的功能：人体的大脑和红细胞必须依靠血糖供给能量，因此要维持神经系统和红细胞的正常功能也需要糖。若血液中葡萄糖水平下降，大脑会产生不良反应。

油脂和类脂

油脂和类脂统称脂类。脂类是一类重要的营养物质，它以多种形式存在于人体的各种组织中，是构成人体组织细胞的重要成分之一，在人体内有重要的生理作用。几乎一切天然食物中都含有脂类，在植物组织中，脂类主要存在于种子或果仁中，在根、茎、叶中含量较少；在动物体中主要存在于皮下组织、腹腔、肝及肌肉间的结缔组织中。

油脂是脂肪的俗称，按来源可分为动物油脂和植物油脂两大类。脂肪是由1分子甘油和3分子脂肪酸形成的甘油三酯（又称为中性脂肪），按其脂肪酸是否含有双键可分为饱和脂肪酸和不饱和脂肪酸。含饱和脂肪酸较多的油脂在常温下呈固态，称为“脂”，如动物脂肪（猪油、牛油、羊油）；含不饱和脂肪酸较多的油脂在常温下呈液态，称为“油”，如植物油（豆油、花生油、芝麻油）。从动、植物组织中提取的油脂都是不同脂肪酸甘油三酯的混合物。甘油三酯的结构如下图所示，其中R_1、R_2、R_3为不同的烃基。

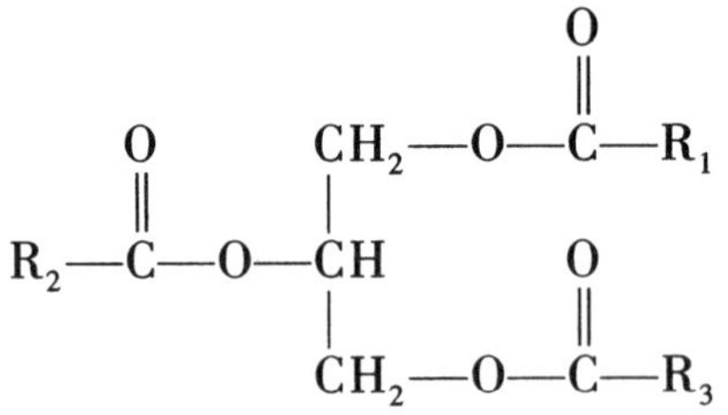

$$
\begin{array}{ccccccc}
 & & & & & & \mathrm{O} \\
 & & & & & & \| \\
 & \mathrm{O} & & \mathrm{CH_2} & — & \mathrm{O} & — \mathrm{C} — \mathrm{R_1} \\
 & \| & & | & & & \\
\mathrm{R_2} — & \mathrm{C} & — \mathrm{O} — & \mathrm{CH} & & & \mathrm{O} \\
 & & & | & & & \| \\
 & & & \mathrm{CH_2} & — & \mathrm{O} & — \mathrm{C} — \mathrm{R_3}
\end{array}
$$

甘油三酯的结构

由油脂水解得到的脂肪酸也是人体内一类重要的生物活性物质。脂肪酸的碳链中不含双键的称为饱和脂肪酸，如软脂酸、硬脂酸；脂肪酸的碳链中含双键的称为不饱和脂肪酸，如油酸、亚油酸、亚麻酸、花生四烯酸、亚麻酸的衍生物DHA（二十二碳六烯酸）等。

类脂是指性质和结构类似脂肪的物质，包括磷脂、糖脂、固醇类和脂蛋白等，在营养学上特别重要的是磷脂和固醇两类化合物。磷脂是含磷的脂类，主要的磷脂有卵磷脂和脑磷脂，卵磷脂主要存在于动物的脑、肾、肝、心以及蛋黄、大豆、花生、核桃、蘑菇等之中；脑磷脂主要存在于脑、骨髓和血液中。卵磷脂和脑磷脂的结构如下图所示，其中R_1、R_2为不同的烃基。

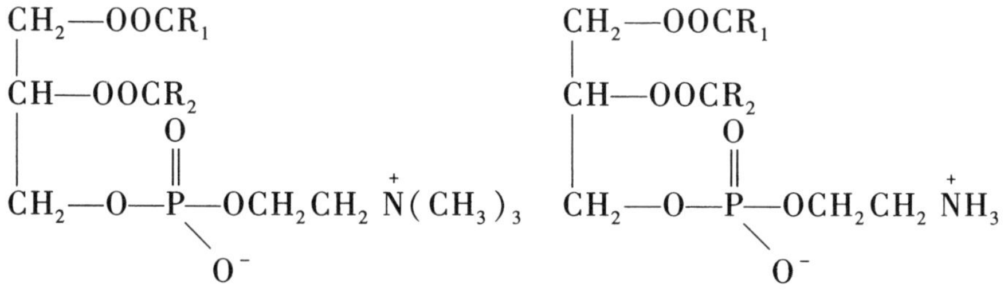

$$\begin{array}{l} CH_2\text{—}OOCR_1 \\ | \\ CH\text{—}OOCR_2 \\ | \qquad\quad O \\ | \qquad\quad \| \\ CH_2\text{—}O\text{—}P\text{—}OCH_2CH_2\overset{+}{N}(CH_3)_3 \\ \qquad\qquad \diagdown \\ \qquad\qquad\ O^- \end{array}$$

卵磷脂

$$\begin{array}{l} CH_2\text{—}OOCR_1 \\ | \\ CH\text{—}OOCR_2 \\ | \qquad\quad O \\ | \qquad\quad \| \\ CH_2\text{—}O\text{—}P\text{—}OCH_2CH_2\overset{+}{N}H_3 \\ \qquad\qquad \diagdown \\ \qquad\qquad\ O^- \end{array}$$

脑磷脂

卵磷脂和脑磷脂的结构

固醇类又分为胆固醇和类固醇（包括豆固醇、谷固醇和酵母固醇等）。胆固醇主要存在于脑、神经组织、肝、肾和蛋黄中；类固醇中的豆固醇存在于大豆中，谷固醇存在于谷胚中。

脂类的生理功能

脂肪是人类的重要营养素，主要的生理功能有：

（1）供能和储能：脂肪进入人体后通过氧化可释放出大量热能，人体所需的总能量的10%～40%是由脂肪所提供的，其所供热量较相同重量的蛋白质和糖类多1倍。脂肪中常见的硬脂酸的氧化反应如下：

$$C_{17}H_{35}COOH + 26O_2 \longrightarrow 18CO_2 + 18H_2O$$

脂肪是体内贮存能量的仓库，当机体摄入过多的热能物质时，不论哪种产能营养素，都可以转化为脂肪储存于体内。脂肪储存占有空间小，能量密度大，这是人类在进化过程中选择脂肪作为自身能量储备形式的重要原因。当人体的能量消耗多于摄入时，就动用储存的脂肪来补充热能，如人处于饥饿状态时或手术后禁食期有50%～85%的能量来源于储存脂肪的氧化。

（2）构成组织细胞：脂肪是构成身体细胞的重要成分。如脂肪中的磷脂、糖脂和胆固醇是形成新组织和修补旧组织、调节代谢、合成激素所不可缺少的物质，一些固醇则是制造体内固醇类激素（如肾上腺皮质激素、性激素等）的必需物质。

（3）供给必需脂肪酸：人体的必需脂肪酸是靠食物脂肪的水解来提供的。

（4）促进脂溶性维生素的吸收：脂肪是脂溶性维生素A、D、E、K及β-胡萝卜素的良好溶剂，它们能随着脂肪的吸收而同时被吸收利用。

（5）调节体温、保护内脏和滋润皮肤：脂肪是热的不良导体，大部分脂肪贮存在皮下，具有减少体内热量的过度散失和防止外界辐射热侵入的作用，可以调节体温，保护对温度敏感的组织。脂肪分布填充在各内脏器官间隙中，可使其免受震动和机械损伤。

（6）作为一些重要的生理物质：如磷脂可降低血清胆固醇及中性脂肪，去除附着于血管壁的胆固醇，改善脂质代谢和血液循环，预防心血管病；卵磷脂在人体内转变为胆碱后，可促进脂肪代谢，防止脂肪在肝脏内积聚而形成脂肪肝等。

必需脂肪酸与人类健康

人体正常生长不可缺少而体内又不能合成，必须从食物中获得的不饱和脂肪酸称为人体必需脂肪酸。必需脂肪酸包括ω-6（n-6）系亚油酸和ω-3（n-3）系亚麻酸两种，这两种必需脂肪酸可在体内分别合成n-6系花生四烯酸和n-3系二十碳五烯酸（EPA）、二十二碳六烯酸（DHA，又称脑黄金）。

必需脂肪酸及其衍生物是磷脂的重要成分，与细胞膜（包括脑细胞膜）的结构和功能密切相关，如亚麻酸的衍生物——脑黄金（DHA）是人体脑细胞和视网膜细胞的结构和功能成分。DHA对脑细胞的分裂、增殖和发育有重要作用，视觉组织中的DHA主要集中在视网膜和光受体中，如果缺乏DHA，记忆力和判断能力就会下降，视力也会明显降低。人一生都需补充DHA，DHA不足将造成婴幼儿脑神经发育障碍，青少年智力低下，中老年人脑神经过早退化。

必需脂肪酸的衍生物二十碳烷酸是前列腺素、白三烯以及血栓素的前体，三者分别参与体内免疫调节、炎性反应及血栓的形成和溶解。

必需脂肪酸有利于胆固醇的溶解和运转。含必需脂肪酸的胆固醇酯溶解性能好，更易被转运和代谢，可降低血胆固醇和减少血小板黏附性，减少动脉粥样硬化的发生，有助于防治心脑血管疾病。

必需脂肪酸能维持皮肤及其他组织对水分的不通透性。正常情况下皮肤对水分和其他许多物质是不通透的，这一特性是由于ω-6必需脂肪酸的存在。当ω-6必需脂肪酸不足时，水分能迅速透过皮肤，使饮水量增大，生成的尿少而浓。此外，其他一些组织膜（如血—脑屏障、肠胃道屏障）的通透性也与必需脂肪酸有关。

必需脂肪酸的最好来源是植物油和深海鱼油。亚油酸在植物油如大豆油、玉米油、红花油、棉子油、葵花子油中的含量高；亚麻酸则主要存在于鱼类、豆类和海产品中，尤其是深海鱼类含DHA丰富。

为什么不宜常吃高温油炸食物

实验证明，油脂在高温中能发生氧化、分解、聚合等一系列复杂的化学反应，这些变化叫做油脂的高温劣变。这不仅使油脂失去营养，而且还产生具有刺激性气味的小分子醛酮和大分子聚合物，甚至产生致癌的苯并芘。同时，被炸的食物在高温中也容易产生有害物质，如丙烯酰胺。这些物质在体内积累，会影响正常的生理机能，严重危害身体健康。

（1）脂肪热分解：油脂在加热过程中，当温度上升到一定程度时就会发生热分解，产生一系列低分子物质。热分解产物中的丙烯醛具有刺激性，能刺激鼻腔并有催泪作用，还可导致头晕、恶心、呕吐。加热时如果油面出现蓝色烟雾，就说明油脂已发生了热分解。油脂在高温时的分解反应式如下：

$$\text{油脂} \xrightarrow[\Delta]{O_2} \text{CH}_2\text{=CH-CHO} + \text{环氧丙醛(-CHO)} + \text{环二烯化合物} + 3,4-\text{苯并芘}$$

丙烯醛　　环氧丙醛　　环二烯化合物

油脂的热分解程度与加热的温度有关。不同的油脂，其热分解的温度（即发烟点）不同，人造奶油和黄油的发烟点为140～180℃，猪脂和多种植物油的发烟点为180～250℃。在煎炸食物时，油温控制在油脂的发烟点以下，可减轻油脂的热分解，保证食品的营养价值和风味。例如，煎炸肉类时选择发烟点较高的油脂，不但可加速蛋白质的成熟，而且还能减少油脂的分解。

（2）脂肪的热氧化聚合：在高温下油脂中的不饱和脂肪酸会发生氧化聚合反应，尤其是经过反复高温加热后，大分子物质增多，使油脂黏稠、变黑。这种变质的油脂对人体有害，如从煎炸油中分离出的二聚物环二烯化合物，以5%的比例掺入饲料喂小鼠，5周后部分小鼠发生脂肪肝、肝肿大。

（3）煎炸食物在高温下产生有害物质：科学家最近发现，一些普通食品如糖类，在进行煎、炸、烤等高温处理时会产生含量不等的丙烯酰胺，且含量随加工温度的升高而增加。动物试验证明，丙烯酰胺可损伤DNA，从而可能诱发疾病。

另外，油炸食物脂肪含量极高，属于高热量食品，经常食用易导致肥胖。

胆固醇的功与过

随着医学知识的日益普及，人们对于胆固醇过高给机体造成的危害，特别是胆固醇与心脑血管疾病的密切关系予以了格外的关注，表现为在日常生活中对富含胆固醇的膳食严加控制，甚至产生了一种恐惧胆固醇的心理状态。

很多人希望血中的胆固醇越低越好，因此也希望膳食中的胆固醇越少越好，其实这是一种认识上的误区。对胆固醇，很多人只知道它有害的一面，不知道它有益的一面。其实，适量的胆固醇是身体不可缺少的重要营养物质，我们应该正确认识并客观评价胆固醇的功与过。

胆固醇是体内最丰富的固醇类化合物，它既是细胞膜的构成成分，又是固醇类激素（如性激素等）、胆汁酸及维生素D的前体物质。正常情况下，胆固醇在体内可转化为胆汁酸，胆汁酸的主要功能是乳化脂类，有助于脂类的消化与吸收。胆固醇还是体内合成维生素D_3的原料，胆固醇脱氢后的化合物是脱氢胆固醇，它存在于皮肤和毛发中，经阳光或紫外线照射后能转变为维生素D_3，维生素D_3有助于人体对钙的吸收和利用。

因此，对于大多数人体组织来说，保证胆固醇的供给，维持其代谢平衡是十分重要的。胆固醇广泛存在于全身各组织中，其中约1／4分布在脑及神经组织中，占脑组织总重量的2%左右；肝、肾、肠等内脏以及皮肤、脂肪组织亦含较多的胆固醇，每100克组织中含200～500毫克，以肝中最多；肌肉中胆固醇较少；肾上腺、卵巢中的胆固醇含量则高达

1%～5%，但总量很少。

临床研究证明，血清总胆固醇水平增高是导致冠心病的独立危险因素。血清总胆固醇越高，发生动脉粥样硬化的风险越大，时间也越早。血清总胆固醇每降低1%，发生冠心病的危险性可减少2%。但血清总胆固醇也不是越低越好，目前一般认为，将血清总胆固醇保持在2.1～5.2毫摩／升（90～200毫克／分升）范围内较为合适。对已有动脉粥样硬化或冠心病者，应降至4.7毫摩／升（180毫克／分升）以下。

一般情况下，胆固醇约30%来自膳食，70%来自体内的合成。若严格限制膳食中的胆固醇，则体内合成将增加；反之，若从膳食中摄入的胆固醇较多，则体内合成将减少。胆固醇的体内合成可在一定程度上解释少数长期吃素食的人也发生血胆固醇增高的现象。

食物蛋白质营养价值的评价

氨基酸是蛋白质的组成单位。由于各种食物蛋白质的氨基酸组成不同，其营养价值也各不相同，蛋白质的营养价值取决于它所含的氨基酸种类、数量和比例。食物蛋白质的氨基酸含量和比例越接近人体蛋白质，它的营养价值就越高，或者说它的生理价值就越高。蛋白质的生理价值是评定蛋白质营养价值的常用标准，它表示蛋白质在体内的吸收利用率。在营养学上一般可将蛋白质分为完全蛋白质和不完全蛋白质，而且在利用上提倡蛋白质的互补。

（1）完全蛋白质：又称优质蛋白质，这类蛋白质所含必需氨基酸种类齐全，数量充足，而且各种氨基酸的比例与人体需要基本相符合，容易被人体吸收利用。完全蛋白质不但可以维持成年人的健康，而且对儿童成长和老年人抗衰老有重要的作用。鱼、瘦肉、蛋、奶类及大豆中的蛋白质属于完全蛋白质，这些蛋白质中含有人体必需的8种氨基酸，即赖氨酸、色氨酸、苯丙氨酸、蛋氨酸、苏氨酸、亮氨酸、异亮氨酸及缬氨酸。这8种氨基酸在人体内不能合成，必须由食物供给。

（2）不完全蛋白质：缺少一种或一种以上必需氨基酸的蛋白质称为不完全蛋白质。这类蛋白质除所含必需氨基酸种类不全外，数量也可能不足，或各种氨基酸之间的比例不合适，不能充分发挥蛋白质的生理功能。

小麦、玉米等谷类蛋白质以及动物的皮、肌腱等结缔组织，都属于不完全蛋白质。

（3）蛋白质的互补作用：将两种或两种以上的食物蛋白质混合食用时，各种食物蛋白质所含的必需氨基酸互相搭配，取长补短，可使必需氨基酸的比例更接近人体的需要，从而提高蛋白质的营养价值，这种作用叫做蛋白质的互补作用。在实际生活中我们也常将多种食物混合食用，这样做不仅可以改善口感，而且还十分符合营养学的原则。例如，谷类食物的蛋白质易缺乏赖氨酸，但蛋氨酸和色氨酸含量较高，而豆类食物的蛋白质则含赖氨酸较多，色氨酸含量较少，二者有互补性。又如，玉米的蛋白质中含色氨酸、赖氨酸都较少，只有蛋氨酸含量较高，若与大豆混合食用，可使蛋白质的利用率提高20%。

蛋白质的来源及供给量

膳食中蛋白质的来源不外是植物性食物和动物性食物。动物性食物蛋白质含量高、质量好，如奶、蛋、鱼、瘦肉等。植物性食物主要是谷类和豆类，大豆含有丰富的优质蛋白质；谷类是我们的主食，蛋白质含量中等（约10%），是我国人民膳食蛋白质的主要来源；蔬菜、水果等食品蛋白质含量很低，在蛋白质营养中作用很小。

一个人每天需要多少蛋白质，要根据年龄、性别、劳动条件和健康状况而定，并因食物来源不同而有所不同。一般情况下，每人每天需要蛋白质的范围是70～100克。例如，一个体重65千克的健康成年男子，体力劳动强度中等，每天约需要80克左右的蛋白质，成年女子略微少些，儿童、青少年在生长发育期所需要的蛋白质多一些。烧伤、骨折、感染等分解代谢亢进的病人以及合成代谢增强的特殊人群（如孕产妇等）需要高蛋白饮食，每日需要90～100克蛋白质；肾功能不全的病人则需要严格限制蛋白质的摄入，每日以不超过50克为宜。

每人从每天的主副食（如粮食400克、肉100克、牛奶200毫升、蛋1个、豆制品50克、蔬菜500克和水果400克）中，可获得80克左右的蛋白质。若能充分发挥植物蛋白质的“互补作用”，少吃动物性食品也可保证身体对蛋白质的需要。

蛋白质摄入不足，会导致生长发育迟缓、体重减轻、容易疲劳、对传染病抵抗力下降、病后不易恢复健康，甚至发生贫血和营养不良性水肿等疾病。如果长时间缺乏蛋白质，将使体内积存水分，傍晚时脚肿，早晨脸部及双手浮肿，眼睑也会松弛。所以，保证饮食中蛋白质的比例，对增强人们的体质有着重要的意义。

不过，近年来的研究也告诉人们，过多的蛋白质对人体是有害无益的。蛋白质在代谢过程中会分解成各种废物如H_2S、NH_3、胺等，蛋白质过量时，这些有毒的废物在体内积累，对人体健康危害很大。另外，对于肾功能不全者，过多食用蛋白质还可能引发并发症，如高尿素氮血症、代谢性酸中毒和渗透性利尿等。

维持生命的营养素——维生素

维生素是维持人体正常生理机能所必需的一类低分子有机化合物，存在于天然食物中，在人体内几乎不能合成，虽然其需要量甚微，但却是人体生长和维持健康所必需的。与蛋白质、脂肪、碳水化合物不同，维生素在人体内不能产生热量，也不参与人体细胞、组织的构成，但却参与调节人体的新陈代谢，能促进生长发育，有助于预防某些疾病。主要的维生素有维生素A、D、E、K、C、B_1、B_2、B_6、B_{12}、烟酸、叶酸、生物素等。

人体若缺少了维生素，新陈代谢就会发生紊乱，产生各种维生素缺乏病，如坏血病、脚气病、凝血病和夜盲症等。这些病现在看起来不是什么重症，但在100年前却是夺去人们生命的不治之症。因此，维生素既是营养品又是药品。维生素在人体内不能合成，必须从食物中摄取。由于人体对各种维生素的需要量很少（一般都在毫克级），所以只要注意平衡膳食，多吃新鲜蔬菜和水果，一般不会引起维生素缺乏症。若发生维生素缺乏症，可在医生指导下服用富含维生素的食品或维生素制剂（如鱼肝油、维生素B、C、D、E、K等）。

维生素的发现和命名是在20世纪的前50年。在这之前，很多维生素缺乏病威胁着人们的生命，如缺乏维生素C引起的坏血病，是发生在远洋海员中的一种不治之症，患病的船员牙床和鼻子流血，皮肤布满出血点，浑身无力，口腔有恶臭、牙龈腐烂，最后内脏出血而死亡，当时人们找不出原因，当然也无法治疗，以致坏血病夺去了几十万水手的生命；又如脚气病，是由于长期吃太精的食物，缺乏维生素B_1而导致的严重神经炎，患者脚部浮肿，下肢麻木，肌肉疼痛，心悸气喘，血压下降，心力衰竭以至死亡，19世纪末，脚气病曾流行于东印度群岛，导致成千上万的人死亡。

1896年，艾克曼（C.Eijkman）首次确证了维生素的功用，并分离得到了维生素B。艾克曼的发现推翻了以往的营养学和饮食理论，这些理论认为蛋白质是健康饮食的基础。之后，又相继发现了维生素A、D、E、C、K、叶酸等。对维生素的发现共颁发了5次诺贝尔奖，因此可以说，维生素是20世纪的伟大科学发现之一。

维生素的分类、功能和来源

维生素种类多，它们的化学性质与分子结构差异很大，一般按其溶解性分为脂溶性维生素和水溶性维生素两大类。脂溶性维生素包括维生素A、D、E、K，它们都溶于脂肪而不溶于水，可随脂肪被人体吸收利用，过量时储存在肝脏，容易在体内积累而引起中毒；水溶性维生素包括维生素C和维生素B族（包括B_1、B_2、B_6、B_{12}、烟酸、叶酸、生物素等）以及许多“类维生素”，水溶性维生素能溶于水而不溶于脂肪，吸收后在体内贮存很少，过量的部分多从尿中排出，不易发生中毒。

现代科学进一步肯定了维生素对人体健康的不可代替的作用，是防止多种缺乏症的必需营养素。下表列出了主要维生素的需要量、来源、功能和缺乏症状。

合理使用维生素

维生素的发现是20世纪营养学的一项重大进展。合理使用维生素，能有效地预防维生素缺乏症，促进身体健康。近十几年来，随着营养知识的普及，许多人都认识了维生素，并不同程度地服用维生素片剂，许多保健食品和化妆品也添加了维生素，维生素正在越来越多地被应用于大众日常保健。

那么，是不是所有人都需要服用维生素?长期服用会不会对身体造成危害呢?专家建议，只要能全面均衡地饮食，可以不必补充维生素。维生

主要维生素的需要量、来源、功能和缺乏症状

名　称	每日最低需要量	来　源	生理功能	缺乏症状
B_1（硫胺素）	1.5毫克	谷、豆，动物肝、脑、心、肾脏	形成与柠檬酸循环有关的酶	脚气病，心力衰竭，精神失常
B_2（核黄素）	1～2毫克	牛奶，鸡蛋，动物肝，酵母，阔叶蔬菜	电子传递链的辅酶	皮肤皲裂，视觉失调
B_6（吡哆醇）	1～2毫克	谷，豆，猪肉，动物内脏	氨基酸和脂肪酸代谢的辅酶	幼儿惊厥，成人皮肤病
B_{12}（氰钴胺）	2～5毫克	动物肝、肾、脑，由肠内细菌合成	合成核蛋白	恶性贫血
抗癞皮病维生素（烟酸）	17～20毫克	酵母，瘦肉，动物肝，谷物	氢转移的辅酶	糙皮病，腹泻，痴呆
C（抗坏血酸）	75毫克	柑橘属水果，绿色蔬菜	使结缔组织和糖代谢正常	坏血病，牙龈出血，牙齿松动，关节肿大
叶酸	0.1～0.5毫克	酵母，动物内脏，麦芽	合成核蛋白	贫血症，抑制细胞的分裂
泛酸	8～10毫克	酵母，动物肝、肾、蛋黄	形成辅酶A的一部分	运动神经元失调，消化不良，心血管功能紊乱
维生素H（生物素）	0.15～0.3毫克	动物肝，蛋清，豌豆，由肠内细菌合成	合成蛋白，CO_2固定，氨基转移	皮肤病
A（A_1、A_2）	5 000国际单位（1国际单位=0.3微克松香油）	绿、黄色蔬菜及水果，鳕鱼肝油	形成视色素，使上皮结构正常	夜盲，皮损伤，眼病（过量中毒，过敏，骨脱钙，脑压增高）
D（D_2、D_3）	400国际单位（1国际单位=0.025毫克钙化醇）	鱼油、动物肝、皮肤经日晒产生	帮助Ca^{2+}吸收，形成牙和骨骼	佝偻病（骨发育不良），但每日超过2 000国际单位幼儿生长缓慢
E（生育酚）	10～40毫克	绿色阔叶蔬菜	保持红细胞的抗溶血能力	红细胞的脆性增加
K（K_2即叶绿酯）	不知	由肠内细菌产生	促成肝凝血酶原的合成	凝血作用丧失

素按用途可分为治疗用维生素和营养补充用维生素两大类。治疗用维生素需按缺乏症选择，一般用单品种，缺什么补什么，用量采用治疗量，如维生素A用于治疗干眼病和夜盲症，维生素B_1用于治疗脚气病和多发性神经炎，维生素C用于治疗坏血病，维生素D用于治疗佝偻病等。营养补充用维生素主要用于饮食不平衡的人群，应多品种、小剂量、经常或连续服用，这样有利于吸收和利用，可以全面补充各种维生素。

但是，很多人对维生素的认识存在误区，较常见的是认为维生素多吃无害。其实，人体只需少量维生素，过量服用维生素对身体不但无益反而有害，长期过量服用维生素会伤害人体器官，产生毒副作用，尤其是脂溶性维生素过量更易发生中毒。例如，维生素D过量会引起恶心、头痛、腹泻、弥散性肌肉乏力、肌肉疼痛等；维生素A过量可导致慢性中毒，成人可发生脑压升高、头痛、呕吐，儿童则出现厌食、恶心、烦躁、惊厥等症状；维生素C过量会导致腹泻、胃出血、结石以及婴儿依赖性疾病；维生素E过量会引起血小板聚集和血栓形成，大剂量服用可导致胃肠功能紊乱、眩晕、视力模糊等，妇女可引起月经过多或闭经，所以专家建议，维生素E最好通过食物补充，如需要特别补充，应在医生指导下进行。

因此，只有合理使用维生素，才能预防疾病，促进身体健康。

平衡生命的砝码——微量元素

微量元素是人类认识和发现比较晚的一类营养素。目前发现的人体内的微量元素有铁、铜、锌、钴、锰、铬、硒、碘、镍、氟、钼、钒、锡、硅等14种，共占人体总重量的0.05%左右。它们不能在体内合成，必须由外界环境供给。

现代医学证明，微量元素对人体的正常代谢和健康起着重要作用，它们与人体健康的关系是很复杂的，其浓度、价态等对人体健康都有影响，有些疾病的发生与微量元素的平衡失调关系密切。已有许多资料证明，严重危害人类健康的心脑血管疾病、癌症均与体内元素（尤其是微量元素）的平衡失调有关，如心脏病与钴、锌、铬、锰等元素不平衡有关，肝癌与硒、铁、锰等不足有关。微量元素还与人体免疫功能降低、出生缺陷、血液病、眼疾等有关。

人体中也含有非必需微量元素甚至有害元素，如镉、汞、铅等，这与食物、水质及大气的污染关系甚大。例如，经口腔、呼吸道进人人体的镉通过血液转移后，大部分蓄积于肾脏和肝脏中，可引起肌体对有益元素锌和钙的吸收和利用的紊乱，导致一种以骨骼疾患为特征的骨痛病。

1847年，欧洲人发现铁与血红蛋白的结合，可以说是对微量元素生理作用的最早认识。1854年又发现甲状腺肿与食物中缺碘有关。1930年以后，相继发现许多地区由于微量元素（铁、钴等）缺少或过多而使家畜体质衰弱、生长停滞和死亡率增高等。光谱分析法的出现，使测定生物体内微量元素的含量成为可能，大大推动了微量元素与健康关系的研究。人们期盼通过对微量元素的研究使一些疑难病症的治疗获得突破。

微量元素的生理功能

微量元素在人体内的含量虽然极微，但却是人体生命活动不可缺少的物质。它们作为酶、激素、维生素、核酸的成分，参与生命的代谢过程。其生理功能主要有：

（1）协助输送常量元素：如含铁血红蛋白有输氧功能。

（2）作为体内各种酶的组成成分和激活剂：已知的体内千余种酶大都含有一个或多个微量金属原子，如锌能激活肠磷酸酶、肝和肾的过氧化酶，又是合成胰岛素所必需的金属原子；锰离子可激活精氨酸酶和胆碱酯酶；钴是维生素B_{12}的组成成分等。

（3）参与激素的作用，调节重要生理功能：如碘是甲状腺激素的重要成分之一，机体缺碘时不能合成甲状腺激素，会影响正常代谢和儿童的生长发育。

（4）在遗传方面的作用：核酸是遗传信息的载体，它含有浓度相当高的微量元素，如铬、铁、锌、锰、铜、镍等。动物实验证明，这些微量元素可以影响核酸的代谢。所以，在胚胎发育的最早期，亦即建立未来发展模式的时期，微量元素可能具有重要的作用，这些元素可能对核酸的结构、功能和脱氧核糖核酸（DNA）的复制都有影响。

微量元素在体内不是孤立存在的，微量元素之间以及微量元素与蛋白质、酶、脂肪、维生素之间都存在相互作用。例如，铜和铁在机体内显示生理协同作用（即铜可促进机体对铁的吸收），铁可拮抗镉的毒性等。

虽然人们尚未完全弄清楚每种微量元素在人体中的作用，但一些重要微量元素的生理功能已随着科学的进展而被揭示出来。目前对微量元素的营养和有害作用的研究主要集中在下面几个方面：摄入量过多或过少对人体健康会造成什么影响；在人体内的分布及其靶器官；各种元素间的相互作用等。

人体中的铁与锌

1. 铁

铁是红细胞中血红蛋白的重要成分，血红蛋白是运输和交换氧气的必需工具；铁又是细胞色素系统的过氧化物酶的组成成分，在呼吸和生物氧化过程中起重要作用。一般成年人体内含铁3～5克，相当于一枚小铁钉的重量，主要存在于血液中。人体中如缺少铁，就会使血红蛋白的制造发生困难而引起贫血。据世界卫生组织调查，缺铁性贫血是世界通病。

正常人对铁的吸收是与身体的需要保持平衡的，一般通过肠黏膜对铁的吸收进行调节，吸收的铁与需要的铁几乎相等。体内缺铁时吸收量增加，铁过剩时吸收就受到制约。但是，如果长期过量食用含铁量高的食物，肠黏膜吸收铁的调节能力就会失去，人体又没有主动排铁的机制，多余的铁会以铁蛋白和含铁血黄素的形式在体内许多脏器中积聚，导致纤维组织增生及脏器功能损害，引起肝损伤、糖尿病及心力衰竭等病变。反复输血也会造成铁过剩。

动物的肝、血、肉和鱼类所含的铁为血红素铁，能直接被肠道吸收。谷类、水果、蔬菜、豆类以及牛奶、鸡蛋所含的铁为非血红素铁，常与蛋白质、氨基酸或有机酸形成络合物，此种铁需先在胃酸作用下与有机酸部分分开，才能被肠道吸收。酸性条件（如含维生素C）有利于铁的吸收和利用。

2. 锌

锌是多功能微量元素，是仅次于铁的需要量较大的微量元素，正常成人体内含锌2～3克，分布于几乎所有器官和血液中。

锌是人体200多种含锌酶的组成成分，也是酶的激活剂，如碳酸酐酶、DNA聚合酶、RNA聚合酶等都含有锌；锌与生长发育密切相关，直接参与核酸和蛋白质的合成以及细胞的分裂生长，故对生长发育旺盛的儿童、青少年有特别的营养价值，幼儿缺锌会导致生长发育迟缓，性器官发育不全，可能成为缺锌性侏儒；锌可增强组织的再生能力，促进伤口愈合，所以锌制剂可用于治疗溃疡、炎症、湿疹、皮炎等；锌能影响味觉及食欲，缺锌时口腔黏膜上皮细胞增生，阻塞舌乳头味蕾小孔，从而影响味觉及食欲，且易发生口腔溃疡；维持视力也需要锌，锌参与肝脏及视网膜维生素A还原酶的组成，是视觉物质合成中的关键酶，老年人缺锌可致眼球内水晶体退化变硬而发生白内障。

含锌较多的食物有瘦肉、鱼以及动物肝、肾，其次是蛋黄、谷类、粗粮、核桃、花生、葵花子等有硬壳的食物。

微量元素碘、硒与地方病

微量元素最突出的作用是与生命活动密切相关，全身仅含像火柴头那样大小或更少的量就能发挥巨大的生理作用。值得注意的是，微量元素必须直接或间接由土壤供给，因此，微量元素与地方病密切相关。

1. 碘

成年人体内含碘量为20～50毫克，其中约半数聚集于甲状腺中，参与合成甲状腺激素T_3、T_4。甲状腺激素能维持正常生长发育及智力发育，调节能量代谢。缺碘可发生地方性甲状腺肿和克汀病（即呆小病），我国除东南沿海省市外，各地几乎都有此病发生，其中以西南、西北、东北等地区的山岳丘陵地带为重。孕妇缺碘时婴儿会患呆小症，患者生长迟缓、聋哑、智力低下、脑发育不全。在高发区流传着“一代肿（甲状腺肿），二代傻（呆小病），三代四代断根芽”的说法。

地方性呆小病是因缺碘导致的以中枢神经系统损害为主的病变。我国为防治大面积人群缺碘，采用了既方便又经济的食用加碘盐（在普通食盐中加入适量KI或KIO_3而制成）的方法，同时提倡经常食用含碘丰富的海产品如海带、紫菜、海虾、海蜇等。但甲状腺功能亢进的人，不宜食用碘盐等含碘丰富的食品。

2. 硒

硒被确定为人体必需微量元素，经历了一个曲折的过程。19世纪60年代人们发现，由于一些牧草中含硒量过高（50～500毫克／千克，紫云英则高达10克／千克）而导致牲畜中毒死亡，人吃了含硒高的麦粉发生指甲破裂、风湿病及肝肾中毒等，炼硒工人及炼硒厂周围的人容易得胃肠疾病、神经过敏和紫斑症，人们因此知道硒化合物如硒酸盐都是极毒的，所以，人们对硒望而生畏。1957年首次报道硒是防治肝坏死的保护因子，之后又发现硒是谷胱甘肽过氧化物酶的活性成分，能清除体内有害的过氧化物，保护机体免受损害，硒开始成为世人研究的热点。20世纪70年代我国率先报道了地方性流行病克山病的发病与缺硒有关，用补硒（口服Na_2SeO_3）的方法治愈了千百万克山病患者，引起全世界的瞩目，继而对另一种缺硒地方病——大骨节病也防治成功。

由此看来，硒对人体有毒还是有益，关键在用量，成人每日约需50微克，过多、过少都会有危害。食物中的海味、大米、大蒜、芥菜、茶叶及肉类中含硒量较高，正常健康人只要合理饮食，一般可满足对硒的需要。

膳食纤维与现代文明病

膳食纤维主要是指不能被人类胃肠道中的消化酶所消化因而不能被人体吸收利用的多糖类物质。这些多糖主要来自植物细胞壁，包括纤维素、半纤维素、果胶、树胶、海藻多糖及植物细胞壁中的木质素等。

1970年以前营养学中没有“膳食纤维”这个词，而只有“粗纤维”。粗纤维曾被认为是对人体不起营养作用的一种非营养素，因为通常的营养素是指能被人体吸收利用的物质。然而通过近几十年来的调查和研究，发现这种“非营养素”与人体健康密切相关，在预防人体的某些疾病方面起着重要的作用，因而将“粗纤维”一词废弃，改为“膳食纤维”。现在膳食纤维被称为“人体第七大营养素”。

1960年英国营养学家和病理学家们首先发现，现代文明病如心脑血管病、糖尿病、便秘及结肠癌等的发病率在英国和非洲有显著差异，非洲居民现代文明病的发病率明显低于英国，原因是非洲居民的膳食纤维的摄入量远高于英国居民。他们在1972年发表了两篇著名的营养学报告，指出现代文明病的发病率与膳食纤维的摄入量成反比，膳食纤维含量较高的饮食在一定程度上可以预防高血脂、高血压、心脏病、糖尿病、肥胖病和肠道癌症等。这两份标志性的报告，使人们重新认识了膳食纤维，也拉开了人类研究膳食纤维的序幕。

膳食纤维的生理功能

膳食纤维虽不能被人体吸收，但可以被人体利用，有重要的生理功能。

（1）降低胆固醇和血脂：膳食纤维可吸附胆汁酸，并随粪便排出。胆汁酸是由肝脏中的胆固醇转变而成的，在小肠中帮助消化脂肪，膳食纤维在小肠中能形成胶状物质将胆汁酸包围，并通过消化道排出体外，当肠内消化食物再需要胆汁酸时，肝脏只能吸收血中的胆固醇来补充消耗的胆汁酸，从而间接降低了血中的胆固醇。另外，膳食纤维可螯合胆固醇和脂肪，并及时排出体外，因而可降低血液中胆固醇和甘油三酯的水平，减少冠心病的发病率。

（2）吸水通便：膳食纤维因含多羟基而显示强亲水性，吸水后的膳食纤维可增加粪便的含水量使其变软，因此利于排便。另外，部分膳食纤维酵解产生的短链脂肪酸如丁酸，可使肠道的pH值降低，促进肠道蠕动而加速排便，因此可有效防止便秘。

（3）清除肠道毒素：膳食纤维吸水后可稀释大肠中的食物残渣及各种代谢废物，并促进肠道蠕动而加速排便，降低粪便及有害物质在肠道内的停留时间，减少肠壁对H_2S、NH_3、酚类和胺类等废物的吸收；同时，膳食纤维还可促进肠道有益菌群的增殖，在肠壁形成保护屏障，所以可预防肠道疾病及减少直肠癌的发病率。

（4）降低血糖水平：膳食纤维在胃肠中能形成一种黏膜，使食物营养素的消化吸收过程减慢，而在整个消化道中进行消化吸收，从而使餐后血糖升高较平稳。实验证明，食物中膳食纤维含量越低，血糖指数就越高。大多数研究认为,现代社会中糖尿病发病率高与膳食纤维摄入量太少有关,因为膳食纤维在降低葡萄糖耐受性和抑制餐后血糖升高方面是有效的。

也应指出，摄入过量的膳食纤维会影响其他营养物质的消化和吸收，还会增加肠道产气量而导致腹胀不适，中国营养学会建议的摄入量为24～34克/天。

生命之源——水

现代营养学认为，按生理功能分，人体内有以下三大类营养物质：

第一类：结构营养物质，如蛋白质、脂肪、碳水化合物、矿物质和无机盐等；

第二类：调控营养物质，如微量元素、维生素等；

第三类：媒体营养物质，即水。

水是人类生命的第一要素，居人体七大营养素之首。水孕育生命，水维持生命，水是生命之源。在机体内，一部分水与蛋白黏多糖等生物分子结合存在，在塑造细胞和组织方面起重要作用；另一部分水是非结合状态的水，主要作为细胞内外各种生化反应的介质。

水具有重要的生理功能，人体的新陈代谢、食物的消化吸收、营养的输送、血液的循环、废物的排泄、体温的调节等每一种生命活动都离不开水，没有水就没有生命，人和水是分不开的。成年人体内的水占体重的70%（平均值），胎儿体内的水占体重的90%，婴儿占80%，老年人在50%左右。成年人的脑髓含水75%，血液含水83%，肌肉含水76%，连坚硬的骨骼也含水22%。在正常情况下，人体的水分失去1%～2%就会感到口渴，失水10%就会出现昏迷，失水15%就有生命危险，失水20%～22%就会死亡。

水是人体每天摄入量最多的物质，正常成年人平均每天要喝2 500～4 000毫升水。人体内的水每5～13天更新一次。符合饮用标准的水，通过循环和更新可增强人体的免疫功能，有效促进新陈代谢。除了我们平常喝的白开水，当今市场上还有品种繁多的饮用水，像矿泉水、纯净水、太空水、活性水、离子水、富氧水等，确实有必要考虑一下喝什么水好。

长期饮用纯净水有哪些不好

纯净水是美国科技界为研制超纯材料，用反渗透技术制造的水。这种水是纯水，不含任何杂质，如重金属、有机污染物、放射性物质、微生物等，是可以直接饮用的水，其优点是干净卫生。目前市场上的纯净水主要是采用蒸馏法、超滤法和反渗透法等方法制备的。反渗透法所用反渗透膜的孔径一般为0.0001～0.001微米，直径大于此孔径的各种离子、分子及其他颗粒均被阻于反渗透膜的一侧，这样不仅能有效地去除细菌、病毒（细菌的直径为0.4～1.0微米，病毒的直径为0.02～0.4微米）和有机污染物，而且也有效地去除了钙、镁、铁、锰、锌、硅等无机物。因此，纯净水基本无污染物，同时也基本无营养元素。

纯净水适合作为饮料，但不宜作为生活主导饮用水，主要原因有：

首先，长期饮用纯净水，会减少人体对矿物质和有益元素的摄入，特别是那些从日常膳食中无法摄取或摄入量极少的微量元素如氟、锶、锌等。实践证明长期饮用纯净水，极易造成人体缺钙。

其次，纯净水pH值一般为6.0左右，呈弱酸性，而生活饮用水卫生标准规定pH值为6.5～8.5。由于人体的体液是微碱性的，所以如果长期饮用微酸性的水，体内环境将受到破坏。

第三，纯净水破坏了天然水的组成，使水分子形成凝聚态结构（水越纯，水分子间的极性作用就越强，就越易聚集为凝聚态结构），这种水难以直接透过细胞膜进入细胞内，更谈不上运送有用的微量元素进入细胞内，反而会把人体内有用的微量元素淋洗出去，减弱人体的免疫力，以致引发某些疾病。当然，在自来水水源受到污染的情况下，应首先考虑水质安全，其次才是水的营养成分。

长期饮用纯净水的利害目前还有争论，纯净水的生理效应也有待于进一步观察。

矿泉水与水的软硬度

1. 矿泉水

水中含有某些微量元素的天然地下水被称为矿泉水。矿泉水是来自地壳深部的远古生态水，或从地表熔岩中流出的溶有矿物质的天然水。

矿泉水埋藏于地下深部，不受外界污染的影响。矿泉水的pH值大都在7～8之间，属弱碱性，与人体体液相吻合，有利于维持酸碱平衡，促进新陈代谢。矿泉水都含有丰富的矿物质和微量元素，对特定人群有保健作用。矿泉水有碳酸、硅酸、锶、锌、硒、碘等不同的类型。饮用矿泉水应有针对性，缺什么补什么最好，如有缺锌症的儿童应饮用高锌矿泉水。

常饮用矿泉水会使人体微量元素过量，微量元素过量会导致疾病，如水中含氟过高，会引起慢性氟中毒，出现氟斑牙和氟骨症，患者牙齿发黄、松动，还出现骨质疏松，常年腰腿酸痛；铁过多会在肝脏积累引发肝病；锌过多会引发胃肠炎；有些矿物质和微量元素过多会导致肾结石病；某些微量元素长期过多进入人体，可能引发呕吐、腹泻、抽搐、脱发等疾病。因此，盲目认为矿泉水比自来水好，将矿泉水作为日常饮用水，会对健康造成不良影响。尤其是儿童，因体内代谢快，对水的需求量相对来说比成人多，同时肾脏功能不健全，所以更易受到伤害，更不宜将矿泉水作为主导饮用水。

2. 水的软硬度

我们把水中含有的钙、镁离子总浓度用“硬度”这个指标来衡量，每升水中含有相当于10毫克氧化钙的钙、镁离子为1度。硬度低于8度的水为软水，高于8度的为硬水。我国对饮用水规定的标准是不能超过25度，最适宜的饮用水硬度为8～18度，属于轻度或中度硬水。

水的软硬与口感有关，一般硬水爽口，多数矿泉水硬度较高，使人感到清爽可口，软水则显得淡而无味。但用硬水泡茶、冲咖啡，口感将受到影响。水的软硬和一些疾病有密切关系，水的硬度太高和太低都不好，在水硬度较高的地区，人群心血管疾病发病率较低，但肾结石发病率却随水的硬度升高而升高。长期喝软水的人，则需通过其他途径补充某些矿物质。我国南方地区的水多为软水，北方地区的水多为硬水。

3. 白开水最适合人的生理需要

从科学角度讲，白开水最能满足人体对水的生理需要。白开水由自来水煮沸而来，其中含有多种矿物质和一些人体需要量极少的微量元素。自来水所含的矿物质为矿泉水的1／10，而又是纯净水的10倍。矿泉水的矿化度一般为200～300毫克／升，自来水为20～30毫克／升，而纯净水只有2～3毫克／升。因此，应还白开水主导饮用水的地位。

茶的化学成分及其功效

茶叶有益于人体健康，对此中国的古人通过观察和实践很早就有记述，《神农食经》有“久服令人有力悦志”和“苦茶轻身换骨”的记载。

现代研究证实茶叶中含有益于人体健康的多种化学成分，它们对某些疾病确具一定的疗效，每天饮茶对人体能起到营养和保健作用，故茶叶被称为天然保健饮料是名副其实的。

按照中国传统医学的解释，茶叶性味甘苦，微寒无毒，入心、肺、胃经。其作用有：驱散疲劳，清思明目；生津止渴，利尿止泻；治咳止喘，清热解毒，消食减肥等。可用于防治高血压、高脂血症、肥胖症、冠心病，治疗食积不化、泻痢，以及精神不振、思维迟钝，水肿尿少、水便不利，痰喘咳嗽，等等。茶也被认为有预防与抵抗放射性伤害的作用。

茶叶中含有的咖啡碱主要包括咖啡因、可可碱和茶碱,三者都有刺激中枢神经的作用,是中枢神经兴奋剂,因此茶具有提神的作用。咖啡碱能抑制肾小管对水分的吸收,并能扩张肾脏血管以畅通血流,所以茶水可以利尿排毒。

茶叶中含有较多的茶多酚类化合物，主要有儿茶素（也称茶单宁）、黄酮类、花青素和酚酸。其中以儿茶素含量最高，约占茶多酚总量的60%～90%，是茶叶药效的主要活性组分，具有很强的抗氧化性。儿茶素能增强微血管韧性，保护血管防止破裂；儿茶素能与茶叶中的微量元素锰、锌、硒以及维生素C、E一起，有效地清除体内的自由基，抑制脂质过氧化，防止自由基对不饱和脂肪酸和其他生物大分子的破坏，具有抗突变、抗癌的生物活性，这是目前认为的茶的最重要的保健功能。

茶叶中还含有一些其他的活性成分，如脂多糖类，它与茶多酚等成分能增强人体的非特异性免疫功能，升高血液中的白细胞数量，因此，饮茶是一种理想而简便的抗辐射损伤的方法；茶叶中的生物碱类与一些芳香族化合物具有除脂解腻的作用，可防止肥胖及预防相关疾病，因而经常饮茶确有一定的延年益寿的功效。

食品添加剂成就了现代食品工业

近年来，由于滥用食品添加剂造成对食品的污染，使人们对食品加工过程中应当使用的添加剂也担心起来。有些食品生产厂家为迎合消费者的心理，竟在广告中声称或在标签的醒目处印上“本产品不含防腐剂和色素”，甚至还有的以“本产品绝对不含任何食品添加剂”等来标榜自己的产品安全无害。其实，这大可不必，因为食品添加剂并未被禁止使用，而且绝对不含任何食品添加剂的食品是没有安全保证的。

食品添加剂是指“为改善食品品质和色、香、味、形，以及为防腐和加工工艺的需要而加入食品中的化学合成或者天然物质”。营养强化剂也属于食品添加剂。目前我国规定可使用的食品添加剂有22类，共907种，如防腐剂、抗氧化剂、增稠剂、乳化剂、甜味剂、疏松剂、香料等，这些成分可以改善食品的感官形状、防止腐败变质、延长保质期等，因此食品添加剂对于食品工业是必不可少的。

随着食品工业的现代化，食品添加剂的应用越来越广泛，据统计，全世界目前约有1万多种食品添加剂。

对于食品添加剂的副作用，专家指出“剂量决定危害”。对各种食品添加剂能否使用、使用范围和最大使用量，各国都有严格规定。

实际上，科学、合理、合法地使用合格的食品添加剂是食品工业的进步。国家对食品添加剂有严格的审批制度，对添加的量和添加的方式都有严格要求，保险系数很高。实验表明，食品不加防腐剂，就无法保证在保存过程中不变质，而食品的腐败变质对人体的危害非常大。

人们在选择食品时，应当注意挑选信誉较好的生产厂家的产品，因为这些厂家一般能够严格执行国家关于食品添加剂的管理规定；而那些地下食品加工作坊则很可能滥用食品添加剂或使用禁用的食品添加剂，其产品对人有害。另外，值得注意的是，肝肾功能不全的病人不适合食用防腐剂、添加剂较多的食品，这些人最好不要过多食用方便面、火腿肠、罐头、饮料等速食产品，以避免积蓄作用带来的不良反应。

食品中的防腐剂

造成食品腐败的原因很多，有物理、化学及生物的因素，其中主要原因是细菌分解和氧化。防止食品腐败的方法有干制、（盐或糖）腌制、罐存、冷存、真空冷存和化学防腐等。

防腐剂是通过抑制微生物的生理活性或阻止其繁殖来达到防腐目的的。我国目前经常使用的防腐剂有苯甲酸、苯甲酸钠、山梨酸、山梨酸钾和丙酸钙等。

1. 苯甲酸及其钠盐

苯甲酸（又名安息香酸）在水中的溶解度小，故多使用其钠盐。苯甲酸钠（C_6H_5COONa）为白色结晶，易溶于水和酒精，主要用于酱油、酱菜、果汁、果酱、蜜饯和面酱类食品中。用量随食品种类的不同而不同，最大使用量为0.2 ~ 1克／千克。

苯甲酸及其钠盐属于酸性防腐剂，对多种微生物呼吸酶的活性有抑制作用，可有效抑制微生物的生长和繁殖，在pH2.5 ~ 4.0时抑菌作用最强，pH5.5以上较差，一般用于pH4.5 ~ 5.0，对酵母和霉菌的抑制效果较弱。

苯甲酸进入人体9 ~ 15小时后即转化为马尿酸或葡萄糖苷酸，并全部从尿中排出，不会在人体内积蓄。但该转化过程在肝脏中进行，所以肝功能衰弱的人不宜食用含苯甲酸类防腐剂的食品。

2. 山梨酸及其钾盐

山梨酸化学名称为2，4-己二烯酸，又名花椒酸，其结构简式为$CH_3-CH=CH-CH=CH-COOH$。

山梨酸为无色针状晶体或白色粉末，稍带刺激性气味，在空气中长期放置易氧化变色而降低防腐效果，微溶于水而易溶于有机溶剂，所以多用其钾盐。山梨酸钾对热稳定性较好，分解温度高达270℃。

山梨酸及其钾盐也属酸性防腐剂，在接近中性（pH6.0 ~ 6.5）的食品中仍有较好的防腐作用，其使用范围比苯甲酸及其钠盐更广，除苯甲酸及其钠盐适用的食品外，还适用于豆、乳、糕点制品等，其最大允许使用量（以山梨酸计）也为0.2 ~ 1克／千克。

山梨酸及其钾盐能有效地抑制霉菌、酵母菌和好氧性细菌的活性，防止肉毒杆菌、葡萄球菌、沙门氏菌等有害微生物的生长和繁殖，但对厌氧性芽孢菌和嗜酸乳杆菌等有益微生物几乎无效，其抑制发育的作用比杀菌作用更强。

山梨酸是不饱和脂肪酸,进入人体后直接参与脂肪代谢，被氧化成二氧化碳和水,比苯甲酸更为安全,是目前各国普遍使用的比较安全的防腐剂。

发色剂与发色助剂

在食品加工过程中，可添加适量的化学物质，与食品中某些成分发生作用，使制品呈现良好的色泽。这类物质称为发色剂或呈色剂，能促使发色的物质称为发色助剂。

在肉类腌制中最常用的发色剂是硝酸盐和亚硝酸盐，发色助剂为抗坏血酸（维生素C）及其钠盐和烟酰胺（维生素PP）等。为了使肉制品呈鲜艳的红色，在加工过程中多用硝酸盐和亚硝酸盐的混合物，其发色机理是硝酸盐在亚硝基化细菌的作用下还原成亚硝酸盐，亚硝酸盐在一定的酸性条件下生成亚硝酸。一般屠宰后的肉因含乳酸，pH值在5.6～5.8的范围，所以不需外加酸即可生成亚硝酸。亚硝酸很不稳定，即使在常温下也可分解产生NO，NO会很快与肌红蛋白（Mb）反应生成鲜艳的、亮红色的亚硝基肌红蛋白，使肉类制品具有良好的感官性状。其反应式为：

$$NaNO_2+CH_3-CH(OH)-COOH = HNO_2+CH_3-CH(OH)-COONa$$

$$3HNO_2 = HNO_3+2NO+H_2O$$

$$Mb+NO = MbNO$$

硝酸钠和亚硝酸钠还具有增强肉制品风味和抑菌的作用，特别是对肉毒梭状芽孢杆菌有很好的抑制作用。有些国家在没有使用亚硝酸盐之前，肉毒梭状芽孢杆菌中毒率很高，使用后该病菌的中毒得到控制。我国规定硝酸钠的最大使用量为0.5克／千克，亚硝酸钠的最大使用量为0.15克／千克，肉制品中的最大残留量（以亚硝酸计）不得超过0.03克／千克。

硝酸是氧化剂，它能把NO氧化，因而抑制了亚硝基肌红蛋白的生成，同时也使部分肌红蛋白被氧化成高铁肌红蛋白，因此，在使用硝酸盐和亚硝酸盐的同时并用抗坏血酸及其钠盐等还原性物质，以防止肌红蛋白的氧化，同时它们还可以把氧化型的褐色高铁肌红蛋白还原为红色的还原型肌红蛋白，以助发色。若抗坏血酸与烟酰胺并用，则发色效果更好，并可长时间不退色。

亚硝酸盐的是与非

硝酸盐和亚硝酸盐是广泛存在于自然环境中的物质，食物中特别是蔬菜中含有一定量的硝酸盐和亚硝酸盐。

1. 不可替代的食品添加剂

在食品工业中，硝酸盐和亚硝酸盐常被用作食品添加剂，主要用于腌制肉食、罐头和发酵食品中。亚硝酸盐作为发色剂，可使肉制品呈现稳定的鲜红色；作为抑菌和防腐剂，可以抑制肉毒芽孢杆菌的繁殖，保证肉制品的质量；作为呈味剂，可以增强肉制品的特有风味。罐头和发酵食品由于其厌氧环境，容易造成肉毒芽孢杆菌生长，人食用后可发生致命的中毒事件。由于亚硝酸盐具有特有的抑制肉毒芽孢杆菌的生长的作用，目前尚没有能完全替代它的产品。

亚硝酸盐是目前世界各国都允许使用的食品添加剂，许多国家都有严格的使用范围和用量标准，只要控制在安全范围内不会对人体造成危害。

2. 亚硝酸盐中毒

大剂量的亚硝酸盐能够使血色素中的二价铁（即亚铁）氧化为三价铁，产生大量的高铁血红蛋白，从而使血红蛋白失去携氧和释氧能力，引起全身组织缺氧，产生肠源性青紫症。症状为头痛、恶心，口唇、指甲和皮肤出现紫绀，严重者可导致循环衰竭和中枢神经损害，出现心律不齐、昏迷，常死于呼吸衰竭。

在正常机体中，各种氧化还原作用使血中高铁血红蛋白保持在稳定的低水平（14%）。当少量的亚硝酸盐进入血液时，形成的多余高铁血红蛋白可通过还原机制自行消除，人体不表现缺氧中毒症状。但如果亚硝酸盐过多，高铁血红蛋白的生成速度超过还原速度，就会发生亚硝酸盐中毒。根据计算，人体摄入0.3～0.5克亚硝酸盐可引起中毒，摄入3克可致人死亡。

引起亚硝酸盐中毒的主要原因是误食，如有人误将作为防冻剂的亚硝酸盐（也叫工业用盐）当作食盐食用，或不法商贩将工业用盐冒充食盐出售等；其次是食用含硝酸盐和亚硝酸盐过多的蔬菜、饮用苦井水和食用添加亚硝酸盐过多的食品等。

常见蔬菜中的硝酸盐

很多绿叶蔬菜中都含有硝酸盐。从国内外的统计数据看，硝酸盐含量在1 000毫克/千克以上的蔬菜主要有菠菜、莴苣、生菜、油菜、甜菜、芹菜和韭菜等，其中菠菜含量最高，可达7 000毫克/千克。

蔬菜中的硝酸盐本身是没有毒的，但长期放置或腐烂之后，硝酸盐就会在酶的作用下被还原成有毒的亚硝酸盐。蔬菜在采摘后仍会发生呼吸代谢，出现营养成分的变化，加上微生物的作用，蔬菜中的硝酸盐会转化为亚硝酸盐，因此蔬菜最好不要存放过久。存放时，应在0～4℃的低温下保存，以降低酶的活性，减弱蔬菜采摘后的呼吸，同时抑制微生物的生长。储存蔬菜前最好不要洗，因为清洗会破坏蔬菜表面的蜡质，为微生物的入侵打开方便之门。另外，烹调后的熟菜在久放之后也会产生亚硝酸盐，尤其是隔夜的剩饭菜在细菌的作用下亚硝酸盐的含量会增高。

亚硝酸盐进入人体后，除了易生成高铁血红蛋白使血液失去携氧能力外，还能与蛋白质的新陈代谢产物反应，生成有强烈致癌作用的亚硝胺。研究表明，亚硝胺是导致胃癌、食道癌的主要原因。腌制食品中亚硝胺的含量往往较高，居民好吃酸菜的地区胃癌和食道癌的发病率较高。

维生素C是强还原剂，当蔬菜中维生素C与硝酸盐含量的比值为2∶1时，能有效地还原分解亚硝酸盐，因此，含维生素C高的蔬菜中亚硝酸盐的量很少，但经过储藏的蔬菜维生素C含量大大降低，会使亚硝酸盐含量升高。

除维生素C外，大蒜、茶叶等对亚硝酸盐也有抑制生成和分解解毒作用，如大蒜中的大蒜素可以抑制胃中的硝酸盐还原菌，使胃内的亚硝酸盐浓度明显降低；茶叶中的茶多酚与维生素C一样能够还原分解亚硝酸，防止胃中亚硝胺的形成。

因此，多喝茶、常吃大蒜和富含维生素C的食物，有利于避免亚硝酸盐的危害，维护身体健康。

美容美发中的化学

化妆品是一种特殊的化工产品，是清洁和美化人们的皮肤和毛发等的日用品，世界各国都将其列为精细化学品或专用化学品。化妆品在维护皮肤健康、增加魅力、修饰容貌、促进身心愉快方面有重要意义。随着人们物质、文化生活水平的不断提高和社会的进步，化妆品已开始成为我国人民美化生活的日常消费品。近20多年来，我国化妆品工业无论在新产品和新原料的开发上，还是在制造工艺和设备以及与化妆品有关的技术方面都有较大的发展。

化妆品是各种原料经过合理调配加工而成的复配混合物。化妆品原料的种类繁多，性能各异。根据化妆品原料的性能和用途，大体上可分为基质原料和辅助原料两大类，前者是化妆品的主体原料，在化妆品配方中占有较大比例，是化妆品中起主要作用的物质；后者则对化妆品的成形、稳定或赋予色、香以及其他特性起作用，这些物质在化妆品配方中用量不大，但却极其重要。

基质原料主要有油脂、蜡、烃类、脂肪酸和脂肪醇等，如蓖麻油、水貂油、羊毛脂、月桂酸、棕榈酸等。羊毛脂是羊的皮质腺分泌物，主要成分为各种脂肪酸与脂肪醇形成的酯，具有较好的乳化、润湿和渗透作用，可柔软皮肤、防止皮肤开裂，可以和多种原料配伍，是一种良好的化妆品原料。脂肪酸类主要用来与碱作用，生成肥皂作为乳化剂。在化妆品工业中，一般将月桂酸、硬脂酸与氢氧化钠、氢氧化钾或三乙醇胺反应生成肥皂，作为乳化剂和分散剂，主要用于膏霜、发乳、化妆水、唇膏以及香波、洗面奶等制品中。羊毛脂经化学加工可得到其衍生物，如羊毛醇、羊毛脂酸、羊毛蜡、乙酸化羊毛蜡、乙酰化羊毛醇、聚氧乙烯氢化羊毛脂等，常用于唇膏、护发素、各种膏霜及乳液制品中。

辅助原料主要有香精香料、黏胶剂、增稠剂、成膜剂、乳化稳定剂、染料以及防腐剂、抗氧剂和功能性原料，如果酸、尿素、维生素B_5、芦荟、角鲨油、复合氨基酸和透明质酸等。

化妆品经历了一个漫长的发展过程，第一代是只有物理保护作用的普通油脂类化妆品；第二代是油水混合化妆品；第三代是从皂角、木瓜等天然植物中提取精华制成的营养化妆品；第四代是现在备受青睐的功能性化妆品，如具有抗衰老、保湿、抗皱、防晒、消炎及温和药理作用的化妆品，功能性化妆品是21世纪化妆品的发展方向。

防晒剂

阳光是万物生存、生长所不可缺少的，适当的紫外线照射有利于人体健康。然而，近年来的研究证明，日晒是使皮肤老化的重要因素之一。强烈的紫外线照射会损害人体免疫系统，加速肌肤老化，导致各种皮肤病甚至皮肤癌。长期受强烈紫外线的辐射，还可引起眼睛晶状体混浊、老化，导致白内障。特别是严重的大气污染使臭氧层变薄甚至出现空洞，到达地面的紫外线增加，使皮肤癌等疾病的发病率上升。所以，为了防止紫外线对皮肤、眼睛的伤害，人们需要防晒的保护性化妆品。

紫外线根据波长不同可划分为长波紫外线（波长320～400纳米）、中波紫外线（波长290～320纳米）和短波紫外线（波长小于290纳米）3种。波长越短，能量越高，对生物体伤害越大。杀伤力最大的短波紫外线和部分中波紫外线可被臭氧层吸收掉，长波紫外线则不能被臭氧层吸收。紫外线能穿透玻璃和云层，一年四季都有，能透过表皮袭击真皮，使真皮中的胶原纤维分解，弹性蛋白受伤，皮肤产生皱纹及色斑。长波紫外线被称为“衰老之光”，引起的皮肤伤害是长期的、慢性的；中波紫外线被称为“晒黑之光”，会使表皮的脂质层氧化，短时间内使皮肤出现红斑、灼伤甚至导致皮肤癌，中波紫外线引起的皮肤伤害是即时的、严重的。

防晒剂可分为两类——吸收剂（化学防晒）和屏蔽剂（物理防晒）。吸收剂是有吸收紫外线性能的有机化合物，能减少或完全避免紫外线辐射，常用的有对氨基苯甲酸乙酯、水杨酸苯酯、苯并三唑类和二苯甲酮类，它们的结构式如下图所示。

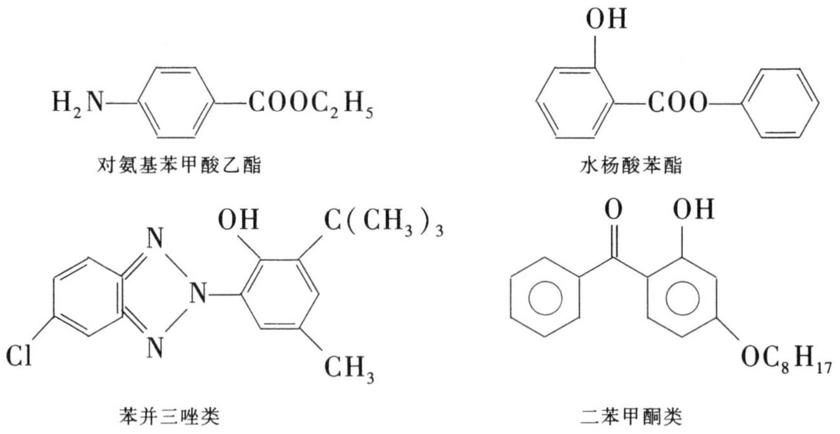

$H_2N-C_6H_4-COOC_2H_5$

对氨基苯甲酸乙酯

水杨酸苯酯

苯并三唑类

二苯甲酮类

紫外线吸收剂的结构

绝大部分吸收剂是刺激性的光敏物质，按国际要求，对其使用要有严格的管理和限制。

紫外线屏蔽剂是非常微小的无机物颗粒，如氧化锌、氧化钛、滑石粉、高岭土等颗粒，它们能在紫外全区域反射和散射紫外线，即能把紫外线挡住或散开。它们本身虽无刺激性，但使用量也不宜过大，否则易堵塞毛孔。

现在流行的做法是将紫外吸收剂和屏蔽剂复配加入化妆品中，以期在宽的紫外区域获得较好的防护效果。

防晒化妆品上全都标有SPF（sun protect on factor）值，SPF表示防晒化妆品抵御紫外线的能力，是通过人体或动物斑贴实验测出来的。SPF值的每个单位代表能在太阳光下停留15分钟而不受紫外线伤害，如SPF8的防晒品可提供8×15=120分钟的保护。通常SPF值越高，抵御紫外线的能力越强。

不同SPF值的产品有不同的适用条件，如果盲目使用高SPF值的产品，虽然能达到防晒的目的，但也可能会产生一些副作用，因为高SPF值产品中吸收剂的种类多、含量大，从而增加了过敏和刺激等伤害发生的机会。即使没有发生过敏、刺激等问题，也会损伤皮肤，使之变粗糙、起疙瘩、发痒等，甚至会引起皮肤深层的变化。而且对一个人的健康成长来说，必要的紫外线照射也是不可缺少的，用防晒剂完全隔绝紫外线是不科学的。因此，应根据自己的需要和特点，选择不同SPF值的防晒化妆品。

在中等强度阳光照射条件下，使用SPF值为8～10的产品较为适宜；在夏日强烈阳光的照射条件下，应选用SPF值为15或更高的防晒品。在高原和长期户外等强烈紫外线照射条件下，不仅要使用高SPF值的产品，还要注意使用的时间，过了一定时间后应再补用，否则还会被紫外线损伤。

美白剂

美白润肤一直是东方消费者所追求的化妆品作用之一。如何改善皮肤色素沉着，一直是国际皮肤科学界与美容界的一大难题。国际上的专家们为解决这一问题，主要从抑制黑色素的生成、黑色素的还原、光氧化的防止、促进黑色素的代谢、防止紫外线的进入等方面采取各种技术方法。其中，抑制黑色素的生成是通过抑制酪氨酸酶的生成和活性，或干扰黑色素生成的中间体，来防止黑色素的生成；黑色素的还原、光氧化的防止，是通过对角质细胞的刺激使已生成的黑色素消减、淡化；促进黑色素的代谢，是指提高肌肤的新陈代谢，通过缩短皮肤的生理周期，加快黑色素排出体外的速度；防止紫外线的进入，是阻挡紫外线，通过防晒作用，防止紫外线导致过多黑色素形成。人们应针对“黑皮肤”的成因有选择地使用不同类型的美白护肤品。常用的皮肤美白剂有：

（1）氢醌（对苯二酚）：氢醌作为一种酪氨酸酶抑制剂，能使酪氨酸酶失活，具有显著的美白祛斑效果，限用量为2%，超过则有可能引起“白斑”，甚至过敏和损容。它能刺激皮肤并引起过敏和炎症，更为严重的是，它会引起黄褐斑。

（2）曲酸及其衍生物：曲酸也是一种酪氨酸酶抑制剂，通过螯合铜离子而使酪氨酸酶失活。由于曲酸在空气中易氧化，在制备过程中不稳定，近年来研制出了一些曲酸衍生物，对热、光、pH和氧化作用稳定，尤其是当与其他的美白剂或增强剂共用时有效性更高。

（3）果酸：果酸是几种化学物质的总称，如甘蔗中的甘醇酸、牛奶中的乳酸、苹果中的苹果酸等。果酸可降低皮肤角质层细胞之间的黏着力，通过加快角质层细胞脱落和黑色素代谢来达到美白祛斑的效果。

（4）熊果苷：化学名称为对苯二酚葡糖苷，是一种从沙梨树、虎耳草等植物中提取的化学物质。它也是一种酪氨酸酶抑制剂，与氢醌相比，熊果苷不产生刺激，没有致敏作用，这使得它被持续使用了很长一段时间。其缺点是，它会由于氧化作用而变色，这给制备带来了困难。

其他美白剂还有芦荟、珍珠粉、胎盘提取液等。某些汞化合物有祛斑的功效，但危害甚大，属禁用品。

直至目前，所有的美白产品效果都不十分理想。发展美白剂的方向是，一是对酪氨酸酶进行调节或抑制；二是调节与黑色素生成有关的基因，从根本上调节黑色素合成和代谢的途径。这需要生物学、化学和医学相结合，确切研究美白剂的作用机理，从而为生产高效、安全的美白剂提供科学的理论依据。

保湿剂

秋冬和初春季节气候寒冷，空气干燥，极大地改变了皮肤的生理机能，使水分蒸发变快，血液循环变缓，汗液的排泄和皮脂的分泌都减少，所以皮肤特别容易产生皱纹、失去光泽、脱水、干燥和皲裂。使用保湿剂可提高皮肤的水分含量，使皮肤显得细嫩并富有弹性。

人的皮肤有天然的保湿系统，这个系统由水、天然保湿因子（NMF）和脂类3种物质组成，这3种物质对保持皮肤的弹性有重要作用。天然保湿因子的分子结构中含有羟基，这些羟基能像手一样地抓住水分子，从而把水分子留在角质层中。皮肤的脂质薄薄地覆盖在皮肤的表面，能防止水分蒸发，不让水分子逃逸到周围环境中去。

水、NMF、脂质三者在皮肤中的含量以及它们之间的平衡关系，对皮肤影响很大，我们现在使用的保湿化妆品是对这一体系的模拟。保湿护肤品大致可分为4类。

（1）油脂保湿剂：主要成分是油脂，效果最好的是凡士林，它不被皮肤吸收，会在皮肤上形成保湿屏障，使皮肤的水分不易蒸发散失，也保护皮肤不受外物侵入。其缺点是过于油腻，只适合干性的皮肤或在极干燥的冬天使用。对于油性皮肤的人则会阻塞毛孔而引起粉刺和痤疮等。除凡士林外，油脂保湿成分还有白蜡油、各种三酸甘油酯等。

（2）吸湿保湿剂：常用的是水溶性的多元醇类，主要有甘油、山梨糖、丙二醇、聚乙二醇等。这类物质可吸取周围环境的水分，在相对湿度高的条件下对皮肤的保湿效果很好。很多护肤品都含有这类成分，可以帮助产品保持水分，使其水分不至于快速散失。含这类成分的保湿护肤品适合在相对湿度高的夏季、春末、秋初季节以及南方地区使用。

（3）水合保湿剂：主要成分是亲水性的胶原蛋白，胶原蛋白是近年来新开发的保湿剂，它与构成皮肤角质层的物质结构相近，能很快渗透进入角质层中与水结合，形成一种网状结构而锁住水分，使自由水变成结合水而不易散失，达到保湿效果。水合保湿的成分还有弹力素、玻尿酸等，都来自于动物体。

（4）修复保湿剂：干燥的皮肤无论用何种保湿护肤品，保湿效果总是短暂有限的，不如通过提高皮肤本身的保湿功能来达到更理想的效果。维生素A、B_5、E和果酸等具有修复皮肤细胞的功能，能增强皮肤自身的抵抗力和保护力。这些成分可去除皮肤最外层失去保湿功能的角质层，让新生的角质细胞发挥保湿功能，提高皮肤的滋润度，是一类修复性保湿剂。

走近染发剂

染发已经成为世界流行时尚。很多人认为染发是日常美容必不可少的一部分，拥有一头秀发会让自己充满信心；同时，改变头发的色彩，会让秀发与时装相得益彰，这些或许就是染发的强大魅力所在吧。

染发剂分暂时性、半耐久性和耐久性（永久性）3种。暂时性染发剂属于颜料，附着在头发表面，对发质损伤极小，一般适用于演员。半耐久性染发剂大多是植物性染发剂，毒性较小，缺点是染着力差，色彩也比较单调。耐久性染发剂属氧化型染料染发剂，颜色附着时间长，但毒性较大，其原料有苯胺类显色剂（如对苯二胺、邻苯二胺）、氧化剂（如双氧水）和偶合剂（如间苯二酚）等。使用较多的是耐久性染发剂。

染发通常在碱性条件下进行，这时头发角蛋白质变得膨胀，相对分子质量较小的显色剂掺入到头发纤维中，与氧化剂发生反应，生成斑德罗斯基中间体，然后在偶合剂的作用下发生偶合反应，并进一步缩合成有颜色的大分子留滞在头发内部，达到染发效果。

染发过程中碱、氧化剂对发质有损伤，对头皮也有一定的刺激作用。苯胺类显色剂和偶合剂会导致过敏，出现头皮、眼睛红肿等。染发剂可经皮肤、毛囊进入人体，然后进入血液，会破坏血细胞，甚至使细胞产生突变，成为淋巴瘤和白血病的致病元凶。染发剂附着时间越长，其毒性就越大，因此，应尽量不使用永久性氧化型染发剂。

根据黑色素生成的机理，开发一些更安全、更有效的染发产品，是染发剂的发展方向，如使其中一剂含有黑色素前体酪氨酸，另一剂含有酪氨酸酶，染发时将这两剂混合，就能在头发中生成黑色素，使染后的头发光亮自然，且对人体无刺激；又如纯植物染发剂对人体较安全，用指甲花叶、西洋甘菊等植物的色素可制成染发剂，目前市面上已有这类产品，但如何增加这类化合物与头发的亲和力，增强染发效果，值得进一步研究。

抛开苯胺类染料和氧化剂等染发原料，发现更安全、更有效的染发剂，将是染发产品的一次革命，人们渴望有所突破。

食品中的致癌物质

癌症是引起人类死亡的重要原因之一。致癌的因素很多，绝大多数致癌物质存在于外部环境中，主要可归纳为物理因素（如放射线、紫外线）、生物因素（如病毒）和化学因素三大类。20世纪80年代有学者提出，80%的癌症与不良生活习惯有关，如1／3的癌症与吸烟有关；乳腺癌、结肠癌与高脂肪饮食有关；肝癌、食道癌、胃癌在饮水受污染、食物易霉变的地区发病率高等。肿瘤的发生是多种因素综合作用的结果，其中饮食因素影响较大。哪些物质能致癌、促癌，已成为人们普遍关注的问题。目前，被怀疑有致癌作用的物质有数百种之多，有定论的有30多种。食品中危害较大的3种致癌物质是黄曲霉素、亚硝胺和苯并芘。

1. 黄曲霉素

黄曲霉素（AFS）是一类结构类似的微生物毒素的混合物，属生物性污染物质。黄曲霉素自1960年被发现以来，现已鉴定出12种，其中以黄曲霉素B_1（AFB_1）最为常见，毒性也最大，动物试验表明它是一种剧性致肝癌毒素，其结构式如下图所示。

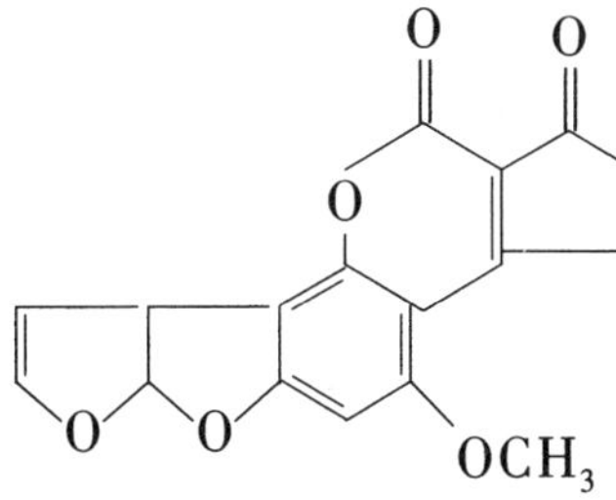

黄曲霉素B_1的结构

流行病学调查发现，我国肝癌高发区的居民常食用被黄曲霉素严重污染的粮食。黄曲霉素主要污染粮油及其制品，在发霉的花生、玉米和大米中含量最高。黄曲霉素还能由食物转移到母乳之中。

黄曲霉菌能在8～46℃的潮湿环境中繁殖，最适宜的温度是25～30℃，最适宜的相对湿度是80%～85%。我国南方和东南亚国家是黄曲霉菌繁殖的适宜地区，所以对于南方居民来说，提高对黄曲霉素的警惕是非常必要的，绝不要吃霉变的花生和大米。

我国对食品中黄曲霉素B_1的最高限量为：玉米、花生油、花生及其制品20微克／千克；大米、其他食用油10微克／千克；其他粮食、豆类、发酵食品5微克／千克；婴儿食品不得检出。

由于黄曲霉素不溶于水，不耐高温（300℃即分解），所以干炒、油炸等加工方法有利于破坏黄曲霉素。

2. 苯并芘

苯并芘也称3，4-苯并芘，是由5个苯环构成的多环芳烃，其结构式如下图所示。

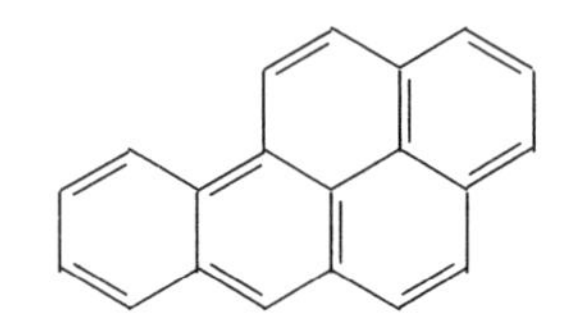

苯并芘的结构

苯并芘在常温下为固体，在水中的溶解度很小，易溶于有机溶剂。许多国家的动物实验证明，苯并芘具有致癌、致畸、致突变作用。它能通过皮肤、呼吸和消化道等多种途径进入人体，是多环芳烃中毒性最大的一种致癌物。苯并芘是高活性致癌剂，但并非直接致癌物，必须经细胞中的混合功能氧化酶激活后才具有致癌性。它与DNA形成共价键，造成DNA损伤，如果DNA不能修复，细胞就可能发生癌变。许多国家相继用9种动物进行实验，采用多种给药途径，包括经口、经皮、经腹膜皮下注射和吸入，结果都得到诱发癌肿的阳性报告。

苯并芘不仅在环境中广泛存在，也较稳定，而且与其他多环芳烃的含量有一定的相关性，所以，一般都把苯并芘作为大气致癌物的代表。

苯并芘进入食物链的量决定于烹调方法，蛋白质、脂肪和糖类经过高温油炸会使苯并芘含量升高，在熏烤、烧焦的肉和鱼中苯并芘含量很高，因此，要少吃熏制和高温油（尤其是长期反复使用的油）炸食物。水果、蔬菜和粮食中的苯并芘含量取决其来源。炼油厂附近的土壤中苯并芘含量一般为200毫克／千克，被煤焦油、沥青污染的土壤可高达650毫克／千克。空气中的苯并芘来自煤焦油、各类炭黑和煤、石油等不完全燃烧产生的烟气以及香烟烟雾和汽车尾气。地表水中的苯并芘除来自焦化、炼油、沥青、塑料等工业的排污外，主要来自洗刷大气的雨水。

我国对食品中苯并芘的最高限量为：熏烤肉类5微克／千克，植物油10微克／千克，粮食5微克／千克。

各种含苯并芘的废气、废水、废渣污染环境，也是造成食品污染的重要原因之一。排入大气的苯并芘，除附着在植物表面造成直接污染外，还通过雨水洗刷进入水源和土壤而被植物的根系吸收，造成间接污染。

“健康住宅”新概念

现代生活中，人们不仅要求吃得健康，还要住得健康。居住健康问题引起了全世界的普遍关注，人们越来越迫切地要求拥有健康的人居环境。

现代科技的发展，一方面让我们享受了现代文明，同时又使我们容易忽视大自然赐予人类的阳光和空气，忽视居室环境的污染对身体健康的危害。回归自然、亲近自然的健康生活方式已成为当今人类共同的追求。住宅建设要确保居住者广泛意义上的健康，包括生理的和心理的、社会的和人文的、近期的和长期的等多层次的健康。为此，最近国外建筑环境学家提出了“健康住宅”的新概念。

按照世界卫生组织（WHO）的定义，“健康住宅”是能使居住者在身体上、精神上完全处于良好状态的住宅。建设住宅时应尽可能不使用有毒的建筑装饰材料，如含挥发性有机物多的涂料，含甲醛等过敏性化学物质多的胶合板、纤维板、胶黏剂，含放射性物质多的花岗石、大理石、陶瓷面砖、粉煤灰砖、煤矸石砖，以及含微细石棉纤维多的石棉纤维水泥制品等。

具体来说，健康住宅有以下标准：

· 室内二氧化碳浓度低于0.1%，粉尘浓度低于0.15毫克／米^3；

· 室内气温保持在17～27℃，相对湿度全年保持在40%～70%；

· 噪音低于50分贝，1天的日照时间要确保在3小时以上；

· 有足够亮度的照明设备，有良好的换气设备以保持室内空气清新；

· 具有足够的人均建筑面积并确保私密性；

· 具有足够的抗自然灾害（如地震、强风等）的能力；

·便于护理老年人和残疾人等。

“健康住宅”有别于“绿色生态住宅”和“可持续发展住宅”的概念。“绿色生态住宅”和“可持续发展住宅”强调的是资源和能源的利用，注重人与自然的和谐共生，关注环境保护和材料资源的回收利用，尽量减少废弃物，贯彻环境保护原则；“健康住宅”则强调人居环境的“健康”二字，追求的是健康、安全、舒适的人居环境。“健康住宅”是发展“绿色生态住宅”和“可持续发展住宅”的必经阶段。

室内空气污染物及其来源

健康住宅的重要标准是良好的室内空气质量。良好的室内空气质量对人们的身心健康非常重要，这是因为人的一生中有70%～90%的时间是在室内度过的，老人、小孩、妇女、残疾人等要在室内度过更多的时间。室内的空气质量不好，已经给人们的身心健康造成了很大影响。据统计，我国每年因室内空气污染而死亡的人数达到11.1万，治疗人数22万，造成经济损失32亿美元。

导致居室空气污染的物质很多，主要有甲醛、挥发性有机物、氡气、石棉、二氧化硫和一氧化碳等。

（1）甲醛：是制备酚醛树脂、脲醛树脂、三聚氰胺树脂、建筑人造板（胶合板、纤维板、刨花板）、胶黏剂（107胶、酚醛胶、脲醛胶）等的重要化工原料，居室内的甲醛主要由各种建筑人造板、木质复合地板、木质板家具和胶黏剂等挥发而来。我国国家标准规定，居室空气中甲醛的最高容许浓度为0.08毫克／米^3。甲醛浓度高于0.1毫克／米^{3}时，将引起咽喉不适、恶心、呕吐、咳嗽和肺气肿；长期低剂量吸入，会引起慢性呼吸道疾病，甚至可诱发鼻咽癌。国际上已将甲醛列入可疑致癌物之一。

（2）挥发性有机物：主要包括卤代烃、芳香烃化合物等。其中苯化合物的毒性很大，能破坏血液和神经系统，引起相关疾病。居室内苯的最高容许浓度限定为0.087毫克／米^3。苯化合物主要存在于涂料、墙面装饰材料、油漆及胶黏剂中，如多彩涂料中甲苯和二甲苯的含量约为20%，在施工过程中大量挥发，在房屋使用过程中缓慢释放。长期接触一定浓度的甲苯、二甲苯会引起慢性中毒，表现出头痛、失眠、精神萎靡、记忆力减退等症状。

（3）石棉：石棉是一种纤维结构的硅酸盐，主要用作保温绝缘材料和某些建材制品，如用于墙面装饰和室内吊顶的石棉水泥制品。石棉对人的危害直到20世纪80年代才引起人们的普遍关注，“国际癌症研究中心”已把石棉列为致癌物质。现已发现，吸入石棉粉尘可引起“石棉肺”，在胸肋和腹膜上存留1毫克的石棉就可发生“间皮瘤”。

（4）氡气：氡气是土壤及岩石中的铀、镭、钍等放射性元素的衰变产物，是一种无色、无味的放射性气体。氡气经过人的呼吸道沉积在肺部，可导致呼吸道病症甚至肺癌。在正常情况下，室内有一定剂量的氡气辐射，人体不会产生生理病变。但在氡气浓度较高的地区（如铀矿区）或采用高氡含量的建筑材料进行居室装修，氡气可能从房屋的地面、墙面和天花板等处溢出，并在室内积聚而超标。据统计，由氡气辐射而导致肺癌的人数已占肺癌总发病人数的12%，仅次于吸烟。

（5）二氧化硫：主要由燃煤产生。二氧化硫过量可导致咳嗽、喉痛、胸闷、眼睛刺激、呼吸困难，甚至呼吸功能衰竭。

绿色装饰新材料

绿色装修，作为一种新的消费理念，已经为越来越多的消费者所接受。居室装修不仅要满足消费者的审美需求，更要满足安全和健康需求，应符合环保、健康、舒适、美观等标准。

“绿色装饰材料”是指装饰材料中有害物质含量或释放量低于国家颁布的《室内装饰装修材料有害物质限量》10项标准的装饰材料。

1. 微晶玻璃花岗岩装饰板

微晶玻璃花岗岩装饰板是以硅酸盐为主要原料，采用受控晶化新技术生产的新型装饰材料，是目前国际上开始流行的高级建筑装饰材料。微晶玻璃花岗岩板材较天然花岗岩石材更适合进行灵活设计，不含放射性物质，而且装饰效果更佳，是21世纪室内、外墙及地面的理想装饰材料。

微晶玻璃花岗岩结构致密，外观上纹理清晰、色彩鲜艳、无色差、不退色，是天然花岗岩石材最理想的替代产品，与天然花岗岩比具有以下优点：

首先是健康环保，天然花岗岩石材含有微量有害于人体的放射性物质，而微晶玻璃花岗岩板材是经多种先进工艺制成的无放射、无污染、符合环保要求的绿色装饰材料。

其次是材质好，微晶玻璃花岗岩板材的成分与天然花岗岩相同，但在材料内部结构中生长有硅灰石的主晶相，所以耐磨、耐蚀，强度优于天然花岗岩石材。

再次是可根据要求生产各种色彩的板材，如白、绿、灰、黄、红、蓝、黑等颜色的板材。

2. 竹质地板

近年来我国开发的竹质地板，因其优良的内在品质、赏心悦目的外观和使用了非甲醛系列的生态胶黏剂，而打入了日本、美国等国市场。竹地板具有色泽自然、富有弹性、防潮、硬度强、冬暖夏凉等特点，尤其是所用的生态胶黏剂亚甲苯二苯基二异氰酸酯（MDI）无毒、固化速度快、抗水性好，因而很受国内外消费者的青睐。另外，毛竹的抗拉强度为202.9兆帕，是杉木的2.48倍；抗压强度为78.7兆帕，是杉木的2倍；其自然硬度比木材高1倍多，而且不易变形。

竹材是用来节木、代木的理想材料，美国全国木地板协会认为竹质地板可与美国最好的橡木地板媲美。我国竹材资源的拥有量居世界首位，毛竹生长周期短、易种植，有计划地采伐无破坏植被之虞。

七、绿色化学与环境

环境化学

环境化学是一门研究化学物质在环境介质（包括大气、水体、土壤和生物等）中的存在、性质、行为和效应及其控制的化学原理和方法的科学。环境化学是一门新兴的交叉学科，它涉及到化学、物理学、生物学、地质学、天文学、医学、工程技术和社会科学等多门学科，强调从化学的角度和用化学的研究手段阐述和解释环境的结构、功能、状态和演化过程及其与人类行为的关系，有别于环境科学中的其他分支学科。各种化学物质进入不同介质（大气、水体、土壤、生物）后，通过迁移，动态地把各种介质联系起来，并在各种介质中表现出各自特有的环境化学行为和化学效应，相应地形成了环境化学的有关分支学科，如大气环境化学、水环境化学和土壤环境化学等。

环境化学的任务是分析检测环境介质中的有害物质，跟踪它们的来源以及在环境中的化学行为，了解有害物质对生物和人体产生不良影响的规律。环境化学的研究领域主要包括：

（1）环境污染化学：研究化学物质在环境中迁移、转化的化学行为、反应机理、积累和归宿等。化学污染物在大气、水体、土壤中迁移，同时发生一系列化学的、物理的变化，相应地形成了大气污染化学、水污染化学、土壤污染化学和污染生态化学。

（2）环境分析化学和环境监测：运用化学分析技术测量化学物质在环境中的污染状况。环境中污染物种类繁多，而且含量低，相互作用后的情况更为复杂，因此要求采取灵敏度高、准确度高、重现性好和选择性好的分析手段。不仅要对环境中的污染物做定性和定量的检测，还要对它们的毒性尤其是长期低浓度效应进行鉴定。

（3）污染物的生物效应研究：是当前环境化学领域中十分活跃的研究课题，指综合运用化学、生物学、医学3方面的理论和方法，研究化学污染物造成的生物效应（如致畸、致突变、致癌的生物化学机理），化学物质的结构与毒性的相关性，多种污染物协同作用的化学机理，污染物在食物链中的生物化学过程等。随着分析技术和分子生物学的发展，环境污染的生物化学研究取得了很大进展，并与环境生物学、环境医学相互渗透，成为当前生命科学研究的一个重要组成部分。

环境分析化学

环境分析化学是运用现代科学理论与实验技术，分离、识别与定量测定环境中有毒物质的种类、组成、成分、含量、价态与形态的一门科学。环境分析化学是环境化学的重要基础学科，没有环境分析手段的提高和分析方法的进步，要正确认识环境污染物的微观过程、转化机理和降解机理是极其困难的。近20几年来正是由于环境分析化学取得了巨大进步，才推动了环境化学乃至整个环境科学快速发展。

简单地说，环境分析化学的任务就是分析测定环境介质中各种污染物的含量和存在形态。随着环境科学和相关学科的发展，以及人们认识水平的提高，环境分析化学的研究重点也逐渐转移。目前，其研究的重点除传统的典型污染物如氨、氮、硫、磷外，还包括一些长期低剂量暴露污染物。

在分析技术方面，出现了环境样品前处理的先进技术，如固相微萃取（SPME）、压力液体萃取（PLE）、亚临界水萃取（SWE）和超临界流体萃取技术等。PLE和SWE是目前发展最快、被环境分析研究者普遍看好的两种从固态基体中萃取有机污染物的技术，由于它们萃取时间短、消耗溶剂少，并且可获得比传统萃取技术更高的萃取回收率，所以正迅速取代传统的索氏提取和超声提取等技术。超临界流体萃取技术目前多采用二氧化碳为萃取剂，由于二氧化碳无毒，所以不会像有机溶剂萃取那样有毒性溶剂残留，是一项比较理想的、清洁的样品前处理技术。

近年来分析仪器也迅速发展，特别是出现了大量的分析仪器联用技术，如气相色谱—质谱（GC-MS）、液相色谱—质谱（LC-MS）、质谱—质谱（MS-MS）、高效液相色谱—大气压电离质谱（HPLC-APIMS）等，使分析的灵敏度大大提高，从痕量分析级（10^{-12}）发展到超痕量分析级（10^{-15}），这对环境化学的发展起到了很重要的推动作用。环境分析化学需要解决的关键问题有：样品采集和保存等前处理问题，物种分析，现场实时分析检测，瞬态物种的测定，以及对难挥发性化合物、强极性化合物的分析等。虽然对有机化合物和金属有机化合物的分析发展很快，但在污染物浓度极低、样品组成复杂、毒物转化迅速等情况下分析监测仍有一定的难度，要实现高灵敏度、瞬时快速的在线分析，还需要进行大量基础性研究工作。

大气环境化学

大气环境化学是研究化学物质在大气环境中的性质、化学行为和化学机制的科学。19世纪中叶，瑞典大气科学家Rossby和英国化学家Smith分别对大气颗粒物的扩散和全球循环以及降水的组分进行了研究，开创了大气化学研究的先河。但此后一个世纪，这一领域的研究进展缓慢。自20世纪40年代起发生了几起闻名世界的大气污染事件，如洛杉矶烟雾事件（1944年）、伦敦烟雾事件（1952年）、日本四日市哮喘病事件（1961年）等，人们开始重视大气光化学研究，发现了自由基氧化链反应与大气颗粒物的协同作用对人体健康的影响。20世纪60年代以后，酸性降水在北欧和北美出现，推动了酸雨形成机制的研究。20世纪70年代以后，科学家们发现了南极臭氧空洞，并进行了跟踪监测和实验研究，证实了氯氟烃等痕量气体对平流层臭氧的影响；同时发现大气中CO_2、CH_4、N_2O等痕量气体浓度的增加会引起温室效应，导致气候变暖。20世纪90年代以后，大气化学研究的重点逐渐转向气溶胶。最近，大气环境化学的研究重点已从全球变化转移到地球系统科学，着重关注大气、海洋和陆地生态系统之间的相互作用。

大气环境的结构

大气是多种气体的混合物，其组成可分为恒定的、可变的和不定的3

种组分。恒定的组分有：氮78.09%、氧20.95%、氩0.93%，三者之和为99.97%，再加上微量的氖、氦、氪、氙、氡等稀有气体。空气中恒定组分的比例在地球表面的各个地方几乎是一样的。可变组分是指空气中的二氧化碳和水蒸气，通常情况下二氧化碳的含量为0.02%～0.04%，水蒸气的含量在4%以下，其可变性是指它们在空气中的含量受季节和气象的变化以及人类的生产和生活活动的影响。

通常把随地球旋转的大气层称为大气圈，大气圈99%的质量集中在海拔30千米以下。

对流层是大气的最底层，其厚度随纬度和季节而变化，在赤道附近为16～18千米，在中纬度地区为10～12千米，两极附近为8～9千米；夏季较厚，冬季较薄。对流层的质量占大气总质量的95%左右。对流层的温度随高度上升而下降，云、雨、霜、雪等天气现象均发生在这一层。其中贴近地球表面的1～2千米以下的大气更易发生污染。对流层的化学物质主要为氮气、氧气、氩气和二氧化碳。

对流层的上面是平流层，可延伸到50千米处。在这一层中，气体的温度随高度的增加而缓慢上升，在30～35千米的高度，气温为-55℃；再继续升高到50千米，气温可达到-3℃以上，这是由于该层中的臭氧强烈吸收太阳紫外线所致。在平流层和平流层以上的大气里，几乎不存在水蒸气和尘埃，极少出现云、雨、风暴等气候现象。该层中的主要化学物质是氮气、氧气、臭氧等。由于该层大气透明度较好，气流也稳定，所以是现代超音速飞机飞行的理想空间。

平流层上面是中间层，气温又随高度的增加而下降，最低可降至-83℃。中间层的厚度约为35千米。

再向上是厚约630千米的热层（电离层）。因太阳能使其温度急剧上升，故称为热层；又因其中有带电粒子的稠密带，故又称电离层。由于电离层能使无线电波反射回地面，因此对远距离通讯极为重要。

电离层的外面是散逸层，这里气体极为稀薄。热层和散逸层又称为非均质层。再向外就是宇宙空间了。

随着人类生产、生活活动的加剧，工业上大量使用燃料，使空气污染日益严重，大气污染已蔓延到全球，人为排入大气的有毒有害物质达数十种之多，严重威胁着人类的健康，所以保护大气环境刻不容缓。

人类的“保护伞”出现了空洞

臭氧，名字听起来虽然不雅，但它却是地球生命的保护神。每个臭氧分子（O_3）中含有3个氧原子，不同于人类和其他生物所呼吸的氧气（O_2）。臭氧是一种天蓝色、有特殊臭味的气体，它积聚在地球上空所形成的臭氧层，可以有效地挡住紫外线，使地球上的生命免受紫外线的伤害，所以，有人称其为“地球的盔甲”。

然而，随着人类工业化进程的加快，大量破坏臭氧层的有害气体被排放至大气中，使保护地球生命的臭氧层遭到破坏。1984年，英国科学家首次发现南极上空出现了臭氧空洞；1985年，美国的“雨云—7号”（Nimbus-7）气象卫星观测到了这个臭氧空洞。臭氧空洞一经发现，立即引起科学界及整个国际社会的震动。最初对南极臭氧空洞的出现有两种不同的解释：一种认为是底层含臭氧少的空气被风吹到平流层的自然结果；另一种认为是宇宙射线在高空产生氮氧化物的自然结果。但后来，越来越多的科学证据否定了这两种解释。

1995年的诺贝尔化学奖授予3位大气环境化学家莫利纳（M.J.Molina，墨西哥）、罗兰德（F.S.Rowland，美国）和克鲁岑（P.J.Crutzen，荷兰），他们首先提出了平流层臭氧破坏的化学机制。克鲁岑提出了氮氧化物理论（1970年），罗兰德和莫利纳提出了氯氟烃理论（1974年），他们的研究成果导致了《蒙特利尔议定书》的签订（1987年），为保护全球环境做出了巨大贡献。右图是2004年发射的NASA“先兆”卫星上的臭氧监测仪所获得的图像，图中水滴形区域的上空臭氧含量低。

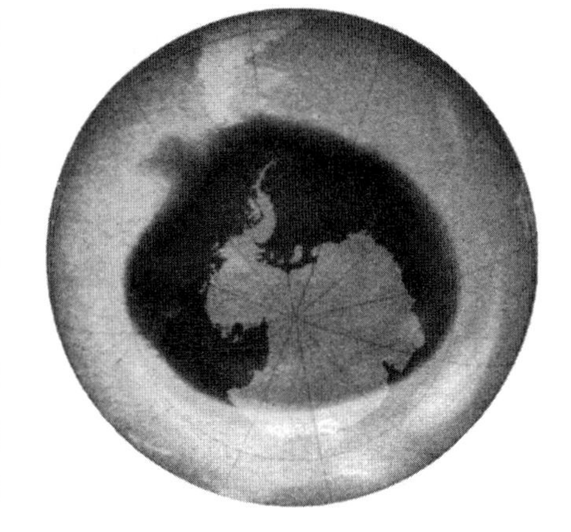

南极臭氧空洞

臭氧在220～330纳米范围有非常强烈的吸收，因此，它可以过滤掉波长为290～320纳米的有害的中波紫外线辐射（波长为320～400纳米的长波紫外线辐射的危害性较小，而波长小于290纳米的短波紫外线辐射不能穿透对流层）。如果中波紫外线不被臭氧吸收，那地表的生命将受到严重伤害。大气中的臭氧层被破坏，会使紫外辐射强度提高，产生严重的后果。其中一个重要的影响就是杀伤作为海洋食物链基础的浮游植物，这将对整个海洋生态系统产生严重危害。人长期暴露于紫外线照射下将导致白内障患病率增加、皮肤癌发生率提高，这是因为中波紫外线辐射能被细胞的DNA吸收，发生光化学反应，从而改变了DNA的功能，使基因密码在细胞分裂时被错误地转换，细胞分裂失控而导致皮肤癌。现在，距南极洲较近的居民已饱尝臭氧层空洞带来的痛苦，如居住在智利南端的海伦娜岬角的居民，只要走出家门，就一定要在衣服遮不住的皮肤上涂防晒油，再戴上太阳镜，否则半小时后皮肤就被晒成鲜艳的粉红色，并伴发瘙痒病。

臭氧枯竭的主要原因是氯氟烃类化合物（CFC）、哈龙类化合物（Halon）的大量排放。氟利昂作为一种工业用化学物质，具有不易燃烧、不具腐蚀性、无毒、性能稳定、价格便宜等优点，因此，被当作制冷剂、发泡剂和清洗剂，广泛用于家用电器、泡沫塑料、日用化学品、汽车、消防器材等领域。在平流层内，强烈的紫外线照射使氯氟烃和哈龙分子发生解离，释放出高活性的原子态的氯和溴，它们都是自由基，这些自由基对臭氧的破坏是以催化的方式进行的，而且两种自由基之间还存在协同作用，即二者同时存在时破坏臭氧的能力更大。氯原子对臭氧层的破坏可简单地表示如下：

$$Cl+O_3 \rightarrow ClO+O_2$$

$$ClO+O_3 \rightarrow Cl+2O_2$$

由第一个反应消耗掉的Cl原子，在第二个反应中又重新产生，又可以和另外一个O_3起反应，因此，每一个Cl原子能参与大量的破坏O_3的反应，这两个反应加起来的总反应是：

$$2O_3 \rightarrow 3O_2$$

反应的最终结果是将O_3转变为O_2，而Cl原子本身只作为催化剂，起分解O_3的作用，这样O_3就被来自氟利昂分子的Cl原子所破坏。

目前，各国都在开发氯氟烃的替代品，有些已投入工业使用。对于替代品的选择，除了要求其物理参数达到或接近氯氟烃相应的参数外，它们对于对流层和平流层的影响更是需要考虑的重要方面。有关氟利昂与哈龙的替代品，将在后面的内容中做简要的介绍。

地球为啥变得越来越热

进入大气的太阳辐射约有50%被云、颗粒物和气体等以散射的方式直接反射回去或被大气吸收。到达地面的太阳能大部分被吸收，地面受热后，再以辐射的形式使能量返回太空，以维持热量平衡，如果某种原因破坏了这种平衡，就会产生热污染，导致各种各样的后果。

自1861年以来，全球平均表面温度（即近地面空气温度和海洋表面温度）明显上升，气候变暖是全球面临的重大环境问题，这主要是温室气体CO_2、N_2O、CH_4、氯氟烃等所致，其中CO_2对全球气候变暖起主要作用。CO_2允许来自太阳的可见光照射到地面，但能阻止地面重新辐射出来的红外光返回外层空间，即CO_2起着单向过滤器的作用。大气中的CO_2吸收了地面辐射出来的红外光，把能量截留于大气之中，从而使大气温度升高，这种现象称为温室效应。

矿物燃烧是大气中CO_2的主要来源，由于人们对能源的利用量逐年增加，使大气中CO_2的浓度逐渐增高；另一方面，由于人类大量砍伐森林，毁坏草原，使地球表面的植被日趋减少，以致减少了植物对CO_2的吸收。

全球变暖会使两极冰川加速融化，导致全球海平面升高，侵蚀沿海陆地，引起海水沿河道倒灌；气候变暖还会引发全球气候异常；海面升温会使飓风更加频发，凶猛的“厄尔尼诺现象”就与海水升温有关；气候变暖也威胁着地球上丰富多彩的生态系统，对生态系统的结构和物质循环都有影响。虽然人类能适应气候在一定范围内变化，但地球上有些物种可能难以适应这种变化，例如，在北极圈内，由于气候变暖，该地区一些特有的植物开花期提前，致使按期而来的蜜蜂错过了开花期而不能授粉，这些植物由于无法传宗接代而数量锐减。当然，全球变暖及相应的一系列气候变化，对人类健康也会有直接或间接的影响，例如，在高纬度地区，常年高温会使某些疾病增多。

面对温室效应的加剧，人类不能无动于衷，而应积极应对。人类可采取多种措施限制人类活动对环境的破坏，抑制温室效应的增强。CO_2的排放量很大程度上取决于为获得能量而进行的矿物燃烧，因此，改革能源结构或寻找替代能源就成了一个突破口，这也符合污染控制原则，即从源头上控制温室气体（主要是二氧化碳）的排放。同时要提高生物圈的生产力，利用植物吸收大气中的温室气体。

限制各国排放工业废气的《京都议定书》已于2005年2月16日正式生效，虽然因为美国拒绝加入而使该协议的履行蒙上了浓厚的政治色彩，但从科学角度对全球变暖进行研究即使在美国也一直没有停止过。

大气气溶胶

大气颗粒物是大气中存在的各种固态和液态颗粒状物的总称。各种颗粒物质均匀地分散在空气中构成一个相对稳定的庞大悬浮体系，即气溶胶体系，因此大气颗粒物也称为大气气溶胶（aerosols）。20世纪90年代后，气溶胶研究逐渐成为大气化学研究的重点，并进入一个崭新的时代。

近年来的研究表明，云（液体颗粒）对气体、固体颗粒具有清洗、吸着作用，对阳光有散射作用，同时还是光化学反应的介质，是大气非均相化学反应（发生于固体气溶胶表面）和均相化学反应（发生于液体气溶胶中）的重要参与者。气相物质间不易发生反应，但有气溶胶存在时反应容易发生。对流层中如有大量SO_2存在，SO_2则很容易在雨滴中或海盐气溶胶表面上被氧化。大气中的SO_4^{2-}颗粒能参与许多非均相反应，平流层中的H_2SO_4颗粒对NO_x转化成HNO_3的反应起催化作用。一些痕量气体在气溶胶表面上的非均相反应，如O_3、NO_x在气溶胶颗粒上的反应，会对对流层和臭氧层中的O_3浓度产生强烈的影响。大气中最常见的氧化（尤其是光化学氧化）过程，也是产生大气气溶胶的重要过程；反过来，气溶胶又对大气氧化过程具有催化作用。

气溶胶颗粒具有各种粒度，决定了它对光的不同作用，如吸收、散射或反射作用，从而对气候产生直接或间接的影响。其直接效应是吸收或反射太阳辐射，使地球的热平衡受到影响；间接效应是对云的成核作用，使云的凝聚核增多。

大气中的液体颗粒物主要来自水蒸气的冷凝，固体颗粒物主要来自扬尘、工业排放物、海盐溅沫、火山灰、植物颗粒等。

空气中的颗粒物对人体有很大的危害性。飘浮在空气中的气溶胶小粒子很容易被人吸入并沉积在支气管和肺部，粒子越小，越容易通过呼吸道进入肺部，其中粒径小于1微米的粒子可直达肺泡内。进入肺部的粒子，由于其本身的毒性（如H_2SO_4滴、PbO等）或携带的有毒物质而对人体造成危害。由于小粒子所含的有毒物质比大粒子多，因此对健康的危害更大，如H_2SO_4，液滴进入人体后，能附着在肺泡上刺激肺泡，增加气流阻力而使呼吸困难；小粒子上所吸附的石棉以及苯并芘等芳香族化合物进入人体后能使组织细胞发生癌变。另外，生物气溶胶（如孢子、霉菌、细菌、螨虫、过敏原等）对人体健康的危害也已经引起人们的重视。

水环境化学

水环境化学主要研究化学物质在水环境中的浓度、形态、迁移、转化、归宿及其生物、生态效应。水环境化学研究较多的是河流及天然和人工湖泊的水质问题（如富营养化问题），以及河口海湾和近岸海域的水体污染等。水是人类赖以生存的珍贵资源，虽然地球上的水很多，但由于海水占全球水资源的97.2%，所以淡水资源满足不了人类的需求，缺淡水是全球面临的主要威胁之一，因此，保护淡水不受污染是水环境化学的主要研究方向。

1. 水的富营养化

工业生产、农业灌溉所排放的大量废水以及生活污水中含有大量的氮、磷，几乎使所有水流较缓的水体（如湖泊、水库等的水体）发生了不同程度的富营养化。富营养化水体的主要特点是藻类和有机物含量高。

湖泊水体合适的pH值、足够的溶解氧和氮的平衡是维持湖泊生态系统良性循环的保障。大量污染物进入湖泊后使湖水的pH值上升，pH值上升导致蓝藻这种低等生物大量繁殖，过度繁殖的蓝藻会在水体表面聚集成团或块，俗称“水华”；蓝藻的大量繁殖又会进一步提高水体的pH值，进而又为其自身和其他水华藻类如微囊藻等的疯狂生长提供适宜的生长环境。水体溶解氧下降有利于蓝藻的生长，而对其他藻类生长不利。

水体的富营养化给我们带来的不仅是感官上的不悦，更重要的是对生态环境、经济发展和人类健康造成了极大的危害。例如，太湖梅梁湾1990年夏天蓝藻大爆发，堵塞了水厂的取水口，因供水不足，不但工厂停产，而且造成无锡市居民生活用水困难，出现了住在湖边无水喝的尴尬局面。

怎样解决水体的富营养化问题呢?既然氮和磷是造成水体富营养化的主要原因，那么，首先必须严格控制氮、磷等营养物质向水体中的排放，具体做法有提高污水处理的脱氮除磷效率、尽量不用或少用含磷洗涤剂、科学施用化肥、严格控制水产养殖规模并合理确定投饵量等。目前，无磷洗涤剂正逐步取代含磷洗涤剂，许多国家和地区已禁止销售和使用含磷洗涤剂。

2. 地下水污染与修复

现在，世界许多地区的工业用水、居民生活饮水都是地下水。地下水是贮存在地下的水资源，自然降水是地下水的主要来源。随着工农业的快速发展，大气和土壤污染加剧，使地下水已受到不同程度的污染，主要污染物有以下两类：一是有机污染物，由于人口膨胀，为保障人们对食物的需求，使用了大量化肥和毒性较大的农药，这些污染物随灌溉水渗入地下造成地下水污染；另一类是放射性污染，随着工业的发展、核试验的开展及原子能的并发利用，世界范围内积累了大量的放射性废弃物，如果处置不当就有可能渗入地下水体，造成放射性污染。

全世界有50%以上的地下水受到不同程度的污染。在我国，除了垃圾填埋场渗漏和有毒物事故性泄漏外，城市生活和工业污水排放、农药和化肥的过量使用也是地下水污染的主要原因。开展污染地下水的修复研究已迫在眉睫。

近20年来，地下水污染修复技术及相关理论研究已成为热点领域之一。其中，微生物修复技术、土壤改性与微生物相结合的技术以及渗透式反应栅技术有较大发展。

微生物修复技术主要有菌种法和营养物法。菌种法是通过引入和培养高效降解的混合菌和超级菌，来提高污染物的降解速率；营养法是通过注入释氧物和营养物质来改善地下水的环境，以培养大量的优势菌种，提高降解能力，该技术的主要问题是如何将释氧物和营养物质输送到污染部位。

渗透式反应栅技术是将反应物质或微生物附着在具有渗透性的介质上，当地下水流过介质时，反应物质通过吸附、沉淀、氧化还原和微生物降解等作用来消除污染。有机物与脱氮菌构成的反应栅可以修复地下水中过量的硝酸盐污染。

认识环境激素

人类用化学方法制取的化学物质进入人体后，经过一系列的化学反应，能干扰人体内分泌活动，使内分泌失调，这种具有类似于激素作用的化学物质统称“环境激素”。

这些“环境激素”的分子结构与人体内激素的分子结构非常相似，当它们进入人体后，就会与相应的受体相结合，使人和其他生物的机体发生严重的病变。迄今为止，已列入“环境激素”名单的化学物质有72种，包括二噁英、苯乙烯、多氯联苯、除草剂和DDT等。

二噁英实际上是一个简称，包括结构和性质相似的众多有机化合物，它们均为无色无味的脂溶性物质，共有210多种化合物。二噁英类化合物又可以分为两类，分别叫多氯二苯并-对-二噁英和多氯二苯并呋喃，其毒性的强弱与氯原子的取代位置有关，其中，以2，3，7，8-四氯代二苯并三噁英毒性最强，相当于氰化钾毒性的50～100倍，被列为人类一级致癌物。二噁英能使人的免疫力下降、内分泌紊乱，损伤人的肝、肾，使人发生变应性皮炎及出血，还会伤及胎儿。微量二噁英被摄入人体不会立即引起病变，但由于其具有脂溶性且稳定性极强，一旦摄入就难以排出，这种剧毒成分在人体内逐渐积累，最终对人体造成严重危害。

目前，二噁英已是全球性污染物，从东南亚的降雨，到欧洲人的母乳，甚至南极企鹅体内都检出二噁英的痕迹，二噁英污染危害事故时有发生。越战期间，美国用飞机向越南广大地区喷洒了约10万吨落叶剂（主要成分为三氯苯氧乙酸，也是二噁英类化合物的一个代表），使越南上千公顷森林的叶子全部掉光，造成了巨大的人道和生态环境灾难，其影响到现在还没有消除。

那么怎样控制二噁英的污染及其危害呢?首先要严格控制污染源，尽可能减少垃圾焚烧、农村秸秆焚烧以及除草剂等农业化学品使用过程中二噁英的排放量；其次，要尽快立法，严厉打击滥用激素、抗生素等药物的生产单位，以保证人类食物的安全。有研究表明，经常食用纤维素及叶绿素食物，可以利用体内的“肠肝循环”机制加速二噁英的排出。

目前，许多环境化学家正致力于环境中二噁英潜在危险及防治对策的研究，以期使其危害降至最小。

环保新技术——膜分离

随着科学的发展，环境保护所采用的技术也日益先进，膜分离技术就是近年来兴起并被誉为21世纪最有发展前景的高新技术之一。实际上，膜分离技术已经深入到了我们的日常生活中，人们喝的瓶装水或桶装水基本上都是经过膜分离净化的。

在环保领域，膜分离技术的使用已成为一种发展趋势。目前，全球已运转的日处理量超过1万吨的采用膜技术的饮用水处理厂，美国有42个，欧洲有33个，大洋洲有6个，规模最大的在法国，其日处理能力为14万吨。

膜分离技术的关键是那张神奇的“膜”，它是一种具有选择透过性的薄膜，能在外力推动下对混合物进行分离、提纯、浓缩。采用的薄膜必须具有很高的选择性，具备某些物质可以通过而另外一些物质不能通过的性质。膜的材料既可以是无机的，也可以是有机的。推动膜分离过程的外力可以是压力差、浓度差、温度差等。

高分子材料的发展，为膜分离技术提供了许多具有不同分离特性的高聚物膜材料；电子显微镜等现代分析技术的进展，为膜的形态和性能的分析及制造工艺的研究提供了有效的工具。

随着工农业生产的发展，天然水中的农药和“三致”（致癌、致畸、致突变）污染物不断增加，而这些物质都是传统处理技术很难除掉的。为了保证人类的饮水安全，发达国家已开始将膜分离技术大规模应用于饮用水的处理。在废水处理方面，膜分离技术的应用也十分广泛。

随着膜分离技术被越来越广泛地应用，人们希望有更加耐碱、耐热、耐压、抗氧化、抗污染和易清洗的高聚物膜、无机膜和生物膜材料，这一重任自然落到了化学家身上，需要化学家们做出不懈的努力，以满足这一需求。

土壤环境化学

土壤是独立的、复杂的、生物滋生的地球外壳，是位于陆地表面具有肥力的疏松层，厚度一般在2米左右，可以称为土壤圈。它是岩石圈经过生物圈、大气圈和水圈长期而深刻的综合影响后形成的。

从环境科学的角度看，土壤是人类环境的重要组成要素。随着环境科学的发展，人们愈来愈认识到土壤环境的复杂性和重要性。土壤是地球表层中介入元素循环的一个重要圈层，由岩石风化产生的所有物质都有可能通过地球化学循环归入土壤；在全球碳、氮循环中，土壤是主要环节之一；对于大气圈和水圈来说，土壤既是库又是源，既接受物质又提供物质。这些交换和传递过程的方向和强度在很大程度上取决于化学物质的本质及其与土壤介质之间的相互作用，以及化学物质在土壤之中的行为。这些过程常常交织在一起，互相依赖，互相促进，包含着复杂的化学内容。土壤是微生物聚集和最活跃的场所，因而对有机污染物的降解起着十分重要的作用。

土壤化学就是研究化学物质包括各种污染物进入土壤后的化学行为及其影响，包括污染物在土壤环境中的迁移、转化、降解和累积过程中的化学行为、反应机制、历程和归宿。

土壤环境污染

土壤依靠自身的组成、功能，对进入土壤的外源物质有一定的缓冲、净化能力。因为土壤中存在复杂的有机和无机胶体体系，所以对污染物有过滤、吸附、代换作用，可使污染物暂时脱离生物小循环及食物链；土壤空气中的氧可作氧化剂，土壤中的水分可作溶剂，使污染物发生形态变化，转化为不溶性的化合物而沉淀，或经挥发和淋溶从土壤体系中迁移至大气和水体；特别是土壤微生物和土壤动、植物，有强大的生物降解能力，能将污染物降解产物纳入天然物质循环，使污染物转化为无毒或毒性更小的物质，甚至成为营养物。然而，土壤环境的自净化能力是有限的，如果外源物质（包括污染物）经各种途径进入土壤的数量和速度超过了土壤能承受的容量（弹性限度）和净化速度，就会破坏土壤的自然动态平衡，使污染物的积累逐渐占优势，从而引起土壤的组成、结构、形态发生改变，正常功能失调、质量下降，使植物和动物的正常生长发育受到影响，农产品的生物学质量降低，造成残毒，直接或间接地危害人类的生命和健康。

土壤污染与大气污染和河水污染相比，更具隐蔽性，往往不容易被立即发现，判断亦比较复杂。例如，日本因土壤镉污染造成的“骨痛病”10～20年后才被人们所认识并受到重视。土壤的污染很难用化学组成的变化来衡量，因为即使是净土，其组成也是不固定的。土壤的组成、结构、功能的破坏，最明显的标志是作物产量和质量的下降，然而，某些污染物从进入土壤到影响作物生长，往往有很长的积累过程，并不是立即就能表现出来。而且土壤中污染物的含量与作物生长发育之间的因果关系十分复杂，有时污染物的含量超过土壤背景值很高，却并未影响作物生长；有时作物的生长已受影响，但植物体内并未见污染物的积累。土壤一旦被污染，因为不像大气和水那样容易流动和被稀释，所以很难恢复。

造成土壤环境污染的污染物的发生源，按照发生的原因，可以分为天然源和人为源两大类。天然源主要是指某些自然矿床，由于矿物的风化，往往形成自然扩散带，使附近土壤中某些元素的含量超出一般土壤，造成地区性土壤污染；火山爆发的岩浆和降落的火山灰等，也可不同程度地污染土壤。人为源主要是工业废弃物排放和农业污染物排放。

土壤重金属污染

重金属污染是土壤无机物污染中比较突出的一类。土壤环境污染中所关注的重金属，主要是指汞（Hg）、镉（Cd）、铬（Cr）、铅（Pb）和准金属砷（As）等几种生物毒性显著的元素，也包括有一定毒性的锌（Zn）、铜（Cu）、钴（Co）等常见元素。

重金属在土壤中不能被微生物分解，会在土壤中不断积累，甚至可以转化为毒性更大的烷基化合物，也可被植物和其他生物吸收、富集，并通过食物链以有害浓度蓄积在人、畜体内。重金属进入人体后在相当长一段时间内可能不出现症状，但潜在危害很大。因此，土壤重金属污染不仅影响土壤性质，而且直接关系到植物、动物甚至人类的健康。由于土壤重金属污染具有多源性、隐蔽性、一定程度上的长距离传输性、污染后果的严重性以及污染的难以去除性，所以应特别注意防止土壤的重金属污染。研究重金属在土壤中的迁移、转化，对预测和控制土壤重金属污染具有重要意义。

重金属进入土壤后，可被土壤胶体吸附，与土壤无机物、有机物形成配合物，或与土壤中其他物质形成难溶盐，或被植物及其他生物吸收。重金属在土壤中迁移、转化的主要控制过程是吸附，主要控制因素是重金属的性质和土壤环境的性质。

土壤中含有丰富的无机和有机胶体，土壤胶体可以吸附、固定重金属离子，这是许多重金属离子从不饱和溶液转入固相的重要途径。重金属在土壤中的活动很大程度上取决于是否被土壤胶体所吸附以及吸附的牢固程度。土壤胶体对重金属的吸附作用通常可分为非专性吸附和专性吸附两种类型。

非专性吸附是由静电引力产生的，重金属离子占据土壤胶体正常的阳离子交换点，所以也称为阳离子交换吸附。专性吸附是土壤胶体表面与重金属离子间通过形成共价键、配位键而产生的吸附，因而亦称选择性吸附。专性吸附与非专性吸附的根本区别在于，专性吸附不一定发生在带电表面上，也可发生在中性表面上，甚至在与被吸附离子带同号电荷的表面上进行。被专性吸附的重金属离子是非交换态的，通常不能被氧化钠或醋酸钙等中性盐所置换，只能被亲和力更强的性质相似的元素所解吸或部分解吸。

重金属可与土壤中的各种无机和有机配体发生配合作用，生成的配位化合物的性质影响着土壤中重金属离子的迁移活性。土壤中常见的无机配体有OH^-、Cl^-、SO_4^{2-}、HCO_3^-，在某些情况下，可能还有硫化物、磷酸盐、F^-等。其中重金属与羟基和氯离子的配合作用受到特别重视，被认为是影响一些重金属难溶盐溶解度的重要因素。例如，在土壤表层的土壤溶液中，汞主要以$Hg(OH)_2$和$HgCl_2$的形式存在；在氯离子浓度高的含盐土壤中，Pb^{2+}、Cd^{2+}、Zn^{2+}可生成MCl_2、MCl_3^-、MCl_4^{2-}型络离子。重金属与羟基和氯离子的配合作用，可大大提高重金属化合物的溶解度，减弱土壤胶体对重金属的吸附作用，从而促进重金属在土壤中的迁移、转化。

沉淀和溶解是重金属在土壤环境中迁移的重要方式，其迁移能力可直观地以重金属化合物在土壤溶液中的溶解度来衡量。溶解度小者迁移能力小，溶解度大者迁移能力大。土壤中的溶解反应常是一种多相化学反应，是各种重金属难溶化合物在土壤固相和液相间的多相离子平衡，其变化规律遵守溶度积原则，并受土壤环境条件的显著影响。土壤的pH值直接影响重金属的溶解度和沉淀规律，一般情况下，pH值降低时，重金属溶解度增加；在碱性条件下，它们将以氢氧化物沉淀的形式析出，也可能以难溶的碳酸盐和磷酸盐形态存在。土壤的氧化还原状况也会影响重金属的存在状态，使重金属的溶解度发生变化，例如，在富含游离氧的土壤中，Hg、Pb、Co、Sn、Fe、Mn等重金属常以高价态存在，高价金属化合物一般比相应的低价化合物溶解度小，迁移力低，对作物危害也轻（呈高价态的重金属铬、钒则相反，由于形成了可溶性的铬酸盐、钒酸盐而具有很高的迁移能力）。

元素的化学循环

地球上生命的齿轮永无止歇地运转，其动力就是生态系统的能量流动和物质循环。生态系统的能量流动和物质循环是相互依存、相互制约、并行不悖的。自然环境中化学物质的循环也称生物地球化学循环。

人类和其他生物生存的生物圈位于大气圈、水圈和岩石圈的交汇处。生态系统的物质循环就是自然界的各种化学元素通过被植物吸收而进入生物界，并随着生物之间的营养关系而流转，又通过排泄物和尸体的降解再回到环境中去。如此周而复始，循环不息。

生态系统中各种元素的循环是非常复杂的，一般按循环物质的属性分为3类：一是水循环，是维持生命和保证生物地球化学循环的基本物质循环；二是气态物质循环，指以氧气、二氧化碳、氮气为主，同时包括水蒸气、氯、溴、氟等气体在内的循环；三是沉积物循环，以磷、硫、碘为主，同时包括钙、钾、镁、铁等矿物元素的循环。

1. 水的循环

地球表面约70%的面积被水覆盖，水在有机体中的比例大约也是70%。水是构成生命的基本物质，任何生物机体中都含有水。水参与植物的光合作用，光合作用既制造了生命所必需的营养物质糖类，又为生命提供了必需的氧气。自然界中的绝大多数生物及非生物变化都是在水中进行的，水为物质间的反应提供了适宜的场所，成为物质传递的介质。水的生态意义是多方面的，没有水的参与，就没有生态系统的正常功能，生命就不能维持。地球上的水循环是一个大范围的全球性的运动过程。

地球上的海洋、河流等水体不断蒸发，生成的水汽进入大气，遇冷凝结成雨、雪等返回地表，其中一部分汇集在江河湖泊，或重新流入海洋；另一部分渗入土壤或松散岩层，有些成为地下水，有些被植物吸收。被植物吸收的部分，除少量结合在植物体内外，大部分通过叶面蒸发返回大气。由此可见，水的自然循环是依靠其气、液、固三态易于转化的特征，借太阳辐射和重力作用提供转化和运动能量来实现的。

水循环既受气象条件（如温度、湿度、风向、风速）和地理条件（如地形、地质、土壤）等自然因素的影响，也会受到人类活动的影响。例如，构筑水库、开凿运河、开发地下水等，都会导致水的流经路线、分布和运动状况的改变；发展农业或砍伐森林会引起水的蒸发、下渗、径流等的变化。人类在生产活动和生活中排出的污染物，以各种形式进入水循环后，将参与循环而迁移和扩散，例如，排入大气的二氧化硫和氮的氧化物形成酸雨；工业废弃物经雨水冲刷，其中的污染物随径流和渗透进入水循环而扩散等。

作为全球性水循环的局部环节，各种生物为满足生命需要从环境中吸入水分，又通过蒸发、排泄等方式将水释放到环境中。总之，水的循环对生态系统，对人类的生存环境具有重大影响。

2. 碳的循环

碳是构成生物体的基本元素之一，是生命物质组成的基础。碳约占有机体干物质的49%，碳循环是所有养分循环中最简单和最重要的一种物质循环。碳也是构成地壳岩石和煤、石油、天然气的主要元素。碳的循环主要通过CO_2来实现，它可分为4种形式：第一种形式是植物的光合作用使大气中的CO_2和H_2O化合生成碳水化合物，在植物呼吸中又以CO_2的形式返回大气中被植物再次利用；第二种形式是植物被动物采食后，碳水化合物被动物吸收，在体内氧化生成CO_2，并通过动物呼吸释放回大气中被植物再次利用；第三种形式是动、植物死亡后，机体组织为微生物所分解，其中的碳又被氧化为CO_2，再回到大气中去；第四种形式是煤、石油和天然气燃烧时生成CO_2，它返回大气中后重新进入生态系统的碳循环。

3. 氮的循环

氮是形成蛋白质的基本元素，所有生物体均含有蛋白质，所以氮的循环涉及到生态系统和生物圈的全部领域。氮是地球上极为丰富的一种元素，在大气中约占78%。

氮在空气中的含量虽高，却不能为多数生物体直接利用，必须借助固氮作用。固氮有两条主要途径，其一是非生物方式，即用工业方法合成氨、硝酸盐、硝酸以及尿素等化学肥料，人为地提供给植物吸收，此外，闪电、宇宙射线电离等作用也可以固定一部分大气中的氮，形成硝酸盐和氨，随降水落到地面；其二是生物固氮，某些特殊生物，如豆科植物根、茎上的根瘤菌、某些细菌藻类等，可直接固定大气中的氮，使之转化为硝酸盐等。植物从土壤中吸收铵离子（铵肥）和硝酸盐，经过复杂的生物反应转化为各种氨基酸，然后由氨基酸合成蛋白质。动物以植物为食而获得蛋白质并转化成各种氨基酸，然后由氨基酸合成所需的蛋白质。动、植物死亡后的遗骸中的蛋白质被微生物分解成铵离子（NH_4^+）、硝酸根离子（NO_3^-）和氨（NH_3），又回到土壤和水体中，被植物再次吸收利用，形成了封闭的循环。

人类对氮循环的影响，主要是汽车尾气和化石燃料产生的氮氧化物（NO_x）进入环境，污染了大气，以及过量的硝酸盐进入水系，污染了江、河、湖、海等水体。

4. 磷的循环

磷是有机体不可缺少的重要元素。生物体细胞内一切生化作用所需的能量，都是由含磷的三磷酸腺苷（ATP）提供的；光合作用产生的糖，如果不经过磷酸化，碳的固定是无效的；作为遗传基础的DNA分子的骨架，也是由磷酸和糖类构成的。所以，没有磷的参与，就不会有生命的存在和活动。

磷在生态系统中的循环与前面几种物质有所不同，是典型的沉积循环。首先是岩石圈中的磷经降雨淋溶进入水圈，形成可溶性磷酸盐，然后被植物吸收进入生命系统，再被一系列消费者利用。动、植物死亡后，其体内含磷的有机物通过微生物分解，转变为可溶性磷酸盐，又可供植物利用。

5. 氧的循环

氧在自然界中含量丰富，分布广泛，而且性质活泼，环境中到处都有氧（游离态或者化合态），因此，氧的循环最为复杂。上述几种循环过程中都伴有氧的循环。实际上，各种物质的循环是相互关联而交织在一起的。

应当指出，参与循环的上述物质仅是自然界总储量的很少部分，大部分则存留于其各自的“储库”之中。例如，海洋是水的总储库，岩石是碳和磷的总储库，大气是氮的总储库。因为参与循环的物质的量极少，所以各种物质总体循环一个周期所需要的时间很长，且根据各类物质总储量的不同，循环周期的长短也有差别。

6. 毒素的循环与富集

随着工业的发展，一系列有毒物质如汞、砷、酚、放射性同位素等不断进入环境，即进入生态系统之中。和其他物质的循环一样，它们也在食物链营养级上循环流动。但不幸的是，多数有毒物质，尤其是一些有毒重金属，在代谢过程中不能被排出生物体外，因而长期留在生物体内，并随着食物链营养级的转移而逐渐浓缩富集，从而对高级动物尤其是处于食物链营养级顶端的人类造成极大的威胁。

进入生态系统循环的有毒物质对人类的危害程度，取决于有毒物质的循环途径及其在食物链中富集的数量和速度。DDT农药在施撒时浓度很低，可以说完全无害，但经过浮游植物、浮游动物、小鱼、大鱼等几个营养级的富集，到人体时浓度提高了1 000万倍，足以使人中毒。因此，在判断有毒物质的危害时，不能只看到最初的排放浓度和含量，还必须重视其进入生态系统后的生物化学循环，如果循环的结果不是平衡的而是不断富集，则对环境造成的危害就会十分严重。除了富集效应外，还要考虑人体内的叠加效应（即各种有毒物质在人体内积累起来）。

绿色化学与环境

绿色化学这一术语已成为世界性的时髦词，用以描述环境友好的、符合可持续发展原则的化学品生产工艺。1996年联合国环境规划署对绿色化学进行了新的定义：能够减少或避免生产和使用那些对人类健康有害的原料、产物、副产物、溶剂和试剂的化学技术和方法。

绿色化学的提出是人类关注生态环境的必然结果。传统化学虽然为人类提供了数不尽的物质产品，然而却未能有效地利用资源，而且忽视生态环境的保护，在生产过程中产生了大量的有害物质，造成了环境污染。随着环境污染的日益严重和公众对环境问题的日益关心，化学必须由传统化学转向绿色化学。绿色化学通过对化学品及其生产工艺进行环境友好的改进，达到在分子水平上防治污染的目的。绿色化学是使人类与环境协调发展的更高层次的化学，它将成为21世纪化学发展的主流。

绿色化学通过运用现代化学的原理和方法，来减少或避免化学品在设计、生产和应用过程中有毒有害物质的使用与产生，研究开发没有或少有环境副作用，而且在技术和经济上可行的化学产品和过程，是从源头上预防污染的科学手段。

从科学的观点来看，绿色化学是对传统化学思维的创新和发展；从环境的观点看，它是从源头上消除污染，以保护生态环境的新科学和新技术；从经济观点看，它强调合理利用资源和能源，以实现可持续发展。

原子经济性化学反应

过去，化学家们关心的是化学反应的高选择性、高产率和速率，而常常忽视反应物分子中原子的有效利用问题。为此，1991年，美国斯坦福大学的B.M.Trost教授首次提出了反应的“原子经济性”的概念，即原料分子中究竟有百分之几的原子转化成了产物。理想的原子经济反应是原料分子中的原子百分之百地转变成产物，不产生副产物或废物，实现废物的“零排放”。对于大宗基本有机原料的生产来说，选择原子经济反应十分重要。B.M.Trost认为高效的化学反应应最大限度地利用原料分子的每一个原子，使之结合成目标产物。反应的原子经济性可用原子利用率来衡量：

$$原子利用率 = \frac{目标产物的相对分子质量}{反应物质的相对原子质量之和} \times 100\%$$

原子利用率越高,反应产生的废弃物越少，对环境造成的污染也越少。

对于一个化学反应，如果所使用的所有材料均转化至最终目标产物中，则该反应就没有废物或副产物排放。这种反应的效率最高，最节约能源与资源，同时也避免了废物或副产物的分离与处理等过程，或者说从源头上消除了由化学反应副产物引起的污染。

目前，化学家正在原子经济性和可持续发展思想指导下研究合成化学和催化的基础问题，即绿色合成和绿色催化问题。例如，美国的孟山都公司不用剧毒的氢氰酸和氨、甲醛为原料，从无毒无害的二乙醇胺出发，开发了催化脱氢安全生产氨基二乙酸钠的技术，获得了1996年美国总统绿色化学挑战奖中的变更合成路线奖；美国的Dow化学公司用CO_2代替对生态环境有害的氟氯烃作苯乙烯泡沫塑料的发泡剂，获得美国总统绿色化学挑战奖中的改变溶剂/反应条件奖。在有机化学品的生产中，有许多新的化学流程正在研究开发，如以新型钛硅分子筛为催化剂，开发烃类氧化反应；用过氧化氢氧化丙烯制环氧丙烷；用催化剂的晶格氧进行烃类选择性氧化反应等，这些新流程是绿色化学领域中的新进展。

绿色催化剂

绿色化学所追求的目标是实现高选择性、高效率的化学反应，产生极少的副产物，实现“零排放”，继而达到高的“原子经济性”。显然，高选择性、高效的催化反应更符合绿色化学的要求。

对于合成单一的手性分子（如手性药物），催化不对称合成反应是首选的。催化不对称合成反应是化学反应研究的热点和前沿，2001年的诺贝尔化学奖授予了威廉·诺尔斯（William S.Knowles）、野依良治（Ryoji Noyori）和巴里·夏普莱斯（K.Barry Sharpless）3位化学家，以表彰他们在催化不对称反应研究方面所取得的卓越成就。

目前，对于某些生物催化剂是否会导致污染还没有明确的定论，但总的来看，生物转化反应非常符合绿色化学的要求：它具有高效、高选择性和清洁的特点；反应产物单纯，易分离纯化；可避免使用重金属和有机溶剂；能源消耗低；可以合成一些用化学方法难以合成的化合物。许多化学家认为，酶促反应在化学工业上的应用具有很大的潜力，设计与发展适于酶促反应的新底物和利用遗传工程改变酶的催化性质等都将大大有利于其在制药工业中的应用。生物转化合成反应的研究主要集中在以下几个方面：发展新的高活性和高选择性的酶催化剂；扩展酶促反应的使用范围；利用生物工程技术获得高效的酶催化剂；酶促反应机理的研究。

绿色反应介质

有机反应大多数是在溶剂中进行的，故有机合成化学也可看成是“溶剂化学”。有机溶剂是污染环境的有机物的重要来源，因此，选择环境友好的“洁净”反应介质是绿色合成化学的重要内容。绿色溶剂的性质包括：不在VOC（挥发性有机化合物）及TRI（毒性释放物）名单内，不危害人体健康，对环境无害，最好还应具有生物降解性。目前，绿色溶剂主要有超临界流体、离子液体等。

超临界流体有很多特性，如密度等性质接近于液体，具有很好的溶解性能，而黏度、扩散系数等性质又接近于气体，具有较强的扩散性能；对温度和压力十分敏感，具有很好的可调节性，同时又不会对环境造成污染。有关超临界二氧化碳作为有机反应的“洁净”介质的研究已有大量的报道，成为绿色化学研究的一个热点。超临界二氧化碳的优点是无毒、不可燃、价廉等。二氧化碳超临界萃取是精细化工中应用较广、成效很大的技术，对于天然产物尤其是中草药有效成分的提取、分离可以发挥很大的作用。我国科学家在茶叶、银杏叶有效成分的萃取中采用超临界二氧化碳方法取得了显著的成果。

离子液体是指低温或室温下为液体的盐，由含氮、磷的有机阳离子和大的无机阴离子（如BF_4^-、PF_6^-等）组成。离子液体对有机、无机化合物具有很好的溶解性，无味、不燃，易与产物分离和回收，可以循环使用。可见，离子液体在作为环境友好的洁净溶剂方面有很大的潜力。

离子液体兼有极性和非极性溶剂的溶解性能。溶解在离子液体中的催化剂，同时具有均相和非均相催化剂的优点，所催化的反应有高的反应速度和高的选择性。因此，以离子液体为溶剂的有机反应表现出许多特点，并有可能在工业生产中得到应用。例如，在传统的有机溶剂中，烯烃与芳烃的烷基化反应是不能进行的，而在离子液体中，在Sc（OTf）$_3$的催化下，反应在室温下能顺利进行，收率为96%，催化剂还能重复使用。某些离子液体还有路易斯酸性，可以在不另加催化剂的情况下发生催化反应。另外，为解决酶的固定化和在有机溶剂中失活的问题，用离子液体进行酶促反应也是一个很好的方法。

绿色化工原料

反应原料的绿色化包括两个方面：一是采用无毒、无害原料；二是以可再生资源为原料。在有机化工生产中，由于某些需要仍在使用剧毒的光气和氢氰酸等原料，但为了人类健康和社区安全，急需用无毒无害的原料代替它们来生产所需的化工产品。

光气是一种重要的基础化工原料，广泛用于高分子材料、农药、医药、香料和染料等领域，但它是一种剧毒气体，最高允许浓度为0.1×10^{-6}，再高就会严重影响人类健康。例如，1984年12月3日印度博帕尔市的一家农药厂因用于生产异氰酸甲酯的光气泄漏，造成32万人中毒（其中2 500人死亡）的惨痛事件。因此，光气在使用、运输和储存过程中存在极大的危险性，需要采取多种严格的措施，稍有不慎就会发生事故。目前，国内外已经开发出用无毒或低毒的化学品代替光气生产许多化工产品的工艺，如美国的孟山都公司开发出用二氧化碳代替光气与胺反应生产异氰酸酯的新技术，不但实现了化工原料的绿色化，还实现了生产过程废料的零排放；意大利的Enichem公司报道了用CO、甲醇和氧气为原料，以氧化亚铜为催化剂制备碳酸二甲酯的工艺，碳酸二甲酯现已被国际权威机构认定为毒性极低的绿色化学品，它可以取代剧毒的光气。

关于代替剧毒的氢氰酸原料，孟山都公司从无毒无害的二乙醇胺原料出发，经过催化脱氢，开发出安全生产氨基二乙酸钠的工艺，改变了过去以氨、甲醛和氢氰酸为原料的二步合成路线。

绿色化学品

对人类健康和环境无毒无害，是对绿色化学品的基本要求。当产品的原始功能完成后，它不应该原封不动地留在环境中，而应以降解的形式或是作为制造其他产品的原料进行物质循环，这就要求在绿色化工产品的设计中，产品的功能与环境影响并重。对已暴露出来的一些化工产品的污染问题，人类已经找到或正在努力寻找解决的办法。例如，为保护大气臭氧层，国内外研究出了几种氯氟烃的替代物作为制冷剂；为了消除农药对环境和人类的危害，开发出了高选择性的、不含氯的新型杀虫剂；传统的含磷洗衣粉中的洗涤助剂三聚磷酸钠严重污染环境，而以4A沸石、硅胶等替代磷酸盐作为洗涤助剂的无磷洗涤剂对环境无害。我国目前每年产生的废弃塑料为3 000万吨，严重污染环境，开发可降解塑料是解决“白色污染”的可行方法，我国现在已经开发、生产出多种可降解塑料。

为了人类自身的健康，化学家正设计出越来越多的环境友好的、更安全的绿色化学品。美国“总统绿色化学挑战奖”中的设计更安全化学品奖的许多获奖项目，体现了设计、生产绿色化学品领域的最高水平和最新成就。

开发氟利昂与哈龙的替代品

氟利昂（CFC）是人工合成的，由溴、氟、氯等元素的原子取代烃中的氢原子而形成的稳定化合物。例如，甲烷的卤族衍生物CFC-11（$CFCl_3$）、CFC-12（CF_2Cl_2），乙烷的卤族衍生物CFC-113（$CF_2ClCFCl_2$）、CFC-114（CF_2ClCF_2Cl）等。氟利昂品种多、性能优越、应用面广，这给寻找其替代品的研究工作带来了一定的困难。

一般而言，氟利昂替代品的选择要求包括：

· 满足环境保护的要求；

· 满足使用性能的要求；

· 满足实际可行的要求。

从环境保护的角度来看，要求氟利昂替代品的消耗臭氧潜能值（ODP）和温室效应潜能值（GHP）都小于0.1。从使用性能的角度来看，必须考虑替代品的热力学性质和应用性能等，能满足制冷、发泡、清洗等性能要求，用来代替CFC-12的替代品的沸点应在-30℃左右。特别是替代物必须满足可行性的要求，比如尽量降低可燃性，生产工艺要成熟可行，用户可以接受其销售价格等。

HFC-134a（1，1，1，2-四氟乙烷）是美国杜邦公司首先开发的一种代替CFC-12用作制冷剂的替代物。它具有与CFC-12相近的性质，但其ODP值为零，是目前最具发展前景的氟利昂替代物，各国化学公司正竞相开发其工业化生产技术。国际上已建和在建的HFC-134a生产装置的规模已达年产15万吨。

HFC-134a的合成主要有以三氯乙烯为原料的气相氟化法和以四氯乙烯为原料的多步合成法。以三氯乙烯为原料的气相氟化法的步骤为：

$$CHCl=CCl_2 \xrightarrow{\text{铬催化剂}} CF_3CH_2Cl \xrightarrow{\text{铬催化剂}} CF_3CH_2F$$

HFC-152a与HFC-134a一样对臭氧层无害，它的合成工艺是成熟的，是用乙炔与无水氟化氢在催化剂存在的条件下反应得到HFC-152a。近年来开发出用氯乙烯为原料合成HFC-152a的新技术，减少了“三废”，降低了能耗，使HFC-152a的生产工艺更趋合理。HFC-152a的性能与CFC-12相近，可直接灌注家用冰箱，但由于它有一定的可燃性，在家用冰箱上的使用尚有争议。

HCFC-123是美国杜邦公司提出用以代替CFC-11作为发泡剂的替代物。近年来对HCFC-123进行了毒性试验，发现鼠的内脏出现了良性肿瘤，虽未见存活率下降，然而使HCFC-123作为发泡剂的应用受到一定的限制，但这并不影响HCFC-123作为制冷剂在大型制冷机组中的应用。

可降解塑料的开发

塑料是应用最广泛的材料之一，1998年世界塑料产量约为1.5亿吨，我国2002年塑料制品的产量已经达到了1 400万吨。塑料正日益广泛地渗透到各行各业和人们的日常生活当中，成为现代社会不可缺少的重要高分子材料，其中以包装材料应用得最为广泛。随着塑料用量的与日俱增，废弃塑料所造成的“白色污染”已成为世界性的公害，而其固有的不可降解性质是造成环境污染的重要原因。目前，废弃塑料的回收利用率很低，从而造成资源的巨大浪费，传统的以末端治理为主的塑料垃圾处理方法虽然能在一定程度上减轻塑料垃圾的污染，但代价昂贵，且易造成二次污染。因此，在人类环境保护意识日益提高的今天，研制与开发可降解塑料，已是当务之急，势在必行。

20世纪60年代末，国外即开始开发可降解塑料，当时开发光降解塑料的主要目的在于解决一次性塑料包装制品造成的环境污染问题。20世纪80年代，开发研制工作转向以生物降解塑料为主，诞生了以通用树脂为基础的淀粉填充性降解塑料；同时，也生产出了用可再生资源如植物淀粉和纤维素、动物甲壳质等为原料的生物降解塑料等。

我国降解塑料的开发研究基本与世界同步。我国对降解塑料的研究开发始于农用塑料地膜。为解决土壤中残留的塑料地膜对农田土壤的污染问题，研制了添加型光降解塑料地膜；20世纪90年代在添加型光降解地膜的基础上，开发了同时具有生物降解功能的塑料地膜。近年来，随着人们生活水平的提高，一次性塑料包装制品带来的环境污染问题日趋严重，为此，开发可降解塑料包装制品已成为当务之急。《中国21世纪议程》把发展可降解塑料包装制品列入发展内容之一。

可降解塑料是指一类其制品的各项性能可满足使用要求，在保存期内性能不变，用后在自然环境条件下能降解成对环境无害物质的塑料。

塑料的降解是指化学、物理因素或微生物作用引起的构成塑料的大分子链断裂的过程。塑料暴露于氧、水、热、光、射线、化学试剂、污染物质（尤指工业废气）、机械力（风、沙、雨、交通车辆等）以及微生物等环境条件下的大分子链断裂过程被称为环境降解。因此，可降解塑料更确切地应称为可环境降解塑料。降解使塑料的相对分子质量下降，物理性能降低，直至丧失可使用性，这种现象也被称为塑料的老化（有时也称为劣化）降解。可降解塑料的降解主要包括生物降解、光降解和化学降解，这3种主要降解形式相互间有增效、协同和连贯作用，例如，光降解与氧化降解常常同时进行并相互促进，生物降解更易发生在光降解之后。

1. 光降解塑料

光降解是指高分子材料受到光照而发生物理机械性能的变化、化学键的断裂以及化学结构变化的过程或现象。在自然阳光或其他光源照射下，可发生光降解的塑料称为光降解塑料。

光降解塑料在光的作用下会变成粉末，有些还可以进一步被微生物分解，进入自然生态循环。

能引起塑料降解的光主要是太阳光中波长为290～400纳米的紫外光。波长越短，对聚合物的破坏性越大。不同聚合物所吸收光波的波长也不相同。

聚合物的光降解涉及到两种反应——光化学降解和光氧化降解。聚合物内的杂质如聚合反应过程中残存的催化剂、添加剂及残余溶剂等，以及一些聚合物结构如芳环、共轭双键、羧基、过氧化物等都可能成为光降解过程的促进剂。

不过这些反应通常都有一个较长的诱导期，故聚合物有一定的耐老化性能。为了加强其光降解特性，可采用不同的手段来加速上述反应的进行。

目前，制备光降解塑料通常采用两种技术。一种是共聚法，从聚合物本身着手，即设法将已知对光反应敏感的发色团或弱键引入高分子链中，通常以一氧化碳或乙烯基酮为光敏单体与烯烃共聚，合成含羰基结构的聚乙烯、聚苯乙烯、聚丙烯、聚氯乙烯、聚酰胺等光降解聚合物，再以这些聚合物为母料分别与同类树脂共混，可制备出各种光降解塑料薄膜制品。另一种方法是添加光敏剂，光敏剂是一类添加到聚合物中使聚合物在光照时加速光氧化降解的助剂，可在聚乙烯、聚苯乙烯等通用塑料中添加光敏性添加剂，用机械混合的方法制得光降解性母料，再将其按比例添加到通用塑料中制成各种光降解塑料制品，光敏剂是在紫外光区至红外光区均有强吸收的有色化合物，这些化合物能有效地吸收紫外线并生成自由基或者将吸收的能量传给大分子，诱导聚合物光降解。

光降解塑料只有在光照下才能降解，埋入地下和进入垃圾填埋系统的塑料不能降解，故大面积推广应用受到一定的限制。

2. 复合降解塑料

复合降解塑料是集光降解、生物降解和化学助剂诱导降解为一体的一种对环境友好的新型可环境降解塑料。它不用淀粉而是采用廉价的碳酸钙粉、滑石粉等无机原料，与光敏剂、化学助剂、聚乙烯等原料共聚而制成。这种塑料原料易得，生产工艺简单，加工成本低廉，能彻底而快速地降解，对环境无污染。

由于碳酸钙的价格远远低于淀粉，所以生产成本大幅降低。使用碳酸钙做基料带来很多优点，如制品的加工性能良好，热合性优良，抗撕裂强度高，具有保温、保鲜功能，降解速度快而且彻底，降解后可与土壤混为一体，对土壤无毒无害，还能提高土壤的肥力，促进农作物增产。可沿用通用塑料的加工工艺和设备，废弃制品可回收再利用。

复合降解塑料的降解首先是通过诱导性光降解，使聚合物的大分子降解为能被微生物侵蚀、吞噬的相对较小的分子，然后通过生物侵蚀性降解达到快速而彻底的降解目的，使源自自然的物质重新回到大自然中。复合降解塑料的生产工艺简单，首先对无机基质进行处理，再与聚烯烃进行混炼交联，使生产的化学、物理过程在大长径比的双螺杆挤出机中一次完成，生产成本低，产品理化性能好，降解诱导期可控。此类塑料已在我国投入生产。

天然农药

在原始农业时代，人们完全依赖自然，在自然界面前表现得几乎无能为力，对于自然灾害只能任其产生和消亡。当时，人们把危害农业的病虫害等自然灾害视为天灾，认为是无法抗拒的。随着人类社会的发展，人们逐渐找到了一些对付这些病虫害的方法，在长期的生产与社会实践中，人们发现一些天然药物具有防治农业有害生物的作用。

我国是一个文明古国，也是农业发展最早的国度之一，在治理病虫害等方面早就有所发现。在公元前1200年，古人便发现用盐和灰可以除草；在1500年前，我国著名农业科学家贾思勰在其所著的《齐民要术》中就有用干艾叶保藏麦种、用矾石杀百虫以及用松毛杀米虫等记载。这些都是人们从生产实践中得到的有意义的发现，这些发现揭开了人们利用天然物质来治理病虫害的序幕，打破了“病虫害是天灾，是不可战胜的”的迷信。

在国外，也不乏利用天然药物来治理作物病虫害的例子。公元前1000年，古希腊诗人荷马在其著作中曾提到用硫磺熏蒸来防治病虫害的方法；公元前100年罗马人使用藜芦防治虫、鼠害；到了1800年，美国人吉姆蒂科夫发现高加索部族用除虫菊花粉灭虱、蚤，其子于1828年将除虫菊花加工成防治卫生害虫的杀虫粉出售；1848年奥科斯利开始制造鱼藤根粉，此时，可以认为真正意义上的农药出现了，它是用天然植物经过初级加工得到的。

天然农药的出现意义是巨大的，它使农药作为一种产业初具雏形，人们治理农作物病虫害的面积开始不断增加，农业也由原来自然的原始型农业开始向初级的效益型农业转变。

无机合成农药

天然农药的来源十分有限，药效不高，杀虫效果不理想，而且，由于早期的生产工艺粗陋，对天然农药有效成分的利用率不高，造成天然农药的成本很高，这些因素都直接制约了天然农药的大面积使用。于是，人们开始寻求能更有效地控制和杀灭农作物病虫害的物质。1882年法国人米亚尔代在波尔多地区发现硫酸铜与石灰水的混合液有防治葡萄霜霉病的作用，后来人们就称硫酸铜与石灰水的混合液为波尔多液。1885年后波尔多液被大规模地用作保护性无机杀菌剂。由于波尔多液的原料易得，杀菌效果好，因此，某些不发达地区至今还应用它来杀菌。

20世纪40年代以前是无机除草剂使用的盛期，使用的品种主要有亚砷酸盐、砷酸盐、硼酸盐、氯酸盐等。但是，这些无机除草剂不能选择性地杀灭杂草，而是连同作物一扫光，因而，这些无机除草剂不能在农田中推广使用，只能用于清理场地、铁路、沟渠等处的杂草及灌木。

无机农药的出现使人们进一步认识到有些化学物质具有生物活性，可以用于杀虫、无机除草和杀菌。这一发现开阔了化学家们的视野，也使他们感到自己有更广阔的用武之地。无机农药的出现极大地缓解了农药紧缺，增强了人们对付自然病虫害的信心和力量。作为农药的发展阶段之一，无机农药时代无疑具有不可忽视的历史地位。

但是现在看来，无机农药药效差，防治面窄，且易产生药害，对人和哺乳动物有毒，无机除草剂为无选择性农药，杀鼠剂属剧毒药物。无机农药存在的这些缺陷要求化学家们寻求更好的替代化学品，以弥补其不足。

有机氯农药

滴滴涕是一种典型的有机氯农药，其分子含有两个苯环，苯环上分别有一个氯原子，另外还含有一个三氯甲基，两个苯环和三氯甲基通过一个碳原子相连，其结构式如下图所示。滴滴涕是由英文DDT音译过来的，英文“D”是二的意思，“T”是三的意思，因此，以前有人将DDT戏称为“二二三”。

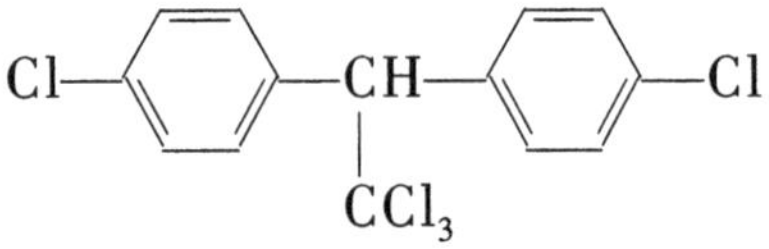

$Cl—C_6H_4—CH(CCl_3)—C_6H_4—Cl$

滴滴涕的结构式

滴滴涕的最初合成完全是出于对其反应的研究和对化合物结构的兴趣，当时人们并没有发现它有什么用途，直到60多年后的1939年，瑞士科学家缪勒发现了滴滴涕具有较好的杀虫活性。滴滴涕具有以下6个特点：对害虫毒性很高；对温血动物和植物相对无害；无刺激性，气味极淡；能广泛使用；化学性质稳定且残效期长；价廉且容易大规模生产。

滴滴涕曾经在世界范围内广泛使用，在发展农业、林业和保障人体健康方面都做出过重大贡献。滴滴涕在历史上一个有口皆碑的使用范例是控制了1944年那不勒斯斑疹伤寒的早期流行。在第一次世界大战中，欧洲战场的前线曾经流行斑疹伤寒病，患者超过4 000万人，死亡人数达500万。到了1944年第二次世界大战期间，驻扎在那不勒斯市的同盟国部队的军营里也开始流行令人恐怖的斑疹伤寒，由于滴滴涕对人没有严重副作用（只对个别人产生皮肤刺激反应），所以盟军利用它来防止传播斑疹伤寒病的虱子，从而有效地控制了斑疹伤寒病的流行，保护了整个同盟国部队。滴滴涕在历史上还有一个功绩是对疟疾的防治，在建筑物内的墙壁上喷洒滴滴涕能杀死蚊子，从而控制疟疾的传播。

然而，在20世纪60年代末70年代初，美国及西欧等许多发达国家开始宣布限制和禁止使用滴滴涕，我国也于1983年宣布停止生产和使用滴滴涕。这一切意味着滴滴涕这一曾经在历史上为人类发展和社会繁荣做出过杰出贡献的农药已经随着社会的发展而退出了历史舞台。

自从发现滴滴涕的优越杀虫活性后，人们就欣喜万分地将滴滴涕的使用场所和使用范围越扩越大，将它当作可以杀百虫的“神药”而滥用。事实上，正是因为滴滴涕的持效性强（它在土壤中的药效持久性可达4年之久），因而也就意味着它相当稳定，能在生物体内停留较长时间，并通过食物链富集，在动物体内特别是在动物体的脂肪组织内逐渐积累。它还可由母亲传给胎儿，或通过母乳毒害婴儿。总之，滴滴涕的累积性残留对人体健康和生态环境都有非常不利的影响。

绿色农药的开发

尽管化学农药对环境可能带来许多不利的影响，但化学农药至今仍是人类控制病虫害的一种必然选择。

理想的现代农药应该是安全、高效、环境友好、高经济效益的，具备这些性质的农药可称为“绿色农药”。绿色农药又叫环境无公害农药或环境友好农药，是在生态化学和绿色化学的理论基础上开发出来的。目前农药的“绿色性”内涵日益扩大，总而言之，就是既要实现对有害生物的控制，对人及有益生物的保护，又要对地球环境（包括大气、土壤）无污染。农药的“绿色性”要求已经成为21世纪农药开发的时代特征。

随着科学技术的发展和环境生态保护要求的提高，近年来农药发展已经历了以下变化过程：①药效从常效、高效，到目前的超高效；②对人类的危害由高毒、低毒，发展到无公害；③农药作用由过去对有害生物的“杀生”，转变到目前已被广泛认可的“调控”；④农药的结构类型在近几年也发生了重大变化，以有机磷、氨基甲酸酯、有机氯等为代表的高毒、高抗性传统农药越来越少，研究基本处于停止状态；⑤光活性农药开发成效显著，一大批单一光活性农药品种进入市场，避免了大量无效物质释放到环境中，既减少了环境压力，又节约了大量的资源。这其中的每一项转变都包含着化学工作者对环境的深切关注和为此做出的巨大贡献。

从科学观上看，生态化学促进了农药科学基础内容的更新；从环境观上看，绿色农药是从源头上消除污染；从经济观点看，绿色农药是合理利用资源和能源，符合社会经济可持续发展的要求。可以说绿色农药是农业健康发展的一项重要保证，同时，随着生物技术、组合技术、高通量筛选、计算机辅助设计、原子经济化学和生物信息学等现代高新技术的不断发展进步，绿色农药将在人类的生产活动中发挥更重要的作用，为社会发展和人类健康做出更大的贡献。

前途无量的生物农药

生物农药包括能作为农药使用的由生物产生的生物活性物质或生物活体，以及人工合成的与天然产物结构相同的农药，也叫生物源农药。它与化学农药相比，具有选择性强、无污染、靶标生物不易产生抗药性、对人和家畜没有副作用、生物原料广泛等优点。

目前，商品生物农药从类型上可分为微生物活体、微生物代谢物、植物源农药和生化农药，其中微生物农药应用最广泛。

井冈霉素也称有效霉素，是目前我国用量最大的农用抗生素，它是上海农药所沈寅初教授于1968年在江西井冈山的土壤中首次发现并命名的，是我国第一个实现大规模工业化生产的微生物农药，其化学式为$C_{20}H_{35}O_{13}N$。井冈霉素的产生菌为吸水链霉菌井冈变种，其结构与日本早期发现的有效霉素相似。井冈霉素对水稻纹枯病有特效，它取代了对人、畜与环境影响大的有机砷农药。水稻纹枯病是我国水稻的重要病害之一，井冈霉素问世后，水稻纹枯病的危害得到了控制。

天然源农药是自然界中本来就存在的物质，自然界中有其顺畅的降解途径，不会污染环境，因此，受到广泛关注。其中植物源农药是指来源于杀虫植物的农药，是天然源农药中最重要、来源最广的一大类，有着广阔的潜在市场前景。与化学合成农药相比，植物源农药不污染环境，安全间隔期短，特别适合用于蔬菜、水果和茶叶等被人直接食用的作物。植物源农药对有害生物的作用机理与常规化学农药的差别很大，多数植物源农药成分复杂，能够作用于有害生物的多个器官系统，有利于克服有害生物的抗药性。有些植物源农药还可以促进作物的生长。植物源农药原料较易得到，有时可以因地制宜，就地种植，就地加工，制造方法简单，成本低廉。可见，植物源农药是弥补化学农药的不足，保证作物高产优质，满足人们对无公害产品的需求而又不污染环境的极佳选择，其市场无疑非常广阔。

新型绿色农药——光活化农药

光活化农药是近几年发展起来的一种新型、高效、低毒农药，包括光活化杀虫剂和光活化除草剂，与传统农药相比具有价廉、高效、无污染等优越性。其原理是光动力作用，关键是光敏剂，在有光和氧存在的条件下，光敏剂催化产生单重态氧，对细胞、病毒、生物体产生杀伤作用。光敏剂一般是一些在可见光区有强吸收的染料。光敏剂的效果取决于单重态氧的产率，其分子本身只起催化作用，不介入毒性反应，并且易被降解，因此，对环境无污染。另外，单重态氧在细胞上的生物化学作用点多，害虫不易对其产生抗药性。

多少年来科学家们一直在追求对害虫高效、对人畜无毒、对环境无污染的绿色农药，而光活化农药正好展示出这样一种前景。在1988年美国化学会组织的会议上科学家展示了具有光活性的分子，在1995年的会议上就有了从实验室到大田的实验结果，将来肯定会有越来越多的产品问世。

光活化农药的最大优点是其自身在持续的光照下经自敏光氧化而降解，因此不会在环境中积累。研究表明，这种光敏剂对人和动物无害，具备人们期望的“绿色”特征。光活化农药具有化学农药的优点，又没有化学农药的诸多副作用，再加上可被光照激活的独特性能，因而是一种比较理想的传统化学农药的替代品。目前，这类绿色农药正在逐步走向实用化，它的发展将会大大改善因长期使用传统农药而造成的危害，对农业发展将会产生巨大的促进作用。

化学信息素农药

化学信息素是昆虫个体之间传播信息的一种原生物质，又称昆虫激素。

化学信息素农药包括各种昆虫激素及其类似物，它们能干扰昆虫的生长、发育、繁殖，从而达到控制有害昆虫数量，减轻害虫危害的作用，是近年来发展起来的一种卓有成效的治虫新物质，具有高效、无毒、不伤害益虫、不污染环境等优点。

现在世界上已经鉴定和合成出的昆虫信息素及其类似物有2 000多种。我国研制成功的农、林、果、蔬菜等重要害虫的信息素也有几十种之多，例如双酰肼类化合物，是昆虫蜕皮激素的类似物，其作用机理与天然产物蜕皮激素一致。

目前，信息素的用途除了监测虫情外，也用于大量诱捕和干扰交配，在农业、林业实践中取得了显著的效果。同时，可将信息素与化学不育剂、病毒、细菌等配合使用，以收到更好的防治病虫害的效果。

手性农药

在农药新产品的推广过程中，手性农药用得越来越普遍。过去，只有对价格比较昂贵的农药，比如菊酯，人们才去拆分开不同的光学异构体，并把无效体转化为有效体。进入20世纪90年代后，出于对环境保护的考虑，许多国家不允许把无效体释放到环境中去污染环境，如果外消旋的两个光活性异构体的选择性不同，即其中一种异构体低效或无效，则农药管理部门会趋向于只批准有效的异构体。比如，荷兰和瑞士的农药管理当局不允许手性苯氧乙酸类除草剂外消旋混合物注册，只允许单一光活性异构体注册。除此之外，一些国家宣布减少农药的用量，如荷兰、瑞典和丹麦已宣布在10年之内农药用量要减少50%，瑞典还执行按农药的重量收税的办法，迫使农药生产商生产光学异构体的有效体。因此，目前国内外推出的手性除草剂，大部分都以光学活性异构体的形式出现。具有光学活性的手性农药适应绿色农药的发展趋势，因此近年来增长较快。目前商品化的600余种农药中有170余种属于手性农药，销售总额超过100亿美元，占全球农药市场的三分之一。

绿色化学与可持续发展

为了应对当今世界面临的资源耗竭、环境污染、生态破坏等威胁，人们提出了可持续发展这一人类进步的基本战略，它包含保证人类（现在的和未来的）生存、生存质量和生存安全3个方面的内容。采用化学方法研究如何合理开发和利用资源，以及如何保护环境是实现可持续发展的重要手段，其中的基本化学问题归属于两个学科，即绿色化学和环境化学，它们二者是不可分的。

环境中的化学物质、物理因素和生物物质对人类的威胁及其防护是两个学科要处理的关键问题。绿色化学是从“源头”上杜绝不安全因素，其主导思想是在工业中采用无毒、无害的原料和溶剂，要求化学反应的选择性高，产品要对环境友好；在农业中减少使用农药、有害化肥、污水以及有害于土壤结构和肥力的材料（如塑料）；在生活中减少使用对环境有害的材料，不过度消耗能源。环境化学则要寻找净化环境的途径，工业发达国家首先开始研究环境污染的来源和治理问题，由此产生了环境化学这门学科。显然，治理不如预防，因此，自20世纪90年代以来，绿色化学逐渐得到普遍关注，美国率先在1996年设立了绿色化学总统挑战奖，以推动绿色化学的研究与发展。

环境化学的基本化学问题在空间和时间尺度上不同于一般的化学过程，而是具有综合及边缘交叉的特征。环境中的基本化学问题研究，不但对解决环境问题有直接推动作用，而且对传统化学的发展也会做出一定的贡献。环境问题既有全球性又有地域性，因此，既要研究全球的环境问题，又要根据实际情况研究我国的环境问题。环境化学的研究重点历经几度变化，先是围绕环境中有害物质的分析测定进行研究；其后重点转移到环境中有害物质的形成、转归与物种分析；目前又极其重视环境生物化学，即研究生物对外来物质和能量（如紫外线、放射性辐照）做出应答的化学依据。

基于环境生物化学的研究，可以找出生物标志物，用来检测生物受影响的程度，并提出针对性预防的方法。目前，最引人注目的课题是外来因素通过自由基过程引发癌症形成的机制，以及此过程的预警和预防方法。

近年来，虽然环境化学在污染物的种类和来源、污染物在自然环境中的化学变化过程及其产生的化学生态效应、化学污染的控制和防治等方面取得了重要成果，但要从源头上完全解决环境污染问题，必须依靠绿色化学方法。绿色化学是实现可持续性发展目标的重要手段，目前，其主要内容有二：一是改变现有的化学合成路线和工艺路线，使其环保、节能、高效；二是用新的化学品取代现在使用的有害化学品，用新的工作方法代替原来有害的工作方法。

要达到上述目标并非通过简单的工艺改革就能做到，必须从化学基础入手。例如，许多化工生产过程都包含先高温后冷却的步骤，解决这个问题的途径之一是寻求能够在低温下转化的反应或反应条件，比如寻找新的催化剂。另外，一个理想的合成路线要尽可能使原料中的每一原子都进入产品，不产生任何废物和副产品，也不采用有毒、有害的原料，并生产出环境友好的产品。为了达到这个目的，必须从寻找新的合成反应和路线开始。新的合成反应常常不是简单地改变路线，而应该找出基本规律以寻找解决此类问题的一般途径，例如，根据各种催化原理寻找安全无害的催化剂，根据结构、性质与功能的关系寻找替代物等。

化学家是环境的朋友

科学技术是一把双刃剑，化学在给人类带来便利的同时也给人类造成了一些有害的影响。随着环境污染问题日趋恶化，一些人对化学产生了一种恐惧感，认为化学是造成环境污染的罪魁祸首，如在一些食品、饮料的标签上，经常可以看到“不含化学制品”、“纯天然制品”的字样。

其实，纯天然物质并不总是对人无害的。某些天然化合物，如砒霜就是最危险的毒物之一，天然的朱砂则含有毒元素汞。许多野生植物也有剧毒，例如，200多年前，著名的瑞士植物分类学家林奈发现造成当时成千上万头牲畜死亡的原因是牲畜误食了毒芹所致。毒芹是多年生草本植物，大多生长在沼泽、浅水或湿地，全身含有毒芹碱，以叶子和未成熟的果实中含量最高，人、畜误食后，会出现头痛、恶心呕吐、手脚发麻和全身瘫痪等症状，最后昏迷、呼吸困难直至死亡。

现代文明社会中的人类已经离不开由化工厂生产的人造化学品。我们日常生活中经常打交道的各种物品，如纸张、钢铁、药物、化妆品、清洁用品等都不是“纯天然”的。

如果人类不去制造而是倾向于向大自然索取纯天然物质，那是非常危险的。我们不能指望靠橡胶树来保证每个汽车都有4个轮子，也不能无限制地大量砍伐树木，因为我们不能破坏生态平衡，而正是化学合成品大量替代了天然橡胶和木材。

一个具有讽刺意味的事实是，人口问题可以说在一定程度上是由化学造成的。历史上，婴儿的死亡率非常高，高寿者也很少，古诗云“人生七十古来稀”，人类的平均寿命很短，因此不存在人口问题。正是由于药物化学家开发出了种种治病救命的药物，征服了许多长期肆虐的病魔，一些过去的不治之症有了特效药，使人类的平均寿命得以大幅度提高。谁知，其负面的后果是人口数量直线上升，以至于地球不堪重负，人口成为了一个重要问题。不过，化学在解决人口问题方面也居功至伟——药物化学家通过开发各种避孕药有效控制了人口增长，这当然比通过瘟疫带来的大规模死亡来控制人口好。

实际上，环境问题是人类社会发展过程中必然要面临的重大问题，而无论预防还是治理环境污染，要依靠的最重要的中坚力量恰恰是化学工作者。

八、未来化学展望

化学将帮助人类获得更好的食品

民以食为天，食物问题一直是关系到人类生存和生存质量的根本问题。未来的发展要求是，既要增加粮食产量以保障人类的生存，又要提高质量以保证人类的安全；同时，还要大力保护耕地、草原，以改善农、牧业生态环境，保持农、牧业可持续发展。这一切虽然需要多学科技术的支撑才能实现，但化学将在功能分子和结构材料的设计与合成，以及光合作用、动植物生长等生物过程机理的阐明与控制等方面取得进展，从而为研究开发高效、安全的肥料、饲料及其添加剂、农药、农用材料等打下坚实基础。

未来的食品不仅要满足人类生存的需要，还要在提高人类的生存质量、提高营养水平和身体素质等方面发挥重要作用，即未来食品的作用除了维持生命、增加营养之外，还要能预防疾病。要实现这一目标，除了要靠化学确定可食性动植物的营养价值外，还要靠化学研究有预防性药理作用的成分，包括无营养价值但有生物活性的成分等。也就是说，可以利用化学和生物技术增加动植物食品的营养及有效成分，提供安全、具有疾病预防功能的食物和食物添加剂，特别是抗氧化剂；改善食品储存加工技术，减少不安全因素，保持有益成分等。

化学将在资源的合理开发与高效安全利用方面起关键作用

目前，我国的能源依然是以煤炭、天然气和石油等化石能源为主，但这些都是不可再生的资源，随着时间的推移将会变得愈来愈稀缺，因此，要尽早节约使用，并为子孙后代做好利用新能源的准备。众所周知，化石能源的大量开发利用是20世纪人类影响环境的主要原因，因此，必须建立适合我国基本国情的、切实可行的能源开发利用计划。首先，要研究高效洁净的转化技术和燃烧过程的控制技术，做到既能保护环境又能降低能源的消耗，这是化工和基础化学的共同责任，例如，要实现煤、天然气、石油的高效洁净转化，就要研究它们的组成和结构以及转化过程中的化学反应，研究高效催化剂以及如何优化反应条件等。其次，要研究开发新能源，新能源必须满足洁净、高效、经济、安全的要求，太阳能以及高效、洁净的化学电源与燃料电池将成为21世纪的重要能源，除此之外，研究寻找像天然气水合物之类的更新型能源的工作亦不容忽视，因为这些研究多数需要从化学的基本问题出发去探索有关的理论和技术。

同样，其他矿产资源也是不能再生的，因此，如何更合理地开发利用至关重要。例如，稀土是我国的丰产元素，是重要的战略物资，为世界所瞩目。但是，我国所面临的问题是稀土资源的浪费。一方面，我们出口原料和粗制品，然后再进口精加工产品；另一方面，目前国内对稀土资源的利用仍然停留在“粗用”水平，如把粗加工的混合稀土加入肥料，大量洒在耕地、林区中，造成资源的浪费。因此，保护稀土矿藏和精细加工利用势在必行，这需要化学家深入研究稀土的分离和深加工技术，研究稀土的精细综合利用，研究开发各种稀土化合物的特种功能及其应用等。另外，盐湖资源和土地资源等也都需要化学家做更深入的基础研究，以使其发挥更高层次的作用。因此说，化学在资源的合理开发与高效利用方面起着关键作用。

化学将为人类创造更加丰富多彩的新型材料

目前，新功能材料已成为物质科学的研究重点，未来会有更大的发展。化学是新材料的源泉，在新材料的开发过程中始终起着关键性的作用。每种功能材料都是以功能分子为基础的，发现具有某种功能的新型结构就会引起材料科学的重大突破，例如，卟啉、茂金属、冠醚以及富勒烯的发现皆如此。

在21世纪，随着国民经济的快速发展，信息、能源、生命、交通、环境、国防等领域对新型材料的需求将比以前更为迫切，对材料性能的要求亦愈来愈高。为了满足这些需求，开展新材料的研究是一项非常重要的战略任务。学科的交叉、渗透为材料科学的发展提供了新的机遇，例如计算机辅助材料设计、同步辐射、自由电子激光和扫描隧道显微镜等先进技术使材料科学研究深入到一个新的层次。信息科技对超微化、高集成化、高灵敏度、高速度和高保真的要求，则促使材料科学的理论和实验进入了介观体系和纳米尺度。

人们认识固态物质的性质，首先是从宏观现象开始的，比如测定其熔点、硬度、强度、电导、磁性、化学反应活性等；随后又深入到原子、分子的层次，用原子结构、晶体结构和化学键理论来阐明物质的性质与结构之间的关系。近年来，随着纳米科技的发展，人们认识到在宏观固体和微观原子、分子之间还存在着一些介观的层次，这些层次对材料性质的影响非常大。微观体系包含1至几个分子，其动力学过程以皮秒和飞秒计，属于量子化学研究的领域；宏观体系包含着众多的原子和分子，其运动过程以分和小时计，是化学统计热力学的研究范畴；而纳米和团簇这个层次中，物质的尺寸不大不小，所包含的原子、分子数不多不少，其运动速度不快不慢，由有限分子组装起来的集合体所表现出来的物性与宏观材料迥然不同，具有奇特的光、电、磁、热、力和化学等性质。例如，纳米铁的抗断裂应力比普通铁高12倍；纳米金和纳米银的熔点分别是330℃和100℃，而普通金和银的熔点分别为1 063℃和960.8℃；纳米Si_3N_4的压电效应是Pb（或Ti、Zr）O_3的4倍。纳米科技在纳米尺寸范围内对物质进行研究和应用，使人类认识和改造物质的范围延伸到更深的层次。例如，在计算机控制下，用高真空扫描隧道显微镜操纵电子束使单晶硅表面原子激发移动，可以刻蚀出“中国”两个世界上最小的汉字，每个字的尺寸为0.1纳米，笔画的宽度为几个硅原子，深度为0.3纳米。将纳米刻蚀技术应用在微电子介质上，可以制造出高密度存储器，其记录密度是磁盘的3万倍。可以说，纳米科技和纳米材料的发展和应用把物质内部潜在的丰富的结构性能发掘出来了，正像20世纪30～40年代核科技和核裂变材料的发展和应用把物质中潜在的巨大能量开发出来一样。

化学将进一步促进生命科学的快速发展

生命科学的快速发展不断向化学提出新的问题和挑战，同时，也为化学的发展带来了前所未有的机遇。生命的发生、发展和演化，生物体的诞生、发育、成长、病变和衰老，人类的学习、记忆和高级智力活动等，都是由一系列生物和化学事件所构成的复杂过程。生命现象作为一种复杂过程是以分子、分子变化和分子相互作用为基本特征的，要从分子层次上揭示生命现象的复杂性，需要化学的理论、方法和技术。运用化学的方法来研究生命现象和生命过程，是21世纪化学、生命科学、材料科学和信息科学的重要结合点，将在有关生命现象的本质研究等领域引起新的突破。

基于化学的观点，生命现象需要从系统、结构、过程和状态4个方面去认识。在生命科学中，化学研究的主要对象是具有生理活性的体系，而细胞是生理活动的基本单元，因此，可以把细胞作为研究生命体系的切入点，研究的核心是细胞内外所发生的化学过程，例如，生物分子与分子间、分子与细胞间的相互作用，重要生物活性物质的结构、作用及对生命过程的影响，生物催化与生物合成等。

人类基因组计划（HGP）是继曼哈顿原子弹研制计划、阿波罗登月计划之后最大的科学工程，经过全球科学共同体的努力，2000年获得了人类基因组序列草图。随后，研究重点从结构基因组学转向功能基因组学，特别是蛋白质组学，因为基因组的功能都是通过蛋白质的表达、调控来实现的。所以，积极开展功能基因组学的研究，对新世纪的生命科学、医药业、农业等具有重要的战略意义。

化学是保证人类社会可持续发展的重要手段

人类社会在工业化后的几百年中，依靠科学技术的进步，特别是利用化学科学的成就，创造和生产出大量的化学物质，不断地满足着人类的物质需求，为人类社会的进步做出了巨大贡献，但是，化工生产对环境的污染也负有一定的责任。因此，在新世纪，以绿色化学为基础，开发绿色化学品不仅是保护生态环境的需要，更是充分利用资源、降低生产成本的需要。

绿色化学力图从源头上杜绝不安全因素，其主导思想是在工业中采用无毒、无害的原料和溶剂，采用高选择性的化学反应，生产环境友好的产品；在农业中减少使用农药、有害化肥、污水以及有害于土壤结构和肥力的材料；在生活中减少使用对环境有害的材料，避免过度消耗能源。这要求化工生产改变现有的合成路线和工艺，建立能与生态环境协调发展的洁净、节能和节约的生产方式，用绿色化学品取代正在使用的有害化学品，用新的工作方法代替现在有害的工作方法。绿色化学的主要研究内容包括：绿色合成技术、方法学和过程的研究；可再生资源利用和转化中的基本化学问题研究；矿物资源高效利用中关键问题的研究等。

化学将研究更加复杂的体系

目前，数学、物理学、生物学乃至金融、社会学都在研究复杂性问题，它们着重于理论研究，主要目的是建立数学或物理模型。化学界最早涉及复杂性的研究至少可以举出3个里程碑式的例子：化学振荡的时空表现机理研究；Prigogin关于非平衡热力学的研究；Williams提出的关于生物大分子和细胞参与的化学过程的模型。这些工作说明化学过程的宏观与微观复杂性都可以通过实验做定量研究，并用化学理论加以解释。复杂性研究包括对系统、结构、过程和状态4个方面复杂性的研究，从系统方面来说，复杂性具有多组分、多反应和多物种的特征；结构复杂性的特征主要是多层次的有序高级结构；而过程的复杂性指复杂系统发生化学反应时所表现出的过程非常复杂；状态的复杂性则是过程复杂性的表现。这些复杂性在生物和非生物系统中广泛存在，在工农业生产和医疗、环境等领域中无处不在，所以研究复杂系统的化学过程具有普遍意义。

化学要在研究分子层次结构的基础上，阐明分子以上层次的结构以及结构与功能的关系。分子以上层次的化学个体是指由多个分子依靠分子间的弱相互作用组装或聚集成的具有有序高级结构的分子聚集体。化学要研究分子聚集体如何通过弱相互作用构筑成高级有序的结构，研究低级结构与高级结构、内结构与外结构、结构与外形的关系，研究分子聚集体和凝聚态以及生物体系的高级结构与功能的关系等。

复杂结构的复杂性不只在于具有高级结构，还在于结构的多层次。高级结构与低级结构相互决定、相互依存，在具有高级有序结构的物种中发生的化学过程往往涉及多个层次。这些问题也是未来化学的研究内容。

化学家还要注意复杂系统中的多尺度问题，要研究尺度效应。物理学家从纳米材料的研究中得到启发，提出了介观尺度概念，发现当物体分割到纳米尺寸时微粒的性质有突变。以前化学家认为物质的化学性质只由原子结构和分子结构决定，其实很多事实说明化学性质也有尺度效应，化学性质与尺度之间的关系也有突变。

由于自然界中的事物都处在不断变化中，所以未来的化学研究在突破层次和尺度的同时，还要努力研究大时间跨度的化学过程。人们周围的自然现象大都不是一步化学反应的结果，而是多步反应的结果，即在大时间跨度上，几个化学过程会组合在一起。所以，研究复杂系统的化学过程，不但要研究多层次、多尺度过程，还要研究大时间跨度的过程。

化学信息学和计算机信息处理在化学中的应用

功能分子的资料经过200多年的积累，特别是20世纪后期合成化学的大发展，已有了大量化合物的信息，包括它们的合成、结构、性质等。现在，化学家还在以越来越快的速度合成新化合物。其中的许多工作只是为了创造新分子或新结构，而无意于开发它们的实际用途；有些尽管曾考察过其某种性质，但可能会漏掉另一些重要的性质。当我们总结结构与功能的关系时，需要功能表现有差异的一系列有关化合物的资料，包括没有发现实际用处的化合物。经过长期的积累，现在已形成了一座包含各种各样物质的信息库，蕴藏着大量的知识资源，并且这个信息库还在以极快的速度增大。当我们需要寻找具有某种功能的化合物时，究竟是重新合成、分离、筛选好，还是从信息库中找好，要看信息处理的理论和方法。今天，信息技术的进步包括计算机的智能化为我们从信息库中快速挖掘功能化合物提供了可能。

与生物学有关的化学信息学是化学信息学的重要组成部分，其发展正处在高潮到来的前夕，主要内容有二：第一，在蛋白质结构库中用计算机进行筛选，这是计算机辅助药物设计的核心；第二，基因组的测定和基因库的建立是20世纪生命科学发展的里程碑，它给医药学、农牧业带来了新的希望，因此，国际上普遍重视有关基因和基因表达的信息库和信息处理。

与化学反应和化学过程有关的化学信息学近年来也开始受到人们的重视。化学反应和化学过程的热力学和动力学信息库包括范围很广，除了基本化学反应之外，还包括在土壤、大气、水体、生物体内的反应资料，比如环境物质及其反应的信息库是研究物质在环境中的来源、去向、停留时间的基本数据。化工过程的计算机模拟和仿真都需要这些资料。

化学将更加注重方法学研究和新实验方法的建立

分析和测试是人们获取各种物质的化学组成和结构信息的必要手段，它渗透到化学的各个学科，并对环境科学、材料科学、生命科学、能源、医疗卫生的发展具有十分重要的作用。从目前学科发展趋势和实际应用情况来看，研究复杂体系的结构和变化过程需要新的方法。要发展新的研究思路、研究方法以及相关技术，以便从各个层次研究分子的结构、性质和变化。著名的人类基因组计划，就是因为首先重视了方法学，尤其是DNA高速测序方法的发展，才最终走上了成功之路。在生态环境中往往有种类繁多、形态复杂、性质各异、含量极微的化学物质或活性成分，这些化合物的相互作用错综复杂，既有线性变化，也有非线性变化，或介乎于线性与非线性之间的变化；既有化学变化，也有生物变化。要对这些微量物质的组成和含量进行分析和检测，要对其复杂的结构或形态、生物活性及其动态变化过程等进行有效和灵敏的追踪或监测，就必须充分利用并大力发展现代分析方法和检测技术。为此，应该建立动态、原位、实时的跟踪监测技术，要发展研究各层次结构和各个尺度的物质的物理化学特性的测试技术。为了满足各种复杂混合物（如中药复方、天然水、食物、生物材料等）成分分析的需要，今后应研究分离—活性检测联机技术，以实现高效高选择性的分离、高灵敏度的分析鉴定与功能筛选的一体化。研究复杂系统不能单靠分析仪器，还必须充分注意总结和建立新的分析原理，特别是建立新的方法学。

化学分析仪器的小型化、微型化及智能化也是应该注意的方向。近年发展起来的微流动分析技术可以与集成电路连接，用于活体及活细胞对外来物质应答的测定及毒素和细菌检测。它在快速筛选和生物测定方面有很大用处，特别是与组合化学结合起来作用更大。研究微小尺寸复杂系统中的化学过程，需要引进生物学和物理学方法，例如，流式细胞计、共聚焦显微技术等都可以用来在细胞层次上研究化学反应过程。

化学将实时跟踪、分析、模拟化学反应过程

化学有3个基本武器：用分析手段测定物质的组成和结构；用合成手段制造物质；利用对化学过程的认识去控制化学过程。在生活、生产、环境、气象等现实问题中，随时随地都会遇到过程问题。

现代科学技术的发展使我们有可能阐明化学反应的全过程，包括介于反应物与生成物之间的不稳定结构。化学将会利用现代科学技术手段揭示化学变化的瞬态面貌，实时地观察极快的化学反应过程和其中的各种效应，阐明影响化学反应速度的各种因素和各种反应机理。对于实验结果的理论处理能够在最接近实际的水平（态—态）上描述化学变化，追踪分子内和分子间的能量转移，最终建立和勾画出由基元反应构成的真实反应历程。

但是，更多的过程是相对慢的过程，而且在真实系统和实际问题中可能极快的反应和极慢的过程互为因果或互相牵制，这在生命系统和环境系统中是非常常见的。小到细胞大到环境，都可能因为瞬间的突变（物质的和能量的）引起极快的反应，这些第一批反应经过传递、放大引起了更多的慢反应，反应之间的交错又构成了在引发因子消失之后相当长时间内仍继续进行的极慢过程。建筑物与环境物质相互作用导致的腐蚀和损坏是一个极慢的过程，但是其中每分每秒都在进行着快反应。随着人们对自然规律认识的不断发展，化学家在揭示化学事件的发生过程方面正在不断取得新的进展。

附　录　历年诺贝尔化学奖获得者及获奖成果

1901年　J.H.范特霍夫(荷兰)，发现溶液中的化学动力学法则和渗透压规律。

1902年　E.H.费舍尔(德国)，合成糖类和嘌呤衍生物。

1903年　S.A.阿伦尼乌斯(瑞典)，提出电解质溶液理论。

1904年　W.拉姆赛(英国)，发现空气中的惰性气体。

1905年　A.冯・拜尔(德国)，有机染料的合成和氢化芳香族化合物的研究。

1906年　H.莫瓦桑(法国)，发现氟元素。

1907年　E.毕希纳(德国)，酵素和酶化学研究。

1908年　E.卢瑟福(英国)，提出放射性元素的衰变理论。

1909年　W.奥斯特瓦尔德(德国)，关于催化作用、化学平衡以及反应速度的研究。

1910年　O.瓦拉赫(德国)，萜类脂环族化合物的研究。

1911年　M.居里(法国)，发现镭和钋。

1912年　V.格林尼亚(法国)，发明格林尼亚试剂——有机镁试剂。P.萨巴蒂(法国)，对有机脱氢催化反应的研究。

1913年　A.维尔纳(瑞士)，分子内原子化合价的研究。

1914年　T.W.理查兹(美国)，精确测定了许多元素的相对原子质量。

1915年　R.威尔斯泰特(德国)，对植物色素(叶绿素)的研究。

1916年　未颁奖。

1917年　未颁奖。

1918年　F.哈伯(德国)，发明合成氨方法。

1919年　未颁奖。

1920年 W.H.能斯特(德国)，电化学和热力学方面的研究。

1921年 F.索迪(英国)，放射性物质研究，首次提出“同位素”概念。

1922年 F.W.阿斯顿(英国)，发现非放射性元素的同位素并发明了质谱仪。

1923年 F.普雷格尔(奥地利)，创立有机化合物的微量分析法。

1924年 未颁奖。

1925年 R.A.齐格蒙迪(德国)，胶体溶液研究。

1926年 T.斯韦伯格(瑞典)，发明高速离心机并用于高分散胶体研究。

1927年 H.O.维兰德(德国)，确定了胆酸及类似化合物的化学结构。

1928年 A.温道斯(德国)，确定了胆固醇的结构及其与维生素的关系。

1929年 A.哈登(英国)，V.E.切尔平(瑞典)，对糖发酵过程和酶作用的研究。

1930年 H.费舍尔(德国)，对血红素和叶绿素的性质及结构的研究。

1931年 C.博施(德国)，F.贝吉乌斯(德国)，开发了高压化学方法。

1932年 I.兰米尔(美国)，创立了表面化学。

1933年 未颁奖。

1934年 H.C.尤里(美国)，发现重氢。

1935年 J.F.J.居里(法国)，I.J.居里(法国)，合成了人工放射性元素。

1936年 P.J.W.德拜(美国)，用X-射线衍射法测定分子结构。

1937年 W.N.哈沃思(英国)，碳水化合物和维生素C的研究。P.卡雷(瑞士)，维生素A、B_2的研究。

1938年 R.库恩(德国)，类胡萝卜素及维生素研究。

1939年 A.布泰南特(德国)，L.鲁齐卡(瑞士)，性激素的研究。

1940年 未颁奖。

1941年 未颁奖。

1942年 未颁奖。

1943年 G.海韦希(匈牙利)，用放射性同位素示踪技术研究化学和物理变化过程。

1944年 O.哈恩(德国)，发现重核裂变反应。

1945年 A.I.魏尔塔南(芬兰)，农业化学研究，发明了饲料保鲜贮藏法。

1946年　J.B.萨姆纳(美国)，J.H.诺思罗普(美国)，W.M.斯坦利(美国)，分离提纯酶和病毒蛋白质。

1947年　R.鲁宾逊(英国)，关于生物碱的研究。

1948年　A.W.K.蒂塞留斯(瑞典)，发明电泳法和吸附色谱法。

1949年　W.F.吉奥克(美国)，对超低温条件下物质性质的研究。

1950年　O.P.H.狄尔斯(德国)，K.阿尔德(德国)，发现狄尔斯—阿尔德反应及其应用研究。

1951年　G.T.西博格(美国)，E.M.麦克米伦(美国)，发现超铀元素。

1952年　A.J.P.马丁(英国)，R.L.M.辛格(英国)，发明分配色谱法。

1953年　H.施陶丁格(德国)，环状高分子化合物的研究。

1954年　L.C.鲍林(美国)，阐明化学键的本质，解释了复杂分子的结构。

1955年　V.维格诺德(美国)，合成了多肽激素。

1956年　C.N.欣谢尔伍德(英国)，N.N.谢苗诺夫(前苏联)，对化学动力学理论和链式反应的研究。

1957年　A.R.托德(英国)，核酸酶以及核酸辅酶的研究。

1958年　F.桑格(英国)，胰岛素结构的研究。

1959年　J.海洛夫斯基(捷克)，提出极谱学理论并发明极谱法。

1960年　W.F.利比(美国)，发明了放射性碳元素年代测定法。

1961年　M.卡尔文(美国)，揭示了植物光合作用的机理。

1962年　M.F.佩鲁茨(英国)，J.C.肯德鲁(英国)，测定了蛋白质的精细结构。

1963年　K.齐格勒(德国)，G.纳塔(意大利)，发现了利用新型催化剂进行聚合的方法。

1964年　D.C.霍奇金(英国)，确定了青霉素的结构。

1965年　R.B.伍德沃德(美国)，合成奎宁、类固醇等复杂有机物。

1966年　R.S.米利肯(美国)，创立分子轨道理论。

1967年　R.C.W.诺里什(英国)，G.波特(英国)，M.艾根(德国)，对快速化学反应的研究。

1968年　L.翁萨格(美国)，不可逆过程的热力学研究。

1969年　O.哈塞尔(挪威)，K.H.R.巴顿(英国)，立体化学研究。

1970年 L.F.莱洛伊尔(阿根廷)，发现核苷酸辅酶及其在糖合成过程中的作用。

1971年 G.赫兹伯格(加拿大)，自由基电子结构的研究。

1972年 C.B.安芬森(美国)，S.莫尔(美国)，W.H.斯坦因(美国)，核糖核苷酸酶的研究。

1973年 E.O.费舍尔(德国)，G.威尔金森(英国)，具有多层结构的有机金属化合物的研究。

1974年 P.J.弗洛里(美国)，提出缩聚反应动力学方程。

1975年 J.W.康福思(澳大利亚)，酶催化反应的立体化学研究。

V.普雷洛格(瑞士)，有机分子的立体化学研究。

1976年 W.N.利普斯科姆(美国)，甲硼烷的结构研究。

1977年 I.普里戈金(比利时)，提出“耗散结构”理论。

1978年 P.D.米切尔(英国)，关于生物膜上能量转换的研究。

1979年 H.C.布朗(美国)，G.维蒂希(德国)，将含硼和含磷化合物引入有机合成中而开创了新的有机合成法。

1980年 P.伯格(美国)，核酸的生物化学研究。

W.吉尔伯特(美国)，F.桑格(英国)，确定了核酸的碱基排列顺序。

1981年 福井谦一(日本)，R.霍夫曼(英国)，提出前线轨道理论和分子轨道对称守恒原理。

1982年 A.克卢格(英国)，开发了结晶学的电子衍射法，并研究了核酸—蛋白质复合体的立体结构。

1983年 H.陶布(美国)，阐明了金属配位化合物电子转移反应的机理。

1984年 R.B.梅里菲尔德(美国)，开发了极简便的肽合成法。

1985年 J.卡尔(美国)，H.A.豪普特曼(美国)，开发了用X-射线衍射确定晶体结构的直接计算法。

1986年 D.R.赫希巴奇(美国)，李远哲(中国台湾)，发明交叉分子束方法。

J.C.波拉尼(加拿大)，发明红外线化学研究方法。

1987年 C.J.佩德森(美国)，D.J.克拉姆(美国)，J.M.莱恩(法国)，合成冠醚化合物。

1988年 J.戴森霍弗(德国)，R.胡贝尔(德国)，H.米歇尔(德国)，分析了光合作用反应中心的三维结构。

1989年　S.奥尔特曼(加拿大)，T.R.切赫(美国)，发现RNA具有催化功能。

1990年　E.J.科里(美国)，创建了一种独特的有机合成理论——逆合成分析理论。

1991年　R.R.恩斯特(瑞士)，发明了傅里叶变换核磁共振分光法和二维核磁共振技术。

1992年　R.A.马库斯(美国)，关于溶液中电子转移反应理论的研究。

1993年　K.B.穆利斯(美国)，发明聚合酶链式反应法。

M.史密斯(加拿大)，开创寡聚核苷酸基定点诱变法。

1994年　C.A.欧拉(美国)，在烃类研究领域做出了杰出贡献。

1995年　P.克鲁岑(德国)，M.莫利纳(美国)，F.S.罗兰德(美国)，阐述了臭氧层破坏的化学机理，证明了人造化学物质对臭氧层的破坏作用。

1996年　R.F.柯尔(美国)，H.W.克罗托(英国)，R.E.斯莫利(美国)，发现了碳元素的新形式——富勒烯(也称巴基球)。

1997年　P.B.博耶(美国)，J.E.沃克尔(英国)，J.C.斯科(丹麦)，发现人体细胞内负责储藏转移能量的离子传输酶。

1998年　W.科恩(美国)，创立密度函数理论。

J.A.波普尔(英国)，创立复杂多电子体系的计算方法。

1999年　A.泽维尔(美国)，用飞秒光谱学研究化学反应的过程。

2000年　A.J.黑格(美国)，A.G.麦克迪尔米德(美国)，白川英树(日本)，发明能够导电的塑料。

2001年　W.S.诺尔斯(美国)，野依良治(日本)，K.B.夏普莱斯(美国)，在手性催化氢化反应领域取得成就。

2002年　J.B.芬恩(美国)，田中耕一(日本)，K.维特里希(瑞士)，发明了对生物大分子进行确认和结构分析的方法。

2003年　P.阿格雷(美国)，R.麦金农(美国)，在细胞膜通道研究方面做出开创性贡献。

2004年　A.切哈诺沃(以色列)，A.赫什科(以色列)，I.罗斯(美国)，发现了泛素调节的蛋白质降解。

2005年　Y.肖万(法国)，R.H.格拉布(美国)，R.R.施罗克(美国)，烯烃复分解反应研究。

2006年 R.D.科恩伯格(美国)，真核转录的分子基础研究。

2007年 G.埃特尔（德国），固体表面化学过程研究。

2008年 下村修（日本），M.查尔菲（美国），钱永健（美国），发现和研究绿色荧光蛋白。

2009年 V.拉马克里希南（英国），T.施泰茨（美国），A.约纳斯（以色列），核糖体的结构和功能研究。

2010年 R.赫克（美国），根岸英一（日本），铃木章（日本），有机合成中钯催化交叉偶联反应研究。

2011年 D.谢赫特曼（以色列)，发现准晶体。

2012年 R.J.莱夫科维茨（美国），B.K.克比尔卡（美国），G蛋白偶联受体研究。

图书在版编目（CIP）数据

开启化学之门／陈德展主编. —济南：山东科学技术出版社，2013.10（2020.10 重印）
（简明自然科学向导丛书）
ISBN 978－7－5331－7042－4

Ⅰ. ①开… Ⅱ. ①陈… Ⅲ.① 化学—青年读物 ②化学-少年读物 Ⅳ. ①06－49

中国版本图书馆CIP数据核字（2013）第205775号

简明自然科学向导丛书

开启化学之门

主编　陈德展

出版者：山东科学技术出版社
地址：济南市玉函路16号
邮编：250002　电话：(0531)82098088
网址：www.lkj.com.cn
电子邮件：sdkj@sdpress.com.cn

发行者：山东科学技术出版社
地址：济南市玉函路16号
邮编：250002　电话：(0531)82098071

印刷者：天津行知印刷有限公司
地址：天津市宝坻区牛道口镇产业园区一号路1号
邮编：301800　电话：(022)22453180

开本：720mm×1000mm　1/16
印张：17.5
版次：2013年10月第1版　2020年10月第2次印刷

ISBN 978－7－5331－7042－4
定价：29.80元